土木建筑职业技能岗位培训教材

水 暖 工

建设部人事教育司组织编写

中国建筑工业出版社

图书在版编目（CIP）数据

水暖工/建设部人事教育司组织编写. —北京：中国建筑工业出版社，2002
土木建筑职业技能岗位培训教材
ISBN 978-7-112-05458-9

Ⅰ. 水… Ⅱ. 建… Ⅲ. 水暖工-技术培训-教材
Ⅳ. TU832

中国版本图书馆 CIP 数据核字(2002)第 079122 号

土木建筑职业技能岗位培训教材

水　暖　工

建设部人事教育司组织编写

*

中国建筑工业出版社出版、发行(北京西郊百万庄)
各地新华书店、建筑书店经销
廊坊市海涛印刷有限公司印刷

*

开本：850×1168 毫米　1/32　印张：11　字数：294 千字
2002 年 11 月第一版　　2015 年 11 月第二十一次印刷
定价：**21.00** 元

ISBN 978-7-112-05458-9
(26476)

本书根据“职业技能标准”和“土木建筑职业技能岗位培训计划大纲”，考虑建筑水暖工种的特点，围绕从初级工到高级工的“应知应会”要求进行编写。以安全、识图、管材、加工、安装、质量为主线，着重介绍塑料管材的应用，消防管道的安装和室内水暖管道的敷设、连接和安装。

本书可作为水暖工技术培训教材，也适用于上岗培训，以及读者自学参考。

出 版 说 明

为深入贯彻全国职业教育工作会议精神，落实建设部、劳动和社会保障部《关于建设行业生产操作人员实行职业资格证书制度的有关问题的通知》（建人教[2002] 73号）精神，全面提高建设职工队伍整体素质，我司在总结全国建设职业技能岗位培训与鉴定工作经验的基础上，根据建设部颁发的《职业技能标准》、《职业技能岗位鉴定规范》和建设部与劳动和社会保障部共同审定的手工木工、精细木工、砌筑工、钢筋工、混凝土工、架子工、防水工和管工等8个《国家职业标准》，组织编写了这套“土木建筑职业技能岗位培训教材”。

本套教材包括砌筑工、抹灰工、混凝土工、钢筋工、木工、油漆工、架子工、防水工、试验工、测量放线工、水暖工和建筑电工等12个职业（岗位），并附有相应的培训计划大纲与之配套。各职业（岗位）培训教材将原教材初、中、高级单行本合并为一本，其初、中、高级职业（岗位）培训要求在培训计划大纲中具体体现，使教材更具统一性，避免了技术等级间的内容重复和衔接上普遍存在的问题。全套教材共计12本。

本套教材注重结合建设行业实际，体现建筑业企业用工特点，学习了德国“双元制”职业培训教材的编写经验，并借鉴香港建造业训练局各职业（工种）《授艺课程》和各职业（工种）知识测验和技能测验的有益作法和经验，理论以够用为度，重点突出操作技能的训练要求，注重实用与实效，力求文字深入浅出，通俗易懂，图文并茂，问题引导留有余地，附有习题，难易适度。本套教材符合现行规范、标准、工艺和新技术推广要求，并附《职业技能岗位鉴定习题集》，是土木建筑生产操作人员进行职业技能岗位培训的必备教材。

本套教材经土木建筑职业技能岗位培训教材编审委员会审定，由中国建筑工业出版社出版。

本套教材作为全国建设职业技能岗位培训教学用书，也可供高、中等职业院校实践教学使用。在使用过程中如有问题和建议，请及时函告我们。

建设部人事教育司

二○○二年十月二十八日

土木建筑职业技能岗位培训教材
编审委员会

前　　言

本教材以中华人民共和国颁布的“职业技能标准”和“土木建筑职业技能岗位培训计划大纲”为依据，并考虑建筑水暖工种的特点，围绕初级工、中级工和高级工“应知、应会”的要求进行编写，力求做到“简、实、新、俗”，注意突出基本技能的培养和质量标准的熟悉。在内容编排上，以安全——识图——管材——加工——安装——质量为主线，着重介绍塑料管材的应用，消防管道的安装和室内水暖管道的敷设、连接和安装。通过对不同单元内容的学习和组合，可分别达到初级、中级或高级水暖工的标准。

本书第一、四、十、十四、十五、十六单元由张清编写，第二、三、五、八、十二、十三、十七单元由丁卿编写，第六、七、九、十一单元由蔡晶编写，全书由丁卿主编。

本书在编写过程中，得到了建设主管、有关同行的支持和帮助，参考了一些专著和期刊，在此一并表示感谢。

由于经验不足和水平有限，书中难免存在缺点和错漏，恳请广大读者提出批评和指教。

目　　录

一、安全生产与文明施工

"安全生产、文明施工"是建筑行业的职业道德准则之一，也是我国于1997年颁布的《中华人民共和国建筑法》中第三十六条规定："建筑工程安全生产管理必须坚持安全第一、预防为主的方针，建立健全安全生产的责任制度和群防群治制度。"为此，从业人员必须懂得安全生产与文明施工的基本知识，自觉遵守各项法令、法规和规章制度。

（一）安全常识

安全施工基本要求：

（1）进入施工现场，禁止穿背心、短裤、拖鞋，必须戴好安全帽，穿胶底鞋或绝缘鞋。

（2）现场操作前，必须检查施工地点安全防护设施是否完好，是否满足安全生产要求。

（3）在高空作业时，不准向下或向上乱抛材料、工具等物品，在架子上或高梯上的材料、工具等物品应注意落下伤人，在地面上堆放管材应注意滚动伤人。应对堆放材料等施工地点经常进行清理，排除安全隐患。

（4）在交叉作业时，应特别注意安全。

（5）施工现场应按规定地点进行用火操作，应设专人看管火源并备置消防器材。

（6）各类电动机械设备，必须有安全防护装置，才可启动使用。不懂操作方法的人员严禁使用。应对机械设备经常检查。

（7）吊装区域非操作人员严禁入内，吊装设备必须完好，吊臂下、吊物下严禁站人。

(8) 夜间施工、暗沟、槽、井内操作时，应有足够的照明设施和通气孔口。行灯照明应有防护罩，所用电源为36V以下的安全电压，若在金属容器内的行灯照明，电压应为12V。

(9) 沟槽开挖，应按土质、深度确定沟壁坡度或支撑，切不可大意。

特殊情况易于发生安全事故的特点：

(1) 雷电及下雨时，施工现场易带来淹溺、坍塌、撞击、坠落、雷电触电等；在酷热天气，露天作业常发生中暑现象，室内或金属槽罐内作业，易造成昏晕和休克。

(2) 工程事故发生频繁多是在竣工收尾阶段；高空和深坑作业，易发生坠落、坍塌事故；夜间作业，后半夜比前半夜更易发生事故。

(3) 节假日、探亲前后，思想波动大，放松警惕，易于发生事故；一般工程和修补工程，事故发生率较高。原因在于大意。

(4) 新工人安全技术知识不足，劲头高，好奇心强，易于忽视安全生产，造成事故者居多。

"安全生产，人人有责"，加强责任制，把安全生产落到实处。

生产工人责任：

(1) 认真学习并严格执行安全技术操作规程，自觉遵守安全生产规章制度。

(2) 积极参加安全活动，认真执行安全交底，不违章作业，服从安全人员指导。

(3) 发扬团结友爱精神，在安全生产方面做到互相提醒、互相监督。对新工人要积极传授安全生产知识。维护一切安全设施和防护用具，做到正确使用，不准拆改。

(4) 对不安全作业要敢于提出意见，并有权拒绝违章指令。

(5) 发生伤亡和未遂事故，要保护现场并立即上报。

班组长要模范遵守安全生产制度，领导本班组安全作业：

（1）安排生产任务时要认真执行安全交底，严格执行本工种安全操作规程，有权拒绝违章指挥。

（2）班前要对所有使用的机具、设备、防护用具及作业环境进行安全检查，发现问题立即采取改进措施，及时消除事故隐患。

（3）组织班组开展安全活动，开好班前安全生产会，做好收工前的安全检查。

（4）发生工伤事故要立即组织抢救，保护好现场并向施工员报告。

（二）水暖工程安全技术

1. 室内外管道安装

沟槽开挖、下管安装作业时，应注意沟壁情形，若有坍塌可能时，应立即离开，待加固后，再作业，沟道两旁不可堆积重物，以防压塌沟壁而造成事故；开挖时如遇地下管线时、遇有爆炸物时，应通知有关单位或专门人员处理，不可乱动；雨后复工，应检查沟壁情况，必要时应加固。

往沟内运管，应上下配合，大口径管子两端，必须用麻绳拉住，使管子平稳下降；如用起重设备下管或吊管，必须绑牢，不可大意，若往高处吊管时，应听从起重工指挥，以免管子滑落伤人或砸坏其他设施。

搬运钢管时，不准用手握丝扣起动，要用木棒插入管内起动，以免手指受伤；雨后抬管要步步小心，路面最好撒上炉灰、黄沙，以免滑倒；抬管时，管子不宜离地过高；金属管道堆放高度不得超过 1m，两边应设立木柱。

凿楼板洞墙洞时，要戴风镜、手套及安全帽，并注意对方人员及设备；凿平台时，如遇钢筋阻碍，不得自行锯断，必须经土建施工人员同意，或者改变洞位。

锯割管时，应戴手套、管子应固定牢，快断管时，不可用力过大，以免伤手；在截断铸铁自来水管或污水坑管时，錾管者助手要站在被截管的右边，以防铸铁碎片弹伤，錾管者应戴防护用具：手套、口罩、风镜等，操作时通知助手。套丝时，若管子过长，另一端必须用木架支牢，以免管子翘起伤人。

配合焊工组对管口时，应戴防护用具，无关人员应离开焊接地点。

熔铅时，应远离易燃物地点，灌铅前，管口要干燥，操作者应站在上风头，并戴防护用具，灌铅前可灌入少许机油于承口内，可防放炮现象，发生放炮时应停止灌铅。

2. 卫生洁具与散热器

搬运笨重东西时，必须检查抬杠棒及绳索是否牢固，避免半途折断，发生事故。

在2m以上高度作业时，必须使用扶梯或坚固抬架，以保安全。

工具应放在工具袋内，不得任意放置在不牢靠地方，以防落下，也不得上下抛掷任何材料和工具，以免发生事故。

散热器组对应放在平台上进行，组对好后要整齐放置，如在松软地面上存放，应垫木板，以防倾斜。

禁止临时电线绑在管子或金属结构物上，防止触电。

3. 试压与吹洗

散热器试压时，加压后不得用力碰撞，以免崩裂伤人。

管道试压前，应检查管道与支吊架的紧固性、盲板的牢固性。

试压应按规定进行，不得任意增压或减压。

压力较高时，应划定危险区，并安排人员负责警戒，禁止无关人员进入，在试压过程中，不得随意开启阀门。在冬季，水压试验完毕后，注意放水，以防管子、设备冻裂。

吹扫管道的排气，应接至室外安全地点。采用氧气等气体吹扫时，排气口必须远离火源。

4. 锅炉、热水箱

搬运水箱、锅炉设备时，非操作人员不得进入操作区。吊运时，应事先检查锚桩、拉绳、倒链等，以免超载。操作时应注意绳子拉力，防止拉断，应有专业起重工负责指挥。

高空作业时，应系好安全带。

水箱、锅筒内作业时，出入口应设专人监护。

电气机具要有良好绝缘，接地或接零可靠，焊接零线不可随意搭接在锅炉或管网上。

锅炉在试火时，应校正压力表，若压力表失灵，不能试火，以免事故发生。

5. 乙炔瓶的使用、运输和储存

乙炔瓶在搬运、储存和使用过程中，因受震动、填料下沉、直接受热，或使用不当、操作失误等，也会发生爆炸事故，因而要注意采取必要的措施。

在使用时，严禁敲击、碰撞；宜立放，不要卧置，放置 15 分钟以后，才可开启瓶阀，瓶阀开启度以 3/4 转为宜，不要超过 1.5 转；不宜曝晒，不得靠近热源和电气设备，与明火相距应在 10m 以上；瓶阀冻结，严禁火烤，必要时可用 40℃ 以下温水解冻；严禁放在通风不良、有放射性射线场所，且不宜置于橡胶等绝缘体上，并应尽量避免与氧气瓶放在一起；使用时应固定，局部温度不要超过 40℃，并防止倾倒，严禁卧置使用；严禁铜、银、汞等与乙炔接触，瓶内气体严禁用尽，必须保留一定的剩余压力，环境温度 25～40℃时，剩余压力为 0.3MPa；使用压力不得超过 0.15MPa，输气流速应小于$2m^3$/(h·瓶)，必须设置专用减压器、回火防止器；操作者应站在瓶口的侧后方开启，动作要轻缓。

搬运乙炔瓶时，应轻装轻卸，严禁抛、滑、滚、碰；吊装、搬运时，应使用专用夹具和防震运输车，严禁用电磁起重机和链绳吊装搬运；工作地点移动频繁时，宜装在专用小车上；运输时应严格遵守交通和公安部门颁布的危险品运输条例及有关规定。

使用乙炔瓶的现场，储存量不得超过5瓶，超过5瓶但不超过20瓶时，应在现场用非燃烧或难燃体隔成独立储存间，并有一面是外墙，并应与明火或散发火花地点相距15m以上，且不宜设在地下室或半地下室；储存时应保持瓶体直立，应有防倾倒措施；储存间应设专人管理，并有“严禁烟火”等提醒标志，附近应有干粉灭火器（严禁使用四氯化碳灭火器）等消防设施；严禁与氧气瓶、氯气瓶、易燃物品同间储存。

6. 氧气瓶、割炬、回火防止器

氧气瓶在使用、搬运时，应防震、防热、防静电火花和绝热压缩；气瓶内应留有余气并关紧阀门，保持瓶内正压；超过检验期的气瓶不得使用；瓶阀或减压器冻结时，不得火烤，只能用热水或蒸汽解冻；瓶阀不得沾油脂。

气割点火使用前，应对工件表面进行清理干净，水泥地面上应将工件垫高，以防锈皮、水泥爆溅伤人；应进行点火试验，若点火后，火焰突然熄炮，应松开割嘴检查后重装；熄火时应先关氧流再关乙炔流，最后关预热氧流；发生回火应立即关乙炔，再关预热氧和切割氧。

发现回火防止器影响工作时，应及时进行检修或更换。在任何情况下不得擅自拆卸回火器，或使水封式回火器在无水状态下工作；单个岗位式回火防止器只能供一把焊炬或割炬使用，使用前应排空回火防止器内的空气或氧气与乙炔的混合气；每次使用前应检查器内水位，水位不可过高或过低，在冬季使用后应将水排净，以防冻结。如被冻结，只可用热水或蒸汽解冻，严禁明火烘烤解冻；若遇阀件堵塞，可用丙酮清洗，并用压缩空气吹干，严禁用其他油质类液体清洗。

7. 电动工具和器械

使用手持电动工具应尽量使用Ⅱ类或Ⅲ类，当使用Ⅰ类电动工具时，应有安全保护措施，应有可靠的接地装置；操作应戴绝缘手套、穿绝缘胶鞋；使用时负荷不能超过电动工具所允许限度，连续使用时间不可过长，避免烧坏电机；使用时要常检查电源线、插头（开关）等，发现故障应及时修理，否则不得使用；切割机、手电钻等不适宜在易燃、易爆或腐蚀性气体等环境中使用。

（三）文明施工

文明施工是指保持施工场地卫生、整洁，施工组织科学，施工程序合理的一种施工活动。

实现文明施工，应从每个从业人员做起，做到物料堆放整齐，道路畅通，防护安全措施完备，临街设施符合市容要求，珍惜寸管一钉，不浪费原材料；不扰民、不乱倒垃圾脏水，不乱扔废物；夜间施工严格控制噪音，管沟开挖尽量不影响交通等。

具体要求如下：

1. 施工现场应打扫干净，保持卫生，应做到无积水、无恶臭、无垃圾。生活垃圾与建筑垃圾分别定点堆放，严禁混放，并及时清运。

2. 施工现场严禁大小便，施工区、生活区划分明确；现场零散材料及垃圾应及时清理。

3. 宿舍整洁有序，室内外干净，窗明地净，通风良好。

4. 生活区内无污水、无污物，废水不得乱倒乱流。

5. 施工现场厕所应有清扫制度和灭蝇蛆措施，严禁将粪便直接排入下水道或河流沟渠中，露天粪池必须加盖。

6. 施工人员严格遵守施工现场的管理制度。严格交接工序和责任，做到活完脚下清，工完场地清，丢落在地面上的零星材料应及时回收使用；热爱本职工作，严格保护成品、半成品，严禁损坏或污染成品，堵塞管道。

7. 施工现场严禁居住家属，严禁居民、家属、小孩在施工现场穿行、玩耍。

总之，在施工过程中，要守纪律，遵规程，不搞野蛮施工，严格按工艺工序要求施工，文明有序地进行工作。同时，由于建筑工人的工作条件、生活条件较差：住的是工棚，吃的是临时食堂，工作地点在露天又有高空作业等。为此，更要求我们行文明事、说文明话；讲团结协作，爱护集体荣誉，维护社会治安；学习文化，钻研技术，提高素质，讲究道德，在社会各界中树立建筑者的好形象。

复 习 题

1. 安全施工基本要求有哪些？
2. 哪些特殊情况下更易发生安全事故？
3. 生产工人应承担起哪些安全责任？
4. 作为一名班组长，应做好哪些安全生产方面工作？
5. 作为一名水暖工，应在生产操作过程中，注意哪些安全技术问题？
6. 文明施工有哪些具体要求？

二、水暖工程基础知识

（一）温度和压力

1. 温度

温度用来表示物体的冷热程度。要测出物体的温度，首先要确定温标。所谓温标是指衡量温度高低的标尺，它规定了测量温度的起点（或称零点）和测量温度的单位。

工程上通常用摄氏温标作为温度的单位。这种温标规定：在标准大气压下，把纯水的冰点定为0℃，沸点定为100℃，中间分成100等分，每一等分间隔就是1摄氏度，用符号t表示，其单位符号为℃。

有时在热力学上也需用绝对温标（K）表示温度，称为绝对温度，以符号T表示。绝对温标与摄氏温标的关系为：

$$T = 273.15 + t$$

绝对温标的单位是开（K），绝对温标1K与摄氏温标1℃的间隔是完全相同的。

2. 压力

人们在江河、湖泊或游泳池中游泳，当水淹过胸部，就会感到呼吸有些困难，这是因为人的胸部受到水的压力。因此，我们可以感到静止流体内有压力，这种压力称为流体静压力。

作用在整个物体表面积上的流体静压力，叫做流体的总静压力。作用在单位面积上的流体静压力，叫做流体静压强。静水中某点压强的公式为：

$$P = P_0 + \rho g h$$

式中　P——静水液体中任意点的压强，Pa；

P_0——液体表面压强，Pa；

ρ——液体的密度，kg/m^3；

g——重力加速度，$g = 9.8\text{m/s}^2$；

h——所研究点距液面的深度，m。

由上式可见，静止液体中任意点的压强，与该点距液面的深度 h 有关，深度越大，静水压强也越大。所以，在高层建筑中，为保护底层的管道和设备免遭破坏，均要分区分压给水和供暖。

物理学上常取0℃时北纬45°海平面处的大气压为1标准大气压。压强（压力）的法定计量单位是帕（Pa）。

$$1\text{标准大气压} = 101325\text{Pa}$$

习惯上，把压强称为压力。流体压力的大小，根据不同的计算基准，可以分为：

绝对压力：以没有大气压存在的完全真空为零点起算的压力值称绝对压力。

相对压力：以当地大气压力为零点起算的压力称相对压力。工程上，相对压力即为压力表上所指示的压力，所以又称为表压。在管道工程中所说的压力，多数情况下是指表压。

真空度：小于1个大气压的差值称为真空度或称负压。

绝对压力、相对压力与真空度的关系，如图2-1所示。

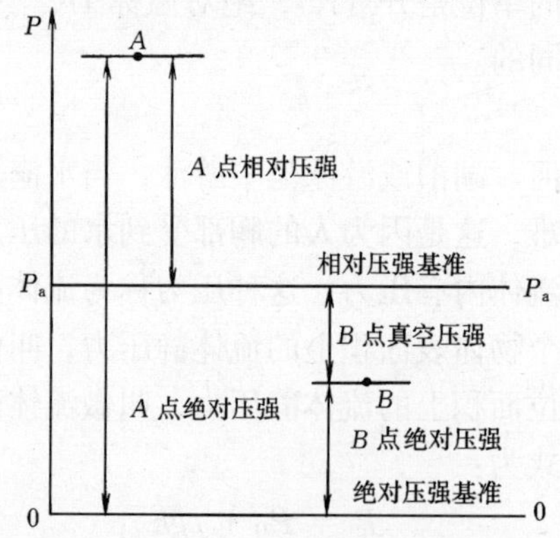

图2-1　压强关系图

当绝对压力大于当地大气压力时，

表压力 = 绝对压力 − 大气压力

当绝对压力小于当地大气压力时，

真空度 = 大气压力 − 绝对压力

3. 温度、压强单位的换算

(1) 温度单位换算见表 2-1 。

温度单位换算表 表 2-1

已知温度 关系式 所求温度	摄氏温度 (℃)	热力学温度 (K)	华氏温度 (℉)
摄氏温度 t(℃)	1	$T_K - 273.15$	$\frac{5}{9}(t℉ - 32)$
热力学温度 T(K)	$t℃ + 273.15$	1	$\frac{5}{9}(t℉ - 32) + 273.15$
华氏温度 t(℉)	$\frac{9}{5}t℃ + 32$	$\frac{9}{5}(T_K - 273.15) + 32$	1

(2) 压强单位换算见表 2-2。

压强单位换算表 表 2-2

Pa	kPa	kgf/cm^2	标准大气压	mH_2O	mmHg
1	10^{-3}	0.102×10^{-4}	0.987×10^{-5}	0.101×10^{-3}	7.5×10^{-3}
10^3	1	0.102×10^{-1}	0.987×10^{-2}	0.101	7.5
9.8×10^4	98	1	0.968	10	735.6
10325	101.325	1.033	1	10.33	760
9806.65	9.80665	10^{-1}	0.968×10^{-1}	1	7.356
133.332	0.133332	1.36×10^{-3}	1.316×10^{-3}	1.36×10^{-2}	1

(二) 流体力学和传热学知识

1. 流体力学知识

能流动的物质称为流体。流体是液体和气体的统称。流体的易流动性，是区别流体与固体的主要特征。

流体中的气体比液体更易变形和流动，此外液体具有固定的体积，并取决于容器的形状。液体不易被压缩，气体很容易被压缩。

水暖工程中，在管道内输送的水（包括热水）、水蒸气、空气等液体和气体，都属于流体。

研究流体性质及其运动规律的学科称为流体力学。

（1）流量和流速

流体在管道中单位时间内所流过的距离（长度）称流速，常用单位是米/秒（m/s）。

垂直于流体运动方向的流体横断面称为流体的过流断面，过流断面的面积单位为平方 米（m^2）。水暖工程流体的过流断面都为圆形。

流体在管道中单位时间内所通过过流断面的流体体积、质量，分别称为体积流量和质量流量。流量常用的体积单位是立方米/时（m^3/h）、立方米/秒（m^3/s）、升/秒（L/s）等。常用的质量单位是吨/时（t/h）、千克/时（kg/h）、千克/秒（kg/s）等。

流量与流速的关系为：

$$Q = 3600 \frac{\pi}{4} d^2 w$$

式中 Q——流量，m^3/h；

w——流速，m/s；

d——管子内径，m。

体积流量与质量流量的关系为：

$$G = \rho Q$$

式中 G——质量流量，kg/s；

ρ——流体的密度，kg/m^3；

Q——体积流量，m^3/s。

当流量确定后，所选管子管径大，流速和流动阻力小，电能消耗也小，但系统投资高；所选管子的管径小，流速、流动阻力大，电能消耗也大，但系统投资低。管径的选择应在这两者之间确定一个最合理、经济的流速，既保证系统的正常运转，又考虑到系统投资和运行费用的节约。

（2）流量的连续方程式

流体流动时，流体任意点的压强、流速等不随时间而变化，这种流动称为稳流。反之，压强、流速等随时间而变化，则称为非稳流。稳流的连续方程式是质量守恒定律在流体力学中的应用。在工程流体力学中，把流体视为连续介质，即在流动过程中，流体质点互相衔接，不出现空隙，从而保证流体流动的连续性。如图 2-2 所示，在流体总流中任选两个断面 1-1 和 2-2，设总流中两断面 1-1 和 2-2 处的面积分别为 A_1 和 A_2，流速分别为 w_1 和 w_2，密度分别为 ρ_1 和 ρ_2。根据质量守恒定律得出

$$\rho_1 Q_1 = \rho_2 Q_2$$

或

$$\rho_1 w_1 A_1 = \rho_2 w_2 A_2$$

由于 $\rho Q = G$，所以上两式可称为质量流量的连续方程式。

因为水是不可压缩流体，$\rho_1 = \rho_2$ 代入上面两式后得

$$Q_1 = Q_2$$

或

$$w_1 A_1 = w_2 A_2$$

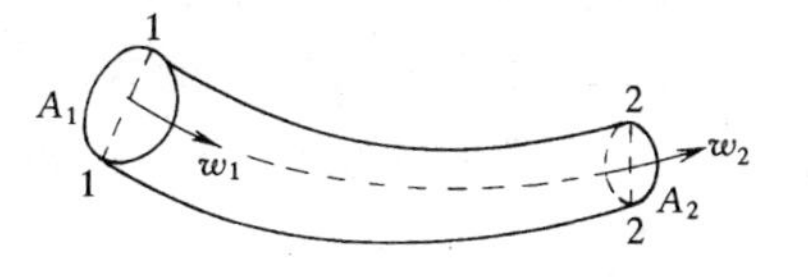

图 2-2　稳定连续流动

以上两式是未压缩流体总流的连续方程式，又称体积流量的连续方程式。由式可知，流体流动时，断面平均流速与过流断面的面积成反比，这一关系在实际工程中应用比较广泛。

（3）伯努里方程式

不具有粘性的流体称为理想流体，这是客观世界上并不存在的一种假想的流体。对于理想流体，单位重量流体所具有的总的机械能由流体的动能、势能、静压能三部分组成。

由能量守恒定律可知，在流体流动的过程中，单位重量流体

的总机械能不变。即

$$Z + \frac{P}{\gamma} + \frac{w^2}{2g} = \text{常数}$$

该式称为理想流体稳流的能量方程式。

式中 Z——流体的势能，是指单位重量的流体对某个基准面的位置势能，简称势能；

$\frac{P}{\gamma}$——流体的静压能，是指单位重量流体的压力或能，简称静压能（γ 为流体的容重，$\gamma = \rho g$）；

$\frac{w^2}{2g}$——流体的动能，是指单位重量的流体所具有的动能。

实际上，流体是具有粘性的，因而必须考虑流体流动时产生的各种阻力，这种阻力的方向与流动方向相反，并且要消耗部分流体的机械能。从能量守恒定律可以导出实际流体的能量方程式，即

$$Z_1 + \frac{P_1}{\gamma} + \frac{\alpha_1 w_1^2}{2g} = Z_2 + \frac{P_2}{\gamma} + \frac{\alpha_2 w_2^2}{2g} + h_{\mathrm{w}}$$

该式便称为伯努里方程式。

式中动能修正系数 α 的大小与流速在过流断面上的分布情况有关。在管流情况下，$\alpha = 1.05 \sim 1.10$，实际上常取 $\alpha = 1.0$，即不加修正。

在伯努里方程式中，各项的物理意义如下：

Z 称为过流断面上任意点对某个基准面的位置水头；

$\frac{P}{\gamma}$称为过流断面上各点的压强水头，P 为静压强；

$\frac{\alpha w^2}{2g}$称为过流断面上该点的流速水头；

三者之和称为过流断面上各点的总水头；

h_{w} 为流体流动时，两断面之间因克服各种阻力而造成的水头损失。

伯努里方程在工程上的应用十分广泛。可以根据其原理制造

流量计、流速计；也可以用来确定水泵的安装高度等。

（4）流体的阻力

流体在管内流动，要损失机械能。单位重量流体的能量损失称为水头损失。流体由于克服流体与管壁之间及流速不同的各相邻流体质点之间所产生的摩擦阻力而损失的机械能称为摩擦水头损失，又叫做沿程水头损失，用符号 h_f 表示。此外，管内流动的流体还会受到其他形式的阻力，如流体流过阀门、弯头、管道断面的改变处等时，也要损耗一部分机械能。这种损失的能量称为局部水头损失，以符号 h_j 表示。

流体在整个流程中所损失的机械能为上述两种损失之和，即

$$h_w = \Sigma h_f + \Sigma h_j$$

流体的沿程水头损失为

$$h_f = \frac{\lambda L}{d} \cdot \frac{w^2}{2g}$$

式中 h_f——沿程水头损失，mH_2O；

L——流段的长度，m；

d——管道的直径，m；

w——流体的流速，m/s；

λ——沿程阻力系数，由有关资料查得。

流体的局部水头损失为

$$h_j = \zeta \frac{w^2}{2g}$$

式中 h_j——局部水头损失，mH_2O；

ζ——局部阻力系数，由有关资料查得；

w——与局部阻力系数相对应的断面平均流速，m/s。

2. 传热学知识

凡有温差存在的地方，就有热量的传递现象发生，热能总是自发地由高温物体转移到低温物体。研究传热现象及其规律的学科称为传热学。

(1) 传热的基本方式

热量的传递有三种基本方式：导热、对流和辐射。

1) 导热　把铁棒的一端插入火炉中，过一段时间，铁棒另一端就会感到发热，再过一段时间还会感到烫手，这说明，热量由铁棒的一端传到了另一端。这种热量从物体的一部分传到另一部分，或从一个物体传到跟它直接接触的另一个物体的传热方式叫做热传导，又称导热。

2) 对流　对流是流体所特有的一种传热方式。图 2-3 所示是一间冬季有暖气的房间，散热器周围的冷空气因受热温度升高、密度变小而上升，而另一部分未受热的冷空气因密度较大而下降，并不断往散热器周围补充，受热后又上升，形成房间内空气的循环流动。从而使整个房间慢慢暖和起来。这种靠流体流动传递热量的方式称对流。

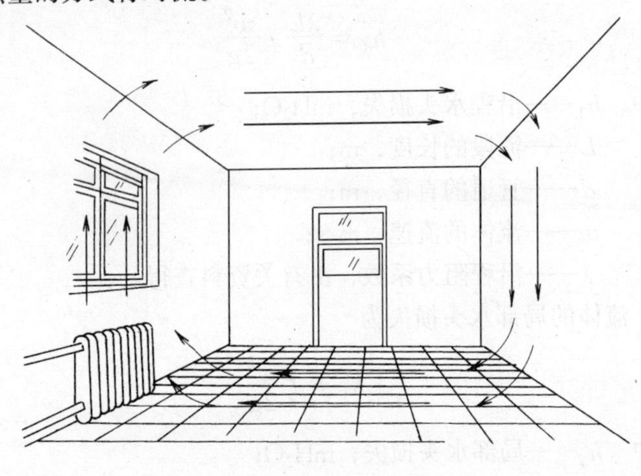

图 2-3　对流

3) 辐射　冬季在装有取暖炉的房间里，人站在炉旁会有一种灼热感，若在人与炉之间挡上一块板，就不会有这种感觉。这说明热量是由火炉直接射到人身上的。这种靠热射线将热能直接由热物体向外散射的传热方式叫辐射。

辐射是靠电磁波传递热量的，太阳的热量就是靠热射线辐射的方式传到地球上的。

实际工程中的传热，导热、对流、辐射三种传热方式很少单独遇到，常常是一种形式伴随着另一种形式而同时出现。

（2）热量传递的基本计算

物体传热过程中，物体任意点的温度等不随时间而变化，这种传热称为稳定传热。反之，温度等随时间而变化，则称为不稳定传热。在水暖工程中的传热过程，一般都以稳定传热来进行计算。

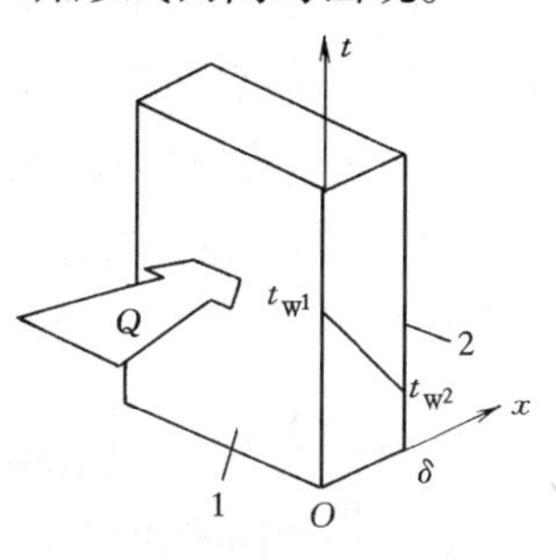

图 2-4　通过平板的导热

1）导热的计算，如图 2-4 所示，一平壁，厚度为 δ，表面积为 F，两个表面的温度都是均匀的，分别为 t_{W1}，t_{W2}，且保持不变。从表面 1 传导到表面 2 的热量 Q，即

$$Q = \lambda F \frac{\Delta t}{\delta} \quad (\mathrm{W})$$

式中　$\Delta t = t_{W1} - t_{W2}$

单位时间单位面积所通过的导热量用 q（也叫热流密度）表示。

则　$q = \dfrac{Q}{F} = \lambda \cdot \dfrac{\Delta t}{\delta} \quad (\mathrm{W/m^2})$

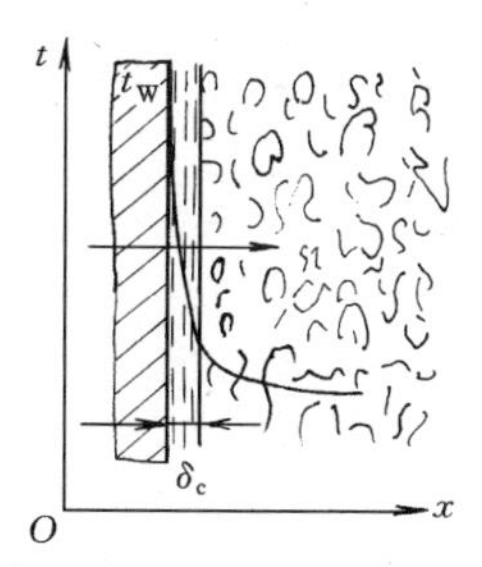

图 2-5　对流换热

式中 λ 是物体的导热系数，单位为W/(m·℃)。它是物体的物性参数，表征物体导热能力的大小。λ 数值越大，材料的导热性能越好；λ 数值越小，材料的导热性能越差。

2）对流的计算，如图 2-5 所示，对流换热量 Q 的计算公式为

$$Q = \alpha(t_W - t_1)F \quad (\mathrm{W})$$

或单位面积对流换热量为

$$q = \alpha(t_W - t_1) \quad (W/m^2)$$

式中 t_W——壁面平均温度,℃;

t_1——流体的平均温度,℃;

F——换热面积，m^2;

α——平均对流换热系数，$W/(m^2 \cdot ℃)$。

3）辐射的计算，对温度分别为 T_1K 和 T_2K 的两物体表面的辐射换热量 Q 为

$$Q = C_n\left[\left(\frac{T_1}{100}\right)^4 - \left(\frac{T_2}{100}\right)^4\right]F_{12} \quad (W)$$

式中 C_n——当量辐射系数，它与两物体的性质、形状、表面状况、相对位置等有关;

F_{12}——物体 1 对物体 2 的相对面积。

实际工程中，导热、对流、辐射三种传热方式，一般是同时起作用的。此时要计算物体的总传热量。如图 2-6 所示，冬季的取暖房间热量通过围护结构由室内向室外传热，其单位时间单位面积的传热量 q 为

$$q = K \cdot (t_1 - t_2) \quad (W/m^2)$$

式中 K——传热系数，$W/(m^2 \cdot ℃)$;

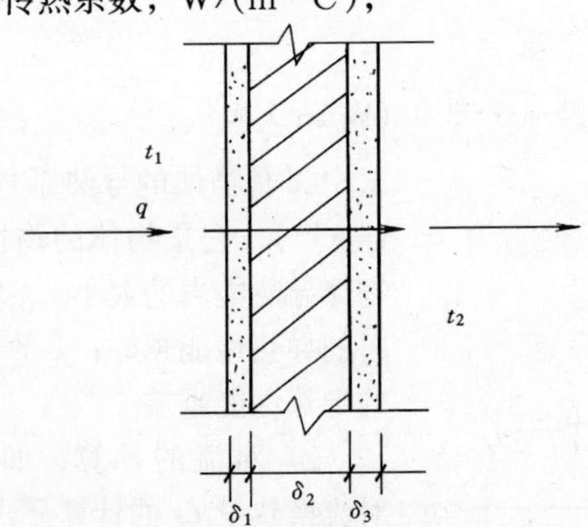

图 2-6 传热量计算

t_1——室内空气温度,℃;

t_2——室外空气温度,℃。

传热系数与围护结构的导热系数、厚度以及结构表面与室内、室外空气的放热系数有关。即

$$K=\frac{1}{\frac{1}{\alpha_n}+\Sigma\frac{\delta}{\lambda}+\frac{1}{\alpha_w}}$$

式中 δ——围护结构各层的厚度;

λ——围护结构各层对应的材料导热系数;

α_n——室内空气与围护结构内表面的放热系数,包括对流放热和辐射放热;

α_w——室外空气与围护结构外表面的放热系数,包括对流放热和辐射放热。

复 习 题

1. 试述两种不同的温度温标,它们的关系如何?
2. 什么叫绝对压力、相对压力和真空度?
3. 什么叫流体?流量和流速的关系如何?
4. 试述流量的连续方程式在工程上的实际意义。
5. 流体流动的阻力有哪两种?如何计算?
6. 传热的基本方式有哪三种?
7. 如何计算物体之间的传热量?

三、水暖工程识图

（一）投影与视图

1. 正投影

在日常生活中，当日光或灯光照射物体时，会在地上或墙上产生影子。参照这一自然现象，用一组假想光线将物体的形状投射到一个面上，称为“投影”，如图 3-1 所示。这种用投影来表示物体形状的方法为投影法。

在图 3-1 中，把光源 S 抽象为一点，称为投影中心，把光线称为投影线，平面 P 称为投影面，物体在 P 面上的影子称为投影（又称投影图）。

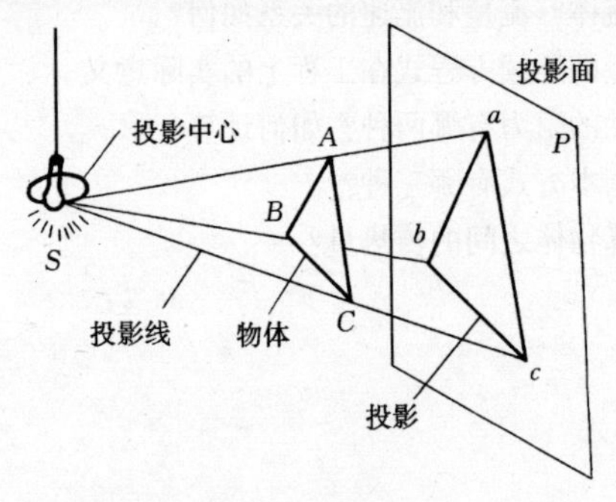

图 3-1　中心投影法

投影法可以分为两类：

(1) 中心投影法

在图 3-1 中，投影线由投影中心一点射出，通过物体与投影面相交所得的图形称为中心投影，这种投影方法称为中心投影法。中心投影所得到的投影图比实物大。

(2) 平行投影法

如果将投影中心移到无穷远处，则投影线可看成互相平行的通过物体与投影面相交，所得的图形称为平行投影，这种投影方法称为平行投影法，如图 3-2 所示。

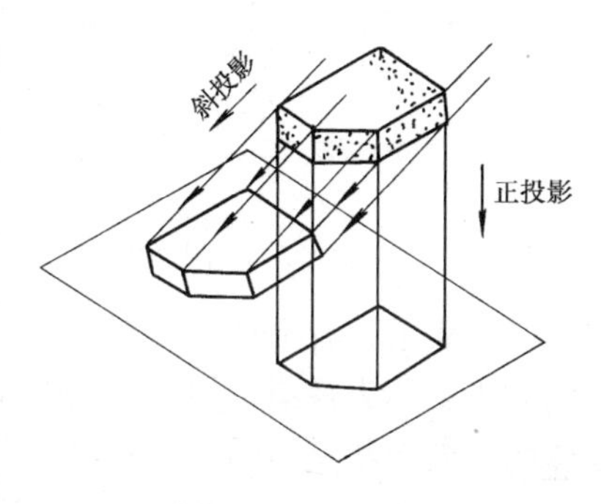

图 3-2 平行投影法

在平行投影中，投影线垂直于投影面时，物体在投影面上所得到的投影叫正投影，这种投影方法称为正投影法，又称直角投影法，如图 3-2 所示。这种正投影图能反映物体的真实大小，作图简便，是工程制图中经常采用的一种主要图示方法。

在平行投影中，投影线方向与投影面倾斜时，称为斜投影，如图 3-2 所示。

正投影的基本特点，是它的积聚性，真实性和类似性。

1) 积聚性 当直线段或平面图形垂直于投影面时，直线积聚成一点，平面图形的投影积聚成一段直线，如图 3-3（*a*）所示。

2) 真实性 当直线段或平面图形平行于投影面时，则投影反映线段的实长和平面图形的真实形状，如图 3-3（*b*）所示。

3) 类似性 当直线段或平面图形倾斜于投影面时，直线段的投影仍然是直线段，但比实长短；平面图形的投影仍然是平面图形，但不反映实形，而是原平面图形的类似形状，如图 3-3（*c*）所示。

2. 三视图

在绘制图样时，通常假定人的视线为一组平行且垂直于投影面的投影线，将物体置于投影面与观察者之间，把看得见的轮廓

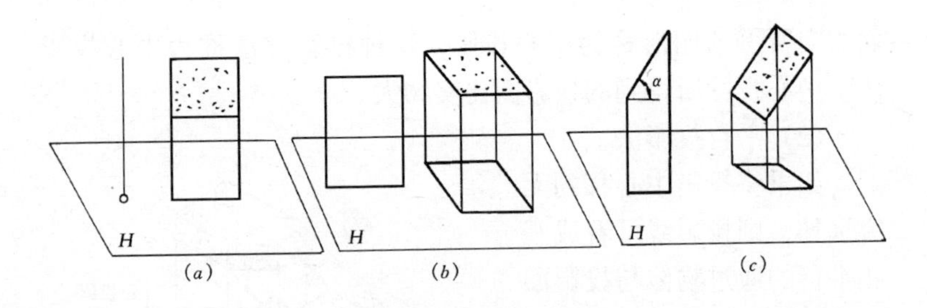

图 3-3　正投影特性

用粗实线表示，看不见的轮廓线用虚线表示，这样在投影面上所得到的投影称为视图，如图 3-4 所示。通常仅用一个视图来确定物体的真实形状是不够的。必须从不同的方向进行投影，即要用几个视图互相补充，才能完整地表达物体的真实形状和大小。在实际中，常用的是三视图。

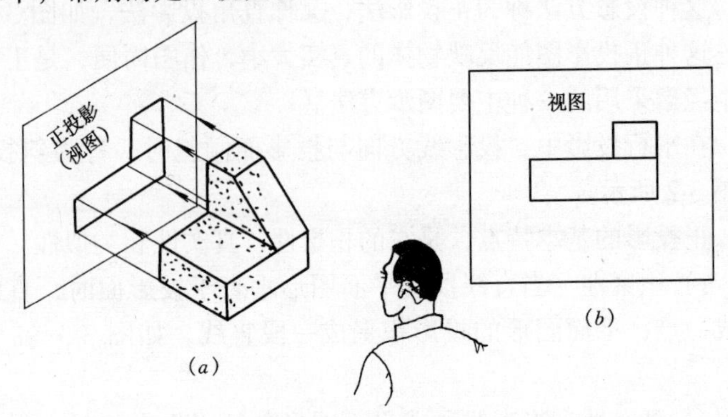

图 3-4　视图的概念

设置三个互相垂直的投影面，如图 3-5 所示。三个投影面的名称是：正立着的面，为正投影面，简称正面或 *V* 面；水平的面为水平投影面，简称水平面或 *H* 面；侧立着的面为侧投影面，简称侧面或 *W* 面。在三投影面中，*V* 面和 *H* 面的交线为 *OX* 轴；*H* 面和 *W* 面的交线为 *OY* 轴；*V* 面和 *W* 面的交线为 *OZ* 轴。*OX*、*OY*、*OZ* 三轴交点为 *O* 坐标原点。

将物体放置在三面投影体系中分别向三个投影面进行正投

影，即得到反映物体三个方向形状的三个投影（三个视图）。

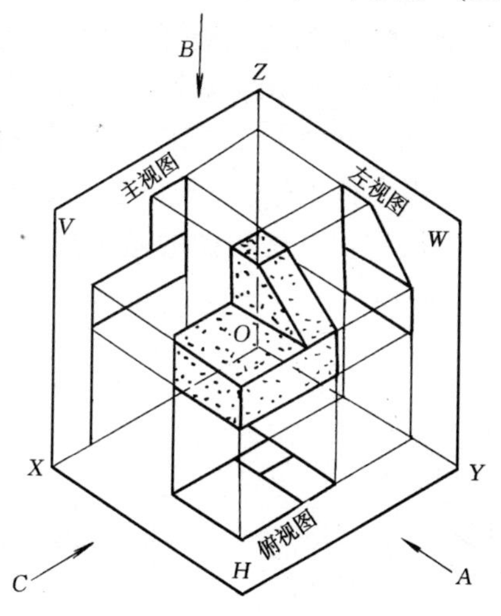

图 3-5　物体的三面投影图

在正立投影面 V 上的投影图叫做主视图，又称为立面图，即图 3-5 的 A 向投影；在水平投影面 H 上的投影图叫做俯视图，又称为平面图，即 B 向投影；在侧立投影面 W 上的投影图叫做左（右）视图，又称为侧面图，即 C 向投影。

在实际工程中，要将三个投影面进行展开以形成三视图，如

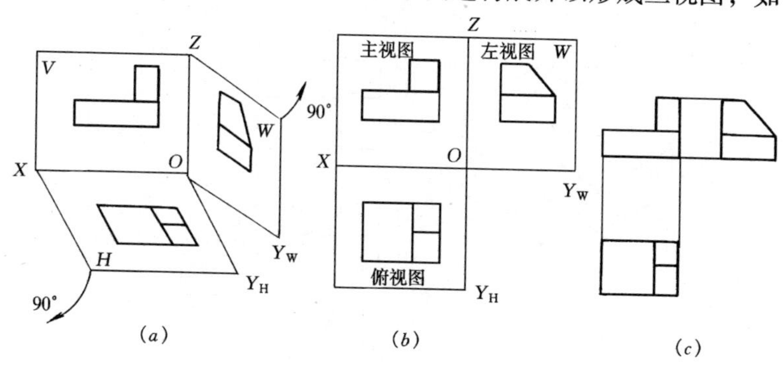

图 3-6　投影面的展开

（a）三投影面的展平；（b）三投影面的摊平；（c）三视图

图 3-6 所示。

从三视图的形成和投影面的展开过程中，可以得出三视图的投影规律。具体见图 3-7 所示。对照主视图和俯视图，“长”是相等的；对照主视图和左视图，“高”是相等的；对照俯视图和左视图，“宽”是相等的。简称“长对正，高平齐，宽相等”。这“三等”关系是绘制和识读工程图的基本规律，必须牢固掌握，熟练运用，严格遵守。

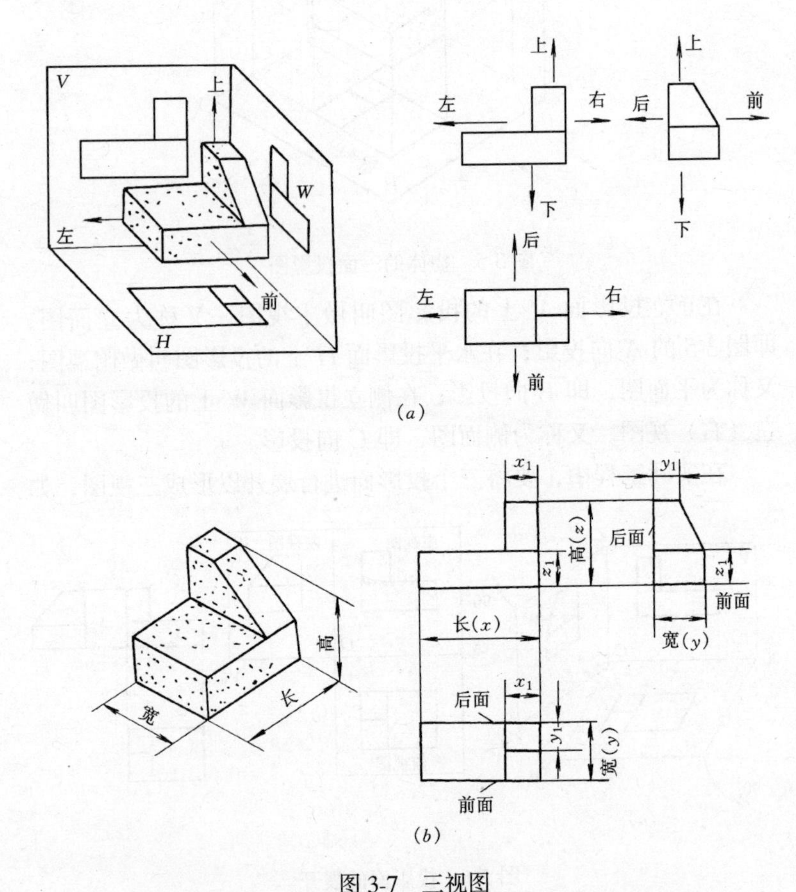

图 3-7 三视图

(a) 三视图反映的方位关系；(b) 三视图的尺寸关系（三等关系）

（二）管道工程图

1. 管道的单、双线图

图 3-8 是用三视图形式表示短管。图 3-9 是用双线图形式表示短管，用于表示管子壁厚的虚线和实线被省略，这种仅用双线来表示管子形状的图样，即管子的双线图。如果只用一根直线表示管道在立面上的投影，而在平面图中用一小圆点外面加画一个小圆，即为管道的单线图，如图 3-10 所示。

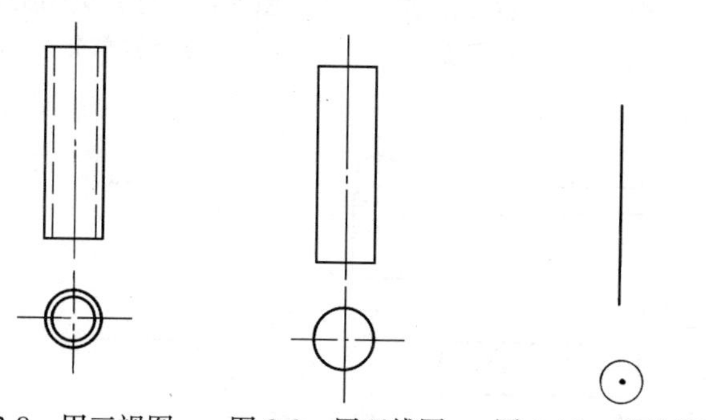

图 3-8　用三视图形式表示的短管　　图 3-9　用双线图形式表示的短管　　图 3-10　用单线图形式表示的短管

下面分别介绍管道工程图上常用的弯头、三通、四通、大小头的单、双线图的表示方法。

（1）弯头的单、双线图

图 3-11 是一弯头的双线图，图中省略了视图中的虚线和实线。

图 3-12 是弯头的单线图。在平面图上先看到立管的断口，后看到横管。画图时，对立管断口投影画成一有圆心点的小圆，横管画到小圆边上。在侧面图（左视图）上，先看到立管，横管的断面的背面看不到，这时横管应画成小圆，立管画到小圆的圆心处。

图 3-13 为 45°弯头的单、双线图。45°弯头的画法同 90°弯头

的画法相似，90°弯头画出完整的小圆，而45°弯头只需画出半圆。

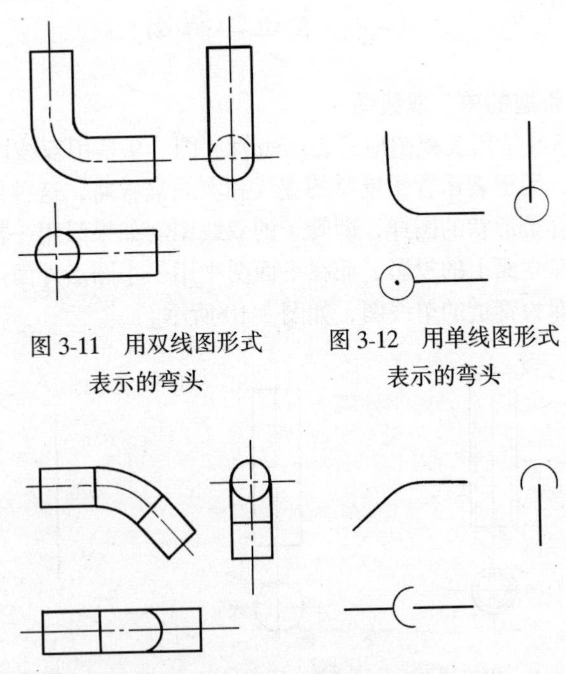

图 3-11　用双线图形式表示的弯头　　图 3-12　用单线图形式表示的弯头

图 3-13　45°弯头的单、双线图

(2) 三通的单、双线图

图 3-14 是同径正三通和异径正三通的双线图。双线图中省略了虚线和实线，仅画出外形图样。

图 3-15（a）是三通的单线图。在平面图上先看到立管的断

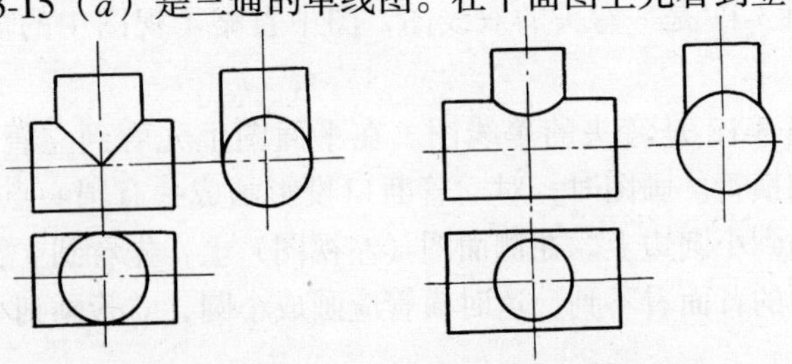

图 3-14　同径三通、异径三通的双线图

口，所以把立管画成一个圆心有点的小圆，横管画到小圆边上。在左立面（左视图）上先看到横管的断口，因此把横管画成一个圆心有点的小圆，立管画在小圆两边。在右立面图（右视图）上，先看到立管，横管的断口在背面看不到，这时横管画成小圆，立管通过圆心。图 3-15(*b*) 是两种形式表示同一意义。

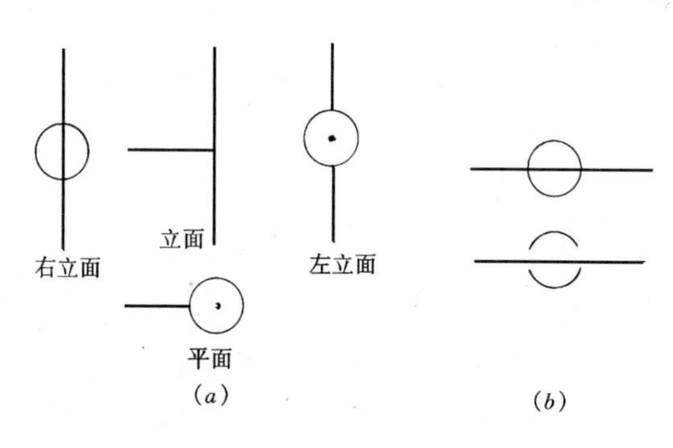

图 3-15　三通的单线图

在单线图里，不论是同径正三通还是异径正三通，其立面图图样的表示形式相同。同径斜三通或异径斜三通在单线图里其立面图的表示形式也相同，如图 3-16 所示。

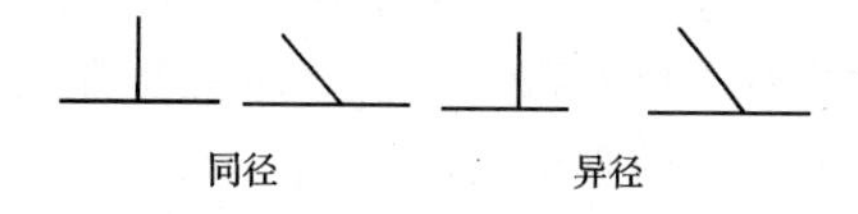

图 3-16　同径、异径正、斜三通单线图

（3）四通的单、双线图

图 3-17 是同径四通的单、双线图。同径四通和异径四通的单线图在图样的表示形式上相同，如图 3-18 所示。

（4）大小头的单、双线图

图 3-19 是同心大小头的单线和双线图。图 3-20 是偏心大小头的单线和双线图，用立面图形式表示。如以同心大小头的图样表示，就需要用文字加以注明“偏心”二字以免混淆。

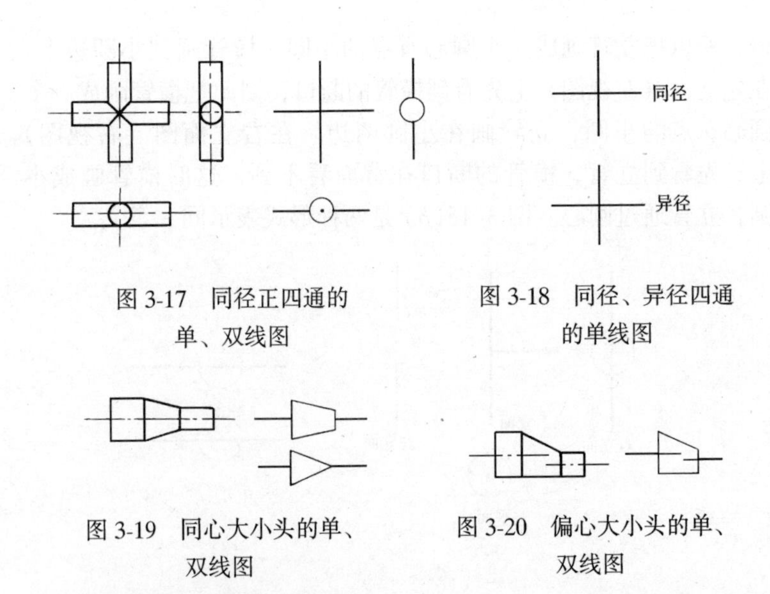

图 3-17　同径正四通的单、双线图

图 3-18　同径、异径四通的单线图

图 3-19　同心大小头的单、双线图

图 3-20　偏心大小头的单、双线图

2. 管路重叠和交叉的表示

长度相等、直径相同的两根或两根以上的管子，如果在垂直位置或平面位置上平行布置，它们的水平投影或正立投影会完全重合，就同一根管子的投影一样，这种现象称为管子的重叠。

在工程图中，通常用“折断显露法”来表示重叠管线，假想前（上）面一根管子已经截去一段（用折断符号表示），这样便显露出后（下）面一根管子。

图 3-21 是两根重叠管线的平面图（立面图）。

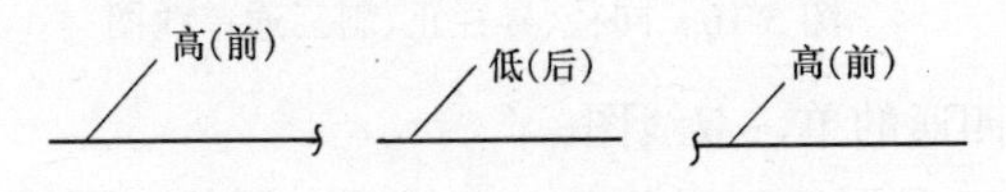

图 3-21　两根重叠直管的表示方法

图 3-22 是弯管和直管两根重叠管线的平面图（立面图）。

图 3-23 是四根管径相同、长度相等、由高向低、平行排列的管线。对这种多根管重叠的情况，也可用折断显露法来表示，如图 3-24 所示。

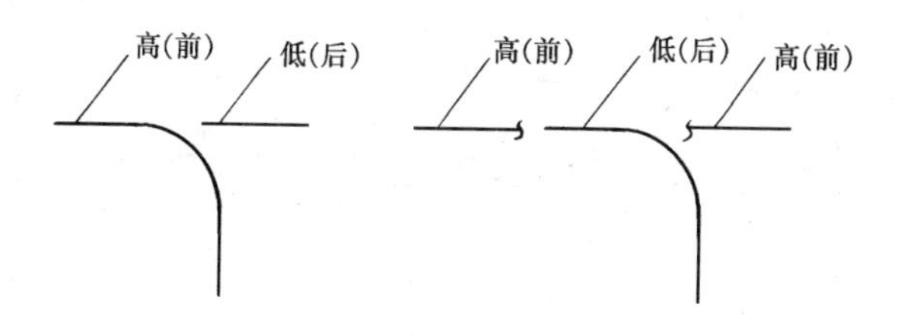

图 3-22　直管和弯管的重叠表示

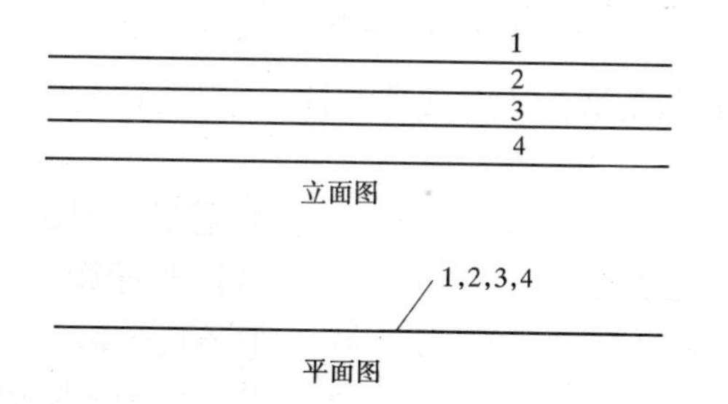

图 3-23　四根成排管线的平、立面图

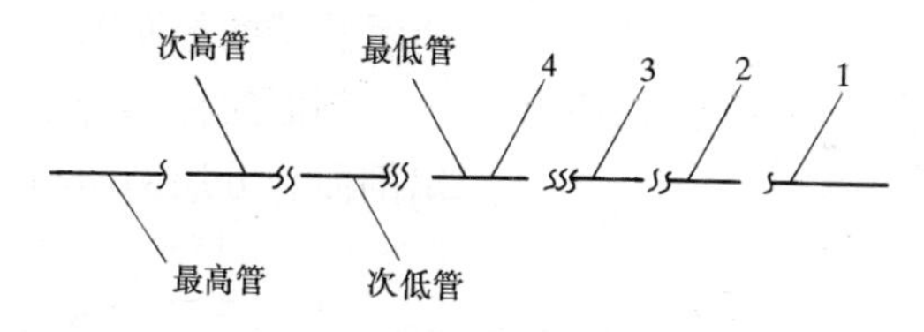

图 3-24　用折断显露法表示的平面图

如果两根管线交叉，高（前）的管线不论是用双线，还是用单线表示，它都显示完整；低（后）的管线在单线图中却要断开表示，在双线图中则应用虚线表示清楚，见图 3-25（*a*）、（*b*）所示。在单、双线图同时存在的平面图中，如果大管（双线）高于小管（单线），那么小管的投影在与大管相交的部分用虚线表示，如图 3-25（*c*）所示；如果小管高于大管时，则用实线表示，如图 3-25（*d*）所示。

同样的道理，对多根管线的交叉也可以用前（高）实、后（低）虚或断的方法表示，如图 3-26 所示。如果该图是立面图，

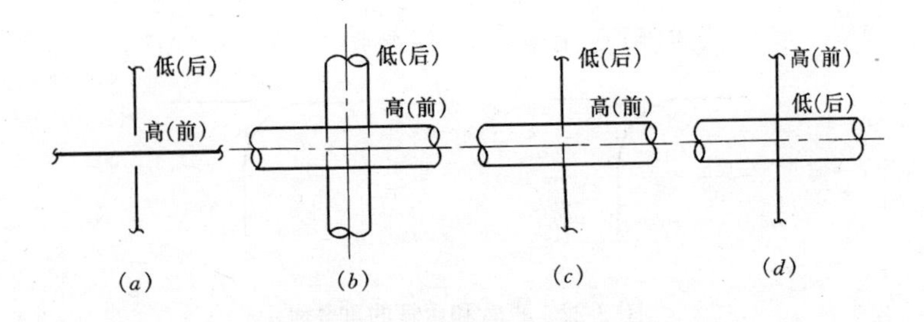

图 3-25　两根管线的交叉

那么 a 管在最前面，d 管为次前管，c 管为次后管，b 管在最后面。

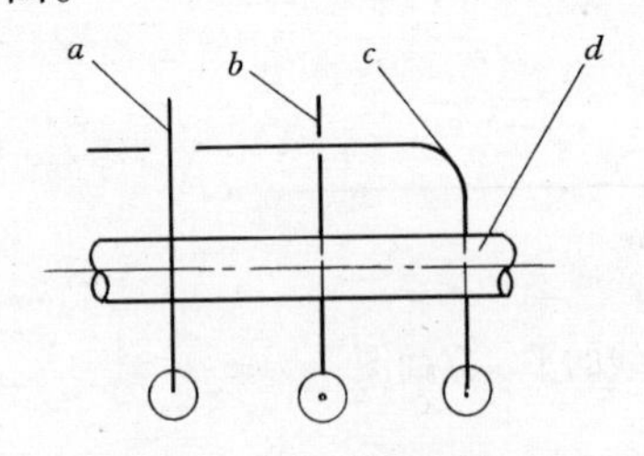

图 3-26　多根管线的交叉

3. 管道的剖面图

(1) 剖面图的定义和种类

假想用剖切平面把物体的某处切断，仅画出断面的图形，称为剖面图，简称剖面。如图 3-27 所示管子的剖面图。

剖面的种类有重合剖面、移出剖面、分层剖面和转折剖面。

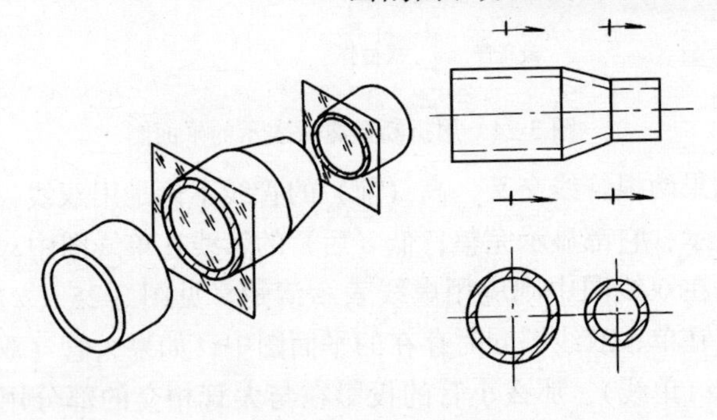

图 3-27　管子的剖面图

1) 重合剖面　在视图中，将剖面旋转 90°后，重合在视图轮廓以内画出的剖面，如图 3-28 所示。

2) 移出剖面　在视图中，将剖面旋转 90°，并移到视图轮廓以外的位置画出的剖面，如图 3-29 所示。

3）分层剖面　在视图中，用分层显示的方法来表示物体剖面的图形称为分层剖面图，如图 3-30 所示。

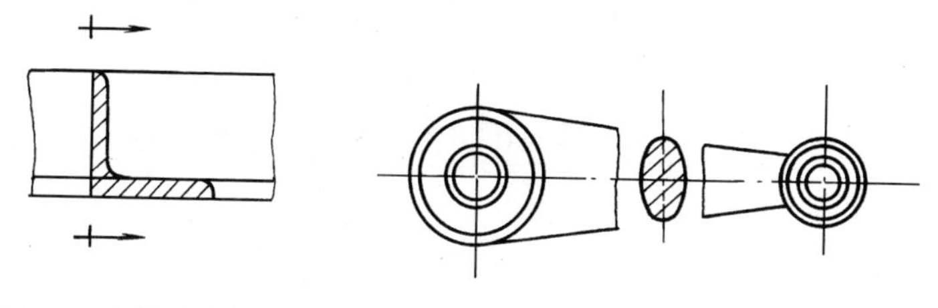

图 3-28　角铁重合剖面　　图 3-29　移出剖面

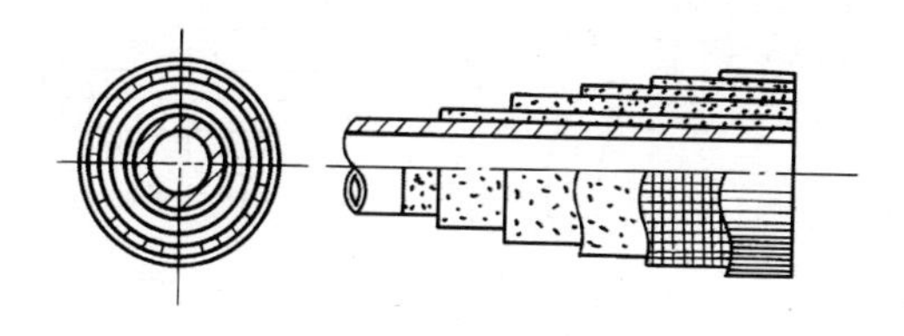

图 3-30　分层剖面图

4）转折剖面　是用多个（一般为两个）平行剖切平面切开物体，对剖面处进行投影所得到的图样，如图 3-31、图 3-32 所示。转折剖又称为阶梯剖。

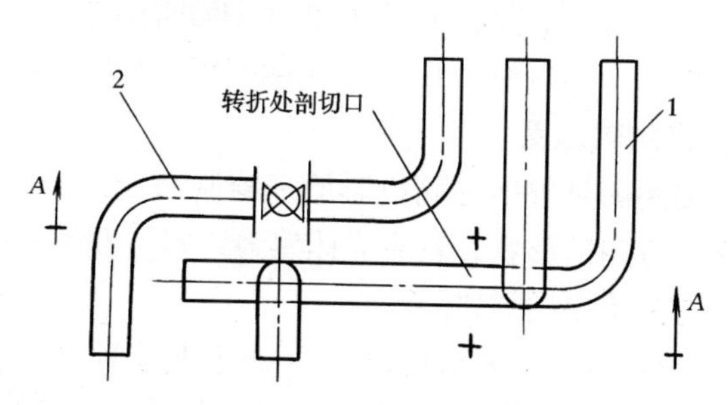

图 3-31　管线的平面图

（2）单根管线的剖面图

单根管线的剖面图，并不是用剖切平面沿着管道的中心线剖开后所得的投影，而是利用剖切符号表示管道的某个投影面。如图 3-33 所示，*A-A* 剖面相当于主视图，*B-B* 剖面相当于左视图。管线剖面图是用剖视图来表示的。

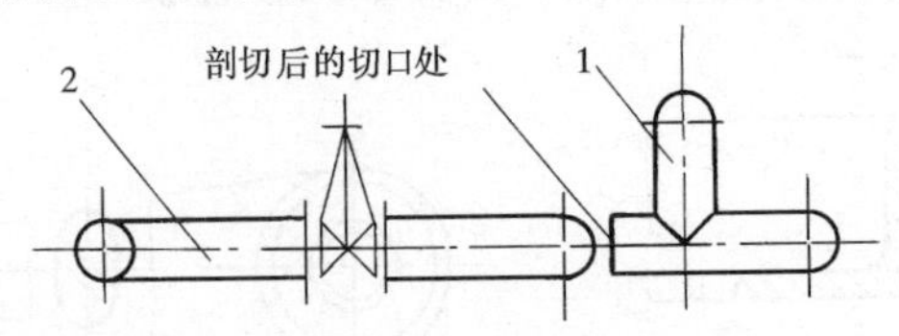

图 3-32　*A-A* 剖面图

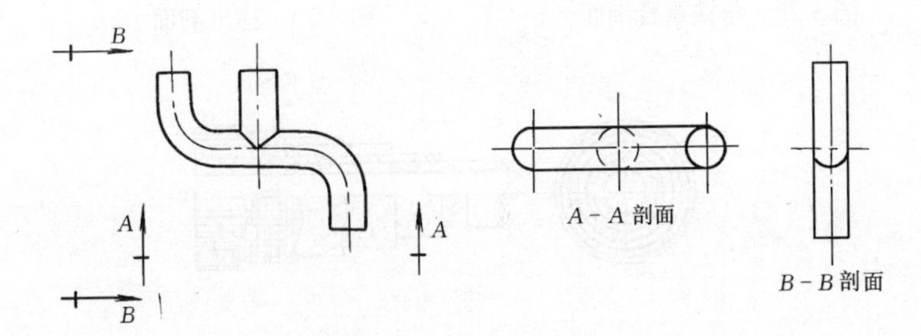

图 3-33　管线剖面图的表示

图 3-34 是一组混合水淋浴器的配管图，在平面图中，可以看到整路管线好似一只摇头弯管，在管线的终端还装有供淋浴用的莲蓬头，平面图上标有Ⅰ-Ⅰ和Ⅱ-Ⅱ两组剖切符号。Ⅰ-Ⅰ剖面图实际上如同正立面图。Ⅱ-Ⅱ剖面图实际上如同左立面图。

4. 管道的轴测图

管道轴测图是根据轴测投影原理绘制而成，能同时反映长、宽、高三个方向的形状，具有立体感强，容易看懂的特点，它是管道施工图的重要图样之一。

用平行投影法，将物体连同其空间直角坐标轴一起投影到一个选定的投影面上，所得的图形叫轴测投影图，简称轴测图，如图 3-35 表示一立方体的轴测图。在轴测图中，物体上的直线在轴测图上仍为直线；空间直线平行某一坐标轴时，它在轴测图中仍平行相应的轴测轴；空间两直线相互平行，在轴测图中仍然平

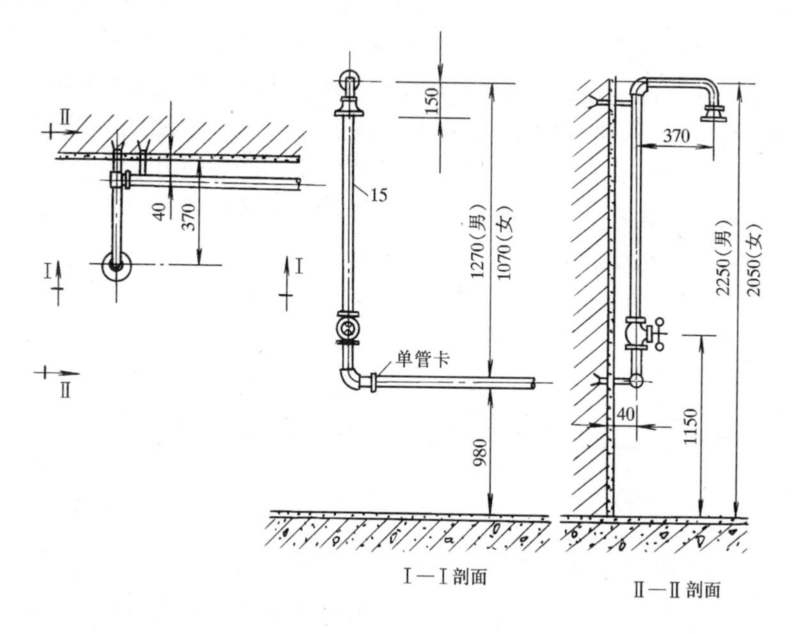

图 3-34　混合水淋浴器配管图

行；凡不平行于轴测投影面的圆，其轴测投影一般为椭圆。

轴测图可分为正轴测图和斜轴测图。当投影方向垂直于轴测投影面时，得到的投影是正轴测图，如图 3-35（*a*）所示；当投影方向倾斜于轴测投影面时，得到的投影是斜轴测图，如图 3-35（*b*)所示。管道施工图中常用的是正等测图和斜等测图。

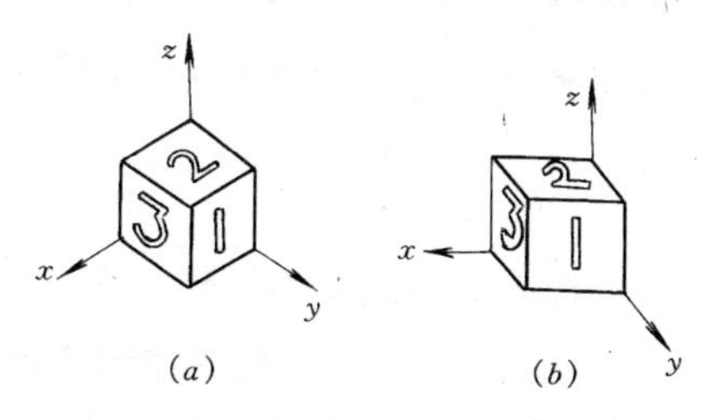

图 3-35　立方体的轴测图

下面分别介绍弯管的正等测图、斜等测图和三通的正等测图、斜等测图。

(1) 弯管的正等测图　某弯头视图如图 3-36（a）所示，它是水平放置，有前后水平走向和左右水平走向，故选定 Ox 轴为前后向，Oy 轴为左右向，据此可画出弯管的正等测图，如图 3-36（b）所示。在图 3-37 中，尽管平、立面图反映出来的弯头也是水平放置的，但整个弯头的实际走向和具体位置在方向上与图 3-36 恰好相反。

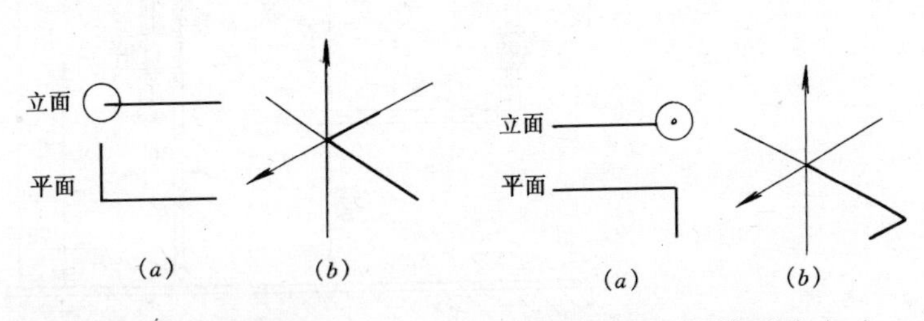

图 3-36　弯头的轴测图（一）　　图 3-37　弯头的轴测图（二）

在图 3-38（a）中，一个垂直放置的弯头，垂直部分，断口朝上；水平部分，左右走向。由此，即可画出该弯头的正等测图。同理可知，图 3-38（b）是只垂直部分断口朝下的弯头。

(2) 弯管的斜等测图　图 3-39 所示是三种不同放置位置的弯管斜等测图的表示方法。

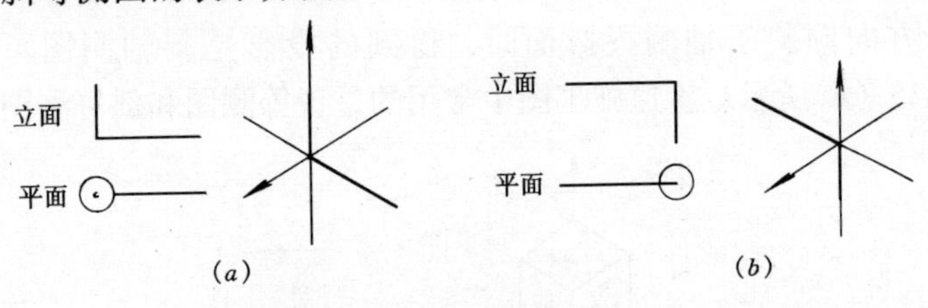

图 3-38　弯头的轴测图（三）

(3) 三通的正等测图　某三通视图如图 3-40 所示，由视图可知，这只正三通的主管为水平前后走向，支管为垂直走向并与主管相交。选 Ox 轴为前后向，Oz 轴为上下向。据此可画出该正三通的正等测图。同理，也可画出图 3-41 所示三通的正等测图，这只三通完全是水平放置的。

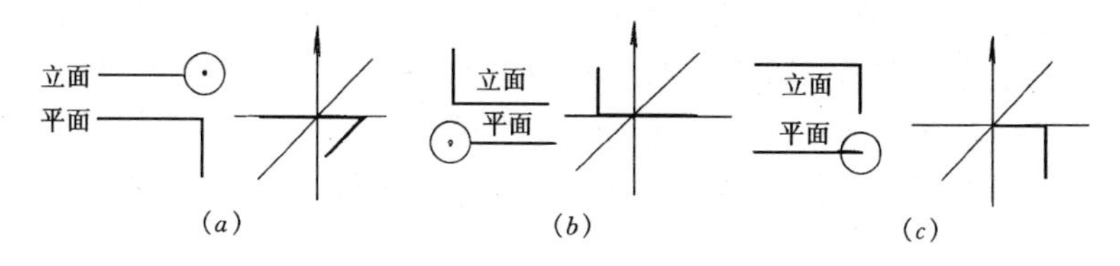

图 3-39　弯头的轴测图

图 3-40　三通的轴测图(一)　　图 3-41　三通的轴测图(二)

（4）三通的斜等测图　图 3-42（*a*）所示为三通的视图，主管的走向是前后向，支管走向是上下向。画斜等测图时，从轴交点 *O* 起分别在 *y*、*z* 轴向量取三通在平面图、立面图的前后、上下走向的线段，如图 3-42（*b*）所示。

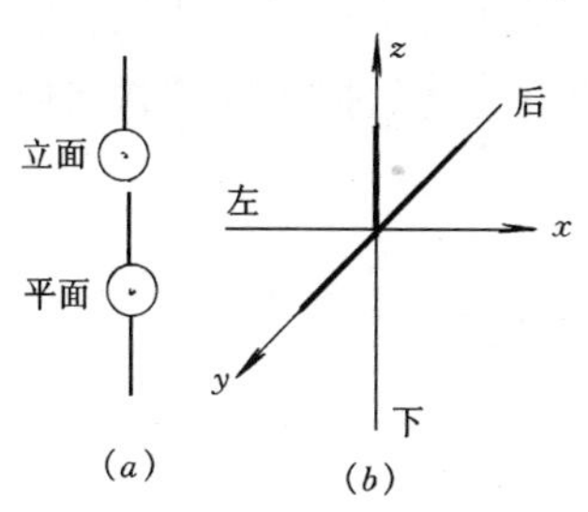

图 3-42　三通斜等测图的画法

轴测图的简单画法和步骤

1）画轴测图时，应以管道平面图、立（剖）面图为基础，根据正投影原理对管线的平、立（剖）面图进行图形分析。

2）在图形分析的基础上，对所绘管线分段编号，再逐段进行分析，弄清在左右、前后、上下这六个空间方位上每一段管线的具体走向，并确定同各轴测轴的关系，这一步骤称为定轴定方位。

3）画管道轴测图时，不论是正等测还是斜等测，都根据简化了的轴向缩短率 1∶1 绘制。线型一般都用单根粗实线表示，有时也用双线表示。

4）具体画图的次序一般是先画前面，再画后面；先画上面，再画下面。管道与设备连接应从设备的管接口处逐步朝外画出，被挡住的后面或下面的管线画时要断开。

5）画轴测图中的设备时，一律用细实线或双点画线表示。

6）画轴测图时，应注明管路内的工作介质的性质、流动方向、管线标高及坡度等。如果平、立面图上有管件或阀件的话，也应该在相应的投影位置上标出。

7）在水平走向的管段中法兰要垂直画。在垂直走向的管线中，法兰一般与邻近的水平走向的管段相平行。用螺纹连接的阀门和管件在表示形式上与法兰连接相同，阀门的手轮应与管线平行。

8）由于轴间角、轴向缩短率的不同，因此轴测图一般不能准确地反映管道的真实长度和比例尺寸，按图施工时，管子不能照这种比例来画线下料，应以标注的尺寸为准。

9）根据平、立面图所确定的比例以及简化了的轴向缩短率，用圆规或直尺一段段地量出平、立面图的管线长度，并把它们沿轴向量取在轴测轴或轴测轴的平行线上，然后把量取的各线段连起来即成轴测图。

（三）水暖施工图

1. 施工图的表示方法

（1）标题栏　位于图纸右下角，格式大体如表3-1所示。其中，图名区表明本图所属的专业和图的内容，图号表明本专业图纸编号顺序。

（2）比例　图形的大小与其实际大小之比称为比例。比例有与实物相同的比例，即1∶1；有缩小的比例，如在1∶50的图上，实长1m的管线，在图上只画20mm长；也有放大的比例，如零配件的详图，在2∶1的图上，实际长20mm，在图上画40mm。

标题栏格式　　　　表 3-1

<table>
<tr><td colspan="7">设计单位全称</td></tr>
<tr><td>工程名称</td><td colspan="6"></td></tr>
<tr><td>审　定</td><td></td><td>设 计 人</td><td></td><td rowspan="3">图名</td><td>设计号</td><td></td></tr>
<tr><td>审　核</td><td></td><td>工程负责人</td><td></td><td>图　号</td><td></td></tr>
<tr><td>校　对</td><td></td><td>设计制图</td><td></td><td>日　期</td><td></td></tr>
</table>

在实际工程绘图中，常用比例见表 3-2。

工程绘图中常用比例　　　　表 3-2

名　　称	比　　例
室内给排水平面图	1:300　1:200　1:100　1:50
给排水系统图	1:200　1:100
供暖总平面图	1:500　1:100
室内采暖平面图	1:100　1:50
剖面图	1:50　1:20
详图	1:20　1:10

（3）标高

管道的高度用标高来表示，标高有相对标高和绝对标高两种。室内管道一般标注相对标高，它是指管道到首层室内地坪（±0）的铅直距离，“+”号表示自 ±0 向上的铅直距离，“－”号表示自 ±0 向下的铅直距离。标高的表示方法如图 3-43 所示，通常在管线起讫点、转角点、连接点、变坡点、交叉点标注标高。

压力管道，如给水管道、采暖管道标注标高时，宜标注管中心标高。

重力管道，如排水管道标注标高时，一般宜标注管内底标高。

（4）坡度及坡向　坡度符号为 i，坡度符号后表明坡度值；坡向符号用箭头表示，表示坡度下降的方向，常用表示方法如图 3-44 所示两种形式。

（5）方向标　管道图中的方向标与建筑图一致，通常为指北

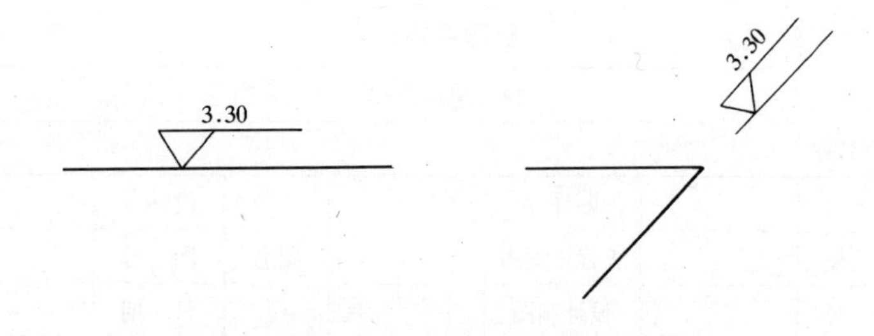

图 3-43 标高的标注方法

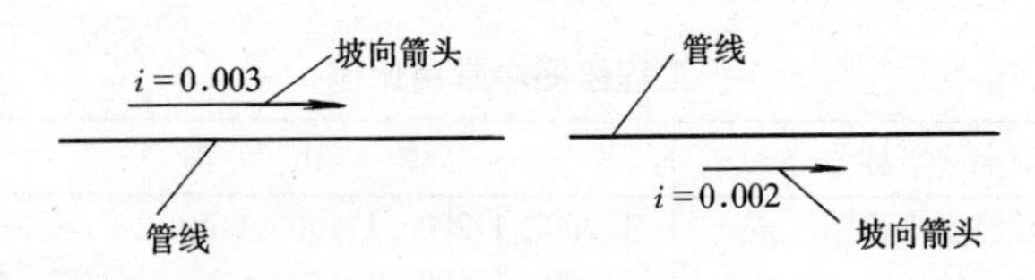

图 3-44 坡度的表示方法

针和风玫瑰图，如图 3-45 所示。

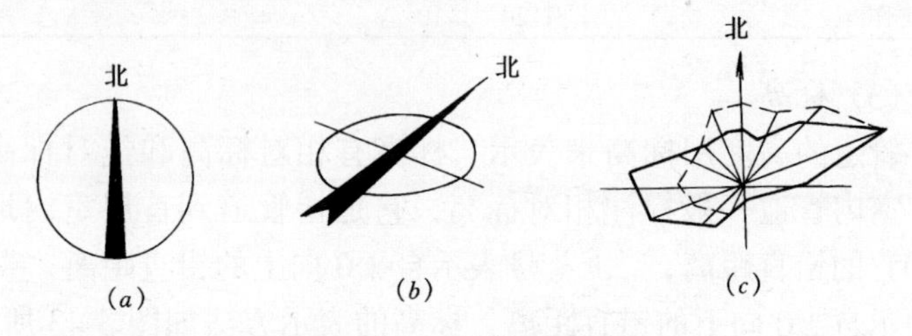

图 3-45 指北针及风玫瑰图

2. 给排水工程施工图

(1) 给排水工程图的分类及组成

给排水工程图可分为室内给排水工程图与室外给排水工程图两大类。一般由基本图和详图组成。基本图包括图纸目录、设计施工说明、设备及主要材料表、管道设备布置图、剖面图、系统轴测图、原理图等；详图表明各局部的详细尺寸及施工要求。

室内给排水工程图表示一幢建筑物的给水和排水工程，主要包括平面图、系统轴测图和详图。

室外给排水工程图表示一个区域的给水、排水管网，包括管道总平面布置图、流程示意图、纵断面图、工艺图和详图。

(2) 给排水工程施工图图例

为使专业制图做到基本统一，清晰简明，提高制图效率，满足设计、施工、存档等要求，国家制定了《给水排水制图标准》，表3-3列出了室内给排水工程图中常用的图例。

室内给排水工程图图例（详见GB/T 50106—2001） **表3-3**

名　称	图　例	名　称	图　例
给水管（生活）	—— J ——	洗脸盆	
污水管	—— W ——	浴　盆	
多孔管		盥洗槽	
检查口		污水池	
清扫口		挂式小便器	
地　漏		蹲式大便器	
承插连接		坐式大便器	
法兰连接		小便槽	
闸　阀		淋浴喷头	
存水弯		通气帽	
截止阀		离心水泵	
止回阀		温度计	
放水龙头		压力表	
消火栓		流量计	

(3) 室内给排水施工图的识读

首先看设计说明和设备材料表，了解工程的概况，熟悉有关图例及代表的内容，然后以系统为线索，阅读平面图、系统图及详图。阅读时，往往要将它们对照起来看。

以系统为线索就是先通过看系统图对工程有个大致了解。看给水系统图的顺序为：房屋给水引入管→水表井→给水干管→立管→支管→用水设备（水龙头、淋浴器、冲洗水箱等)。看排水系统图的顺序是排水设备（洗脸盆、污水池、大便器等）→排水支管→横管→立管→干管→房屋污水排出管。简言之，是按给水(自来水）和污水的流向来看的。

图 3-46、图 3-47、图 3-48 表示某幢建筑物室内给排水工程的平面图、系统轴测图。下面结合实例介绍识读的一般方法。

1）设计说明　设计图纸上用图或符号表达不清的内容，需要用文字加以说明。例如，采用的管材及接口方式，管道的防腐、防冻、防结露的方法，卫生器具的类型及安装方式，施工注意事项，所采用的标准图号及名称，系统的管道水压试压要求等。

2）设备及材料明细表　对于重要工程，为了使施工准备的材料和设备符合设计要求，还应编制一个设备及材料明细表，内容包括：编号、名称、型号规格、单位、数量、备注等。

简单工程可不编制设备及材料明细表。

3）平面图的识读　室内给排水管道平面图是施工图纸中最基本的设计图。它主要表明建筑物内给水管道、排水管道、卫生器具和用水设备的平面布置及其与结构轴线的关系。识读的主要内容和注意事项如下：

查明用水设备、排水设备的类型、数量、安装位置、定位尺寸。

查明各立管、水平干管及支管的各层平面位置、管径，各立管的编号及管道的安装方式（明装或暗装)：

给水立管的编号为 JL-1、JL-2、JL-3，共三根，*DN* 表示管

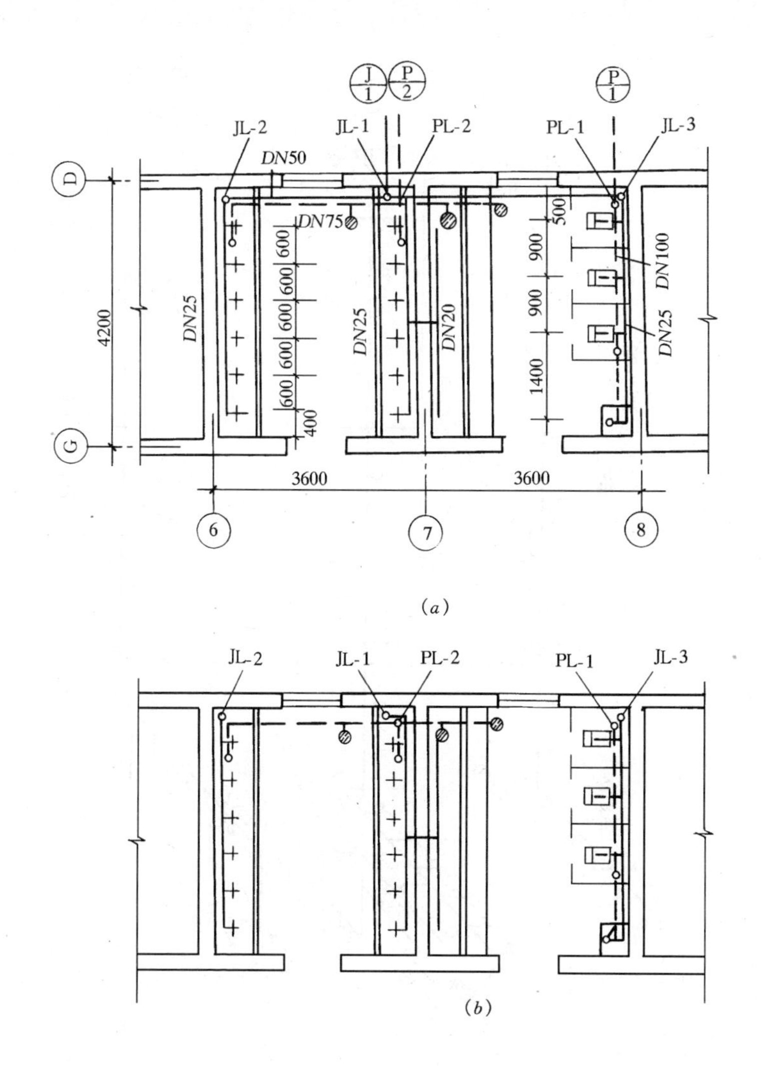

图 3-46　给排水管道平面图

（*a*）首层给排水平面图；（*b*）标准层给排水平面层

道公称直径，单位为 mm，给水管的管径分别为 70、50、40、32、25、20、15（mm）等。两根污水立管的编号为 PL-1、PL-2，污水管的管径分别为 100、75、50（mm）等。

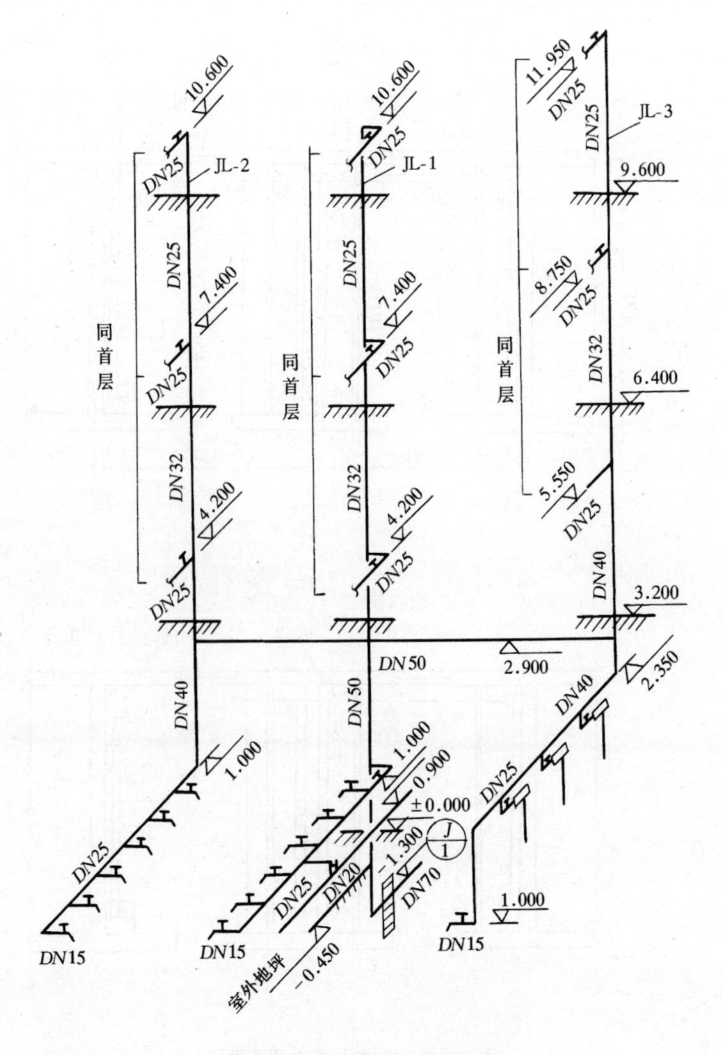

图 3-47 给水管道系统轴测图

弄清楚给水引入管和污水排出管的平面位置、走向、定位尺寸、管径等。

给水引入管的编号为 (J/1)，管径为 70mm，两根污水排出

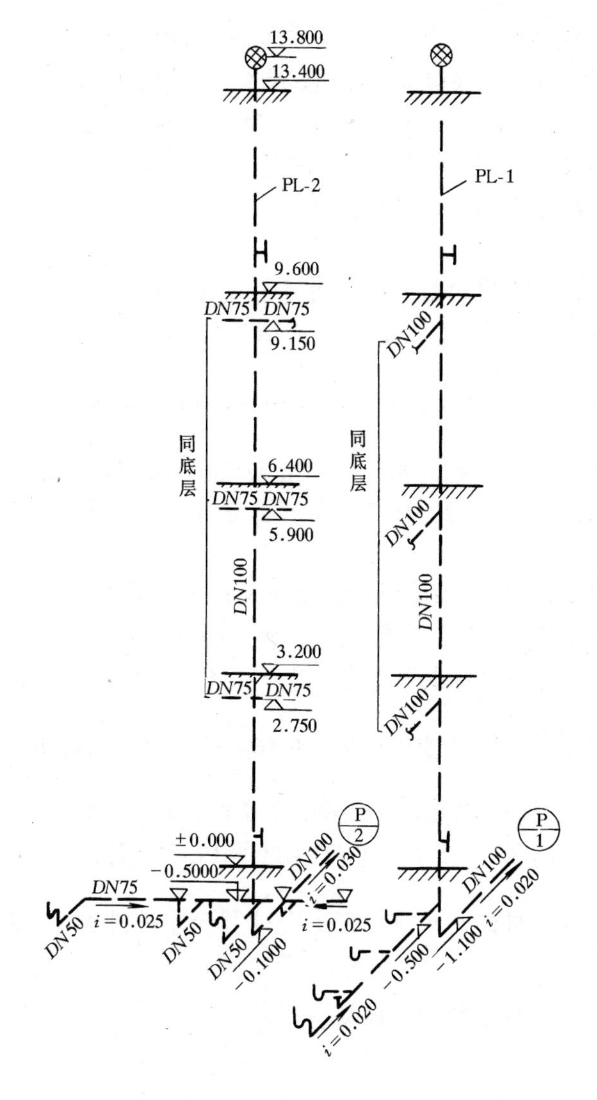

图 3-48　排水管道系统轴测图

管的编号为 $\frac{P}{1}$、$\frac{P}{2}$，管径为 100mm。

4）系统轴测图的识读　系统轴测图分为给水系统轴测图和

排水系统轴测图，它是根据各层平面图中用水设备、排水设备、管道的平面位置及竖向标高用斜轴测投影绘制而成的，表明管道系统的立体走向。系统图上标注了管径尺寸、立管编号、管道标高和坡度等。把系统图与平面图对照阅读，可以了解整个室内给排水管道系统的全貌。识读时应掌握的主要内容和注意事项如下：

给水系统图的阅读可由房屋引入管开始，沿水流方向经干管、立管、支管到用水设备，如图 3-47 所示。房屋引入管编号 $\frac{J}{1}$，管径 70mm，标高 −1.30m，进户后经管径 *DN*50 的立管（JL-1）至标高 2.90m 处引出 *DN*50 的水平干管，再由水平干管引出两根 JL-2、JL-3 立管，自立管上引出各层支管，通至给水设备。

排水系统图的阅读可由上而下，自排水设备开始，沿污水流向，经支管、立管、干管至排出管，如图 3-48 所示。各层的大便器污水是流经各水平支管，以 $i=0.020$ 的坡度流向 *DN*100 的 PL-1 立管，向下汇集到标高 −1.10m 的污水排出管 $\frac{P}{1}$，排至室外化粪池；各层的小便池、盥洗槽、地漏污水是经各水平支管以 $i=0.025$ 的坡度流向 *DN*100 的 PL-2 立管，向下汇集至标高 −1.10m 处的污水排出管  排至室外排水管。两根排出管的管径、标高相同，但坡度不同，其中  为 $i=0.020$，$\frac{P}{2}$ 为 $i=0.030$。

平面图中反映各管道穿墙和楼板的平面位置，而系统图中则反映各穿越处的标高。

在系统图中，不画出卫生器具，只分别在给水系统图中画出水龙头、冲洗水箱；在排水系统图中画出存水弯和器具排水管。

5）详图　又称节点图、大样图，主要是给出管道节点、水表、消火栓、卫生器具、过墙套管、排水设备、管道支架等的安装图，它是根据实物用正投影法画出来的，表明某些设备及管道节点的详细构造与安装要求。

3. 采暖工程施工图

（1）采暖工程施工图的组成

采暖工程施工图一般由基本图和详图组成。基本图包括图纸目录、设计施工说明、设备及主要材料表、平面图、剖面图、系统轴测图等；详图表明各施工局部的加工制造或施工的详细尺寸的大样图和节点图。

（2）采暖工程施工图的图例

为使采暖制图做到基本统一，提高制图效率，满足设计、施工、存档等要求，国家制定了《暖通空调制图标准》，表3-4所示为采暖工程图中常用的图例。

采暖工程图图例（详见GB/T 50114—2001）　　**表3-4**

名　称	图　例	名　称	图　例
供水（汽）管	R (Z)	保温管道	
回（凝结）水管	N	截止阀	
方形伸缩器		闸　阀	
丝　堵		止回阀	
滑动支架		安全阀	
固定支架		减压阀	

续表

名　称	图　例	名　称	图　例
散热器放风门	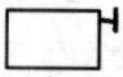	波形伸缩器	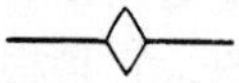
手动排气阀		散热器	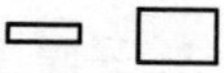
疏水器	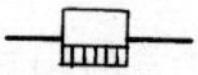	集气罐	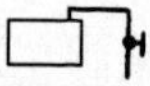
自动排气阀		管道泵	
散热器三通阀		除污器	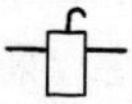

(3) 采暖工程图的识读

识读时，首先读设计施工说明，熟悉与图纸有关的设备及图例符号，然后看各层平面图和系统图，并相互对照。既要看清楚系统本身的全貌和各部位的关系，也要搞明白采暖系统与建筑物的关系和设备、管道在建筑物中所处的位置。图 3-49、图 3-50、图 3-51 所示为某两层办公楼室内采暖工程平面图和系统轴测图。

1）设计说明　设计图无法表达的内容，一般采用设计说明表达。主要有：建筑物的采暖面积、热源种类、热媒参数、系统总热负荷、散热器型式及安装方式、管材连接方式以及防腐、保温、水压试验等。

2）设备及主要材料表　为便于施工备料，使施工单位按设计要求选用设备和材料，一般施工图均附有设备及主要材料表，其内容包括：编号、名称、型号规格、单位、数量、备注等。

3）平面图　平面图表明室内采暖管道及设备的平面位置。图 3-49 是一层采暖平面图，图 3-50 是二层采暖平面图，识读时，应注意：

弄清楚热力入口的位置，采暖供、回水干管设在哪一层，采

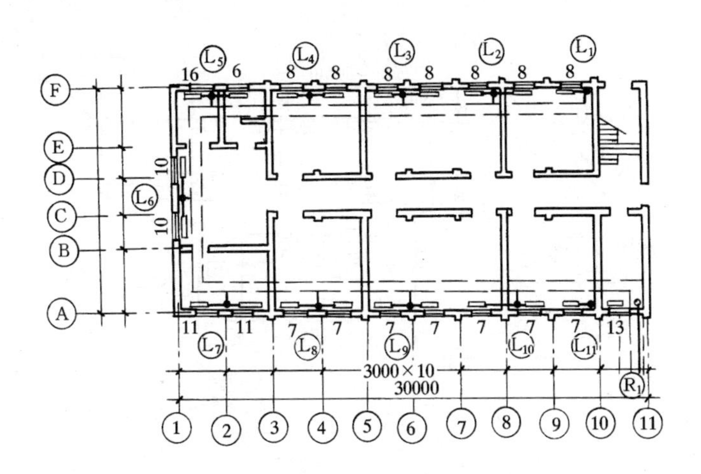

图 3-49　一层采暖平面图

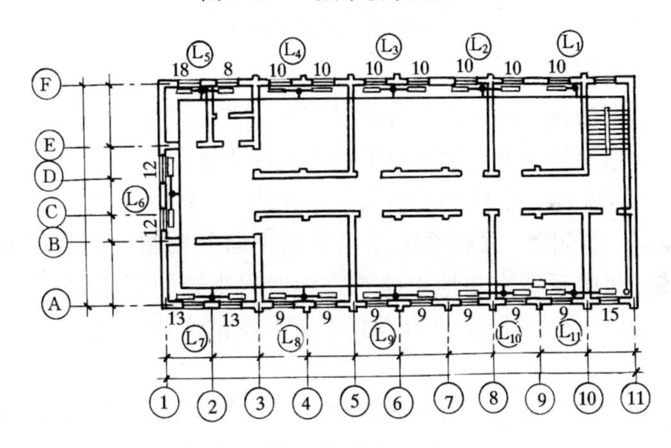

图 3-50　二层采暖平面图

暖立、支管的位置。

图 3-49 的 R_1 表明热力入口位置，采暖的回水干管设在一层地沟内。图 3-50 表明供水干管设在二层，采暖立管 L_1 、L_2 …… L_{11} 的位置及与立管相连的散热器支管位置均可从平

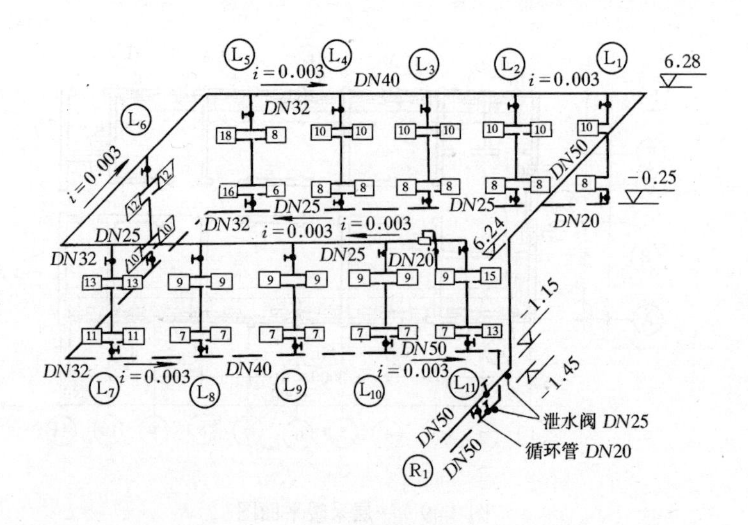

图 3-51 采暖系统图

面图中直接看出。

查明散热器的位置、片数及安装方式（明装或暗装）。平面图中，散热器图例旁的阿拉伯数字表示片数。

一层采暖平面图中的地沟是用虚线表示的。

4）系统图 采暖系统图是采用正面斜轴测图的绘制方法，假想把采暖系统完整地由建筑物中取出来绘制而成的，如图 3-51 所示，从系统图中可以看到采暖系统的全貌。识读时，应注意：

弄清楚采暖管道的来龙去脉，包括管道的走向、空间位置、坡度、坡向、管径及变径的位置，管道之间的连接方式。

从图 3-51 中可看出热力入口处，管径为 *DN*50 的供水管由地下标高 -1.15m 处进入室内，然后沿供水总立管上升到标高 6.24m 处接水平供水干管，水平供水干管以 $i=0.003$ 的上升坡度沿四周内墙敷设，在水平供水干管的末端设有集气罐。供水干管的热水通过立管向一侧或两侧散热器供水，散热器的热水经支管又回到立管向下一层散热器供热，这种连接形式称单管垂直串联式，散热后的水流至地沟内的回水干管，地沟内的回水干管自

起点标高 -0.25m 开始，以 $i=0.003$ 的下降坡度敷设，末端与标高 -1.45m、$DN50$ 的总回水管相连接。供、回水管各段的管径均可从图上看出。在热力入口处的供、回水管上装有 $DN20$ 的循环管和 $DN25$ 的泄水阀，系统中各立管的始、末端均设有阀门。

查明集气罐的规格、安装形式（立式或卧式）。从图中看出为卧式集气罐，安装位置为供水水平干管末端的系统最高处。

5）详图　在平面图和系统图中，由于比例较小，不能清楚表明管道及设备的构造、安装尺寸时、就采用正投影的方法，用较大的比例画出其构造、安装详图。

另外，标准图也是水暖管道施工图的一个重要组成部分，给水管与用水设备之间、卫生器具与排水管之间、供水管、回水管与散热器之间的具体连接形式、详细尺寸和安装要求一般都由国家颁布的标准图查得。

复习题

1. 什么叫投影？可分哪两类？
2. 什么叫视图？试述三视图的投影规律。
3. 管道、弯头、三通、四通、大小头的单线图如何绘制？
4. 管路的重叠、交叉如何表示？
5. 什么叫管道的轴测图？可分哪两种？
6. 弯管和三通的轴测图如何绘制？
7. 试述轴测图的简单画法。
8. 给排水、采暖工程施工图由哪些图纸组成？
9. 熟悉给排水、采暖工程施工图的常用图例。
10. 如何识读室内给排水施工图？
11. 如何识读采暖工程图？

四、水暖管材及附件

（一）常 用 管 材

1. 水暖管材分类及标准化

水暖管材种类较多，按管道材料不同分类如下：

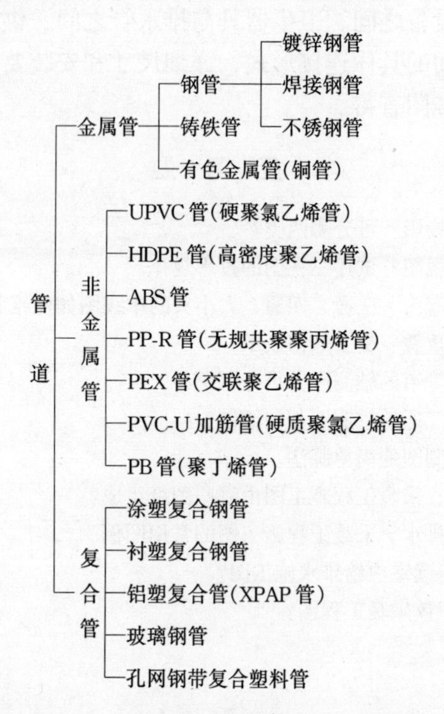

管道系统由管子、管件和附件等组成。为设计、生产、施工方便，国家或行业制定了统一规定的标准，生产厂家、设计与施

工单位都必须遵守通用标准。如直径规格，压力标准等。

公称直径是一种名义直径，它近似于内径但并不等同内径，也不等同外径的标准直径。对于镀锌钢管、铸铁管等公称直径用字母 *DN* 表示，如 *DN*100 镀锌钢管，表示其公称直径为 100mm，外径为 114mm，壁厚为 4mm，内径为 106mm。对于给水塑料管，用 *De* 表示，如 *De*63PP-R 管，公称压力 1.0MPa 下，表示其外径为 63mm，壁厚为 4.7mm，可见，*De* 表示塑料管的外径。

公称压力是与管道、阀门等的机械强度有关的设计给定压力，是生产管子、附件等强度方面的标准，也称作额定压力。

工作压力是为保证管道系统的运行安全，按管道内介质的最高工作温度所规定的最大压力。

试验压力是为了保障管道和附件机械强度严密性而规定的压力。

对于塑料管，管材的额定压力折减系数如表 4-1 所示。

给水用硬聚氯乙烯管额定压力折减系数　　表 4-1

水温 t（℃）	折减系数	水温 t（℃）	折减系数
$25<t\leqslant30$	0.80	$35<t\leqslant40$	0.70
$30<t\leqslant35$	0.76	$40<t\leqslant45$	0.63

2. 管材规格

（1）焊接钢管和镀锌钢管规格，见表 4-2。

低压流体输送用焊接钢管规格（GB/T 3092—82）/ 镀锌焊接钢管规格（GB/T 3091—82）　　表 4-2

公称直径 DN		外径 (mm)	普通钢管		加厚钢管	
(mm)	(in)		壁厚 (mm)	重量 (kg/m)	壁厚 (mm)	重量 (kg/m)
15	1/2	21.3	2.75	1.26	3.25	1.45
20	3/4	26.8	2.75	1.63	3.50	2.01
25	1	33.5	3.25	2.42	4.00	2.91

续表

公称直径 DN		外 径 (mm)	普通钢管		加厚钢管	
(mm)	(in)		壁 厚 (mm)	重 量 (kg/m)	壁 厚 (mm)	重 量 (kg/m)
32	$1\frac{1}{4}$	42.3	3.25	3.13	4.00	3.78
40	$1\frac{1}{2}$	48.0	3.50	3.84	4.25	4.58
50	2	60.0	3.50	4.88	4.50	6.16
70	$2\frac{1}{2}$	75.5	3.75	6.64	4.50	7.88
80	3	88.5	4.00	8.34	4.75	9.81
100	4	114.0	4.00	10.85	5.00	13.44
125	5	140.0	4.50	15.04	5.50	18.24
150	6	165.0	4.50	17.81	5.50	21.63

（2）给水铸铁管规格，见表 4-3。

给水铸铁管规格 **表 4-3**

公称直径 (mm)	实际外径 (mm)	低压管		中压管		高压管
		砂型离心铸铁管内径 P级 (mm)	连续铸铁直管内径 LA级 (mm)	砂型离心铸铁管内径 G级 (mm)	连续铸铁直管内径 A级 (mm)	连续铸铁直管内径 B级 (mm)
75	93.0		75.0		75.0	75.0
100	118.0		100.0		100.0	100.0
150	169.0		151.0		150.6	149.0
200	220.0	202.4	201.6	200.0	199.8	198.0
250	271.60	252.6	251.6	250.0	249.6	247.6
300	322.8	302.8	301.2	300.0	299.0	296.8
350	374.0	352.4	350.6	350.0	348.4	346.0

（3）聚丙烯管规格，见表 4-4。

PP-R 管规格尺寸及偏差 **表 4-4**

公称外径 De (mm)	平均允许偏差 (mm)	壁厚（mm）											
		公称压力（MPa）											
		$p=1.0$		$p=1.25$		$p=1.6$		$p=2.0$		$p=2.5$		$p=3.2$	
		基本尺寸	允许偏差	基本尺寸	允许偏差	基本尺寸	允许偏差	基本尺寸	允许偏差	基本尺寸	允许偏差	基本尺寸	允许偏差
20	+0.3 0					2.3	+0.5 0	2.8	+0.5 0	3.4	+0.6 0	4.1	+0.7 0
25	+0.3 0			2.3	+0.5 0	2.8	+0.5 0	3.5	+0.6 0	4.2	+0.7 0	5.1	+0.8 0
32	+0.3 0	2.4	+0.5 0	3.0	+0.5 0	3.6	+0.6 0	4.4	+0.7 0	5.4	+0.8 0	6.5	+0.9 0
40	+0.4 0	3.0	+0.5 0	3.7	+0.6 0	4.5	+0.7 0	5.5	+0.8 0	6.7	+0.9 0	8.1	+1.1 0
50	+0.5 0	3.7	+0.6 0	4.6	+0.7 0	5.6	+0.8 0	6.9	+0.9 0	8.4	+1.1 0	10.1	+1.3 0
63	+0.6 0	4.7	+0.7 0	5.8	+0.8 0	7.1	+1.0 0	8.7	+1.1 0	10.5	+1.3 0	12.7	+1.5 0
75	+0.7 0	5.7	+0.8 0	6.9	+0.9 0	8.4	+1.1 0	10.3	+1.3 0	12.5	+1.5 0	15.1	+1.7 0
90	+0.9 0	6.7	+0.9	8.2	+1.0 0	10.1	+1.3 0	12.3	+1.5 0	15.0	+1.7 0	18.1	+2.1 0
110	+1.0 0	8.1	+1.1 0	10.0	+1.1 0	12.3	+1.5 0	15.1	+1.8 0	18.3	+2.1 0	22.1	+2.5 0

聚丙烯管管材和管件的物理力学性能应符合表 4-5 的规定。

PP-R 管的物理力学性能 **表 4-5**

项目	指标		试验方法
	管材	管件	
密度，g/cm^3（20℃）	0.89～0.91		GB 1033—86
导热系数，W/m·K（20℃）	0.23～0.24		GB 3399—82
线膨胀系数，mm/(m·K)	0.14～0.16		GB 1036—89
弹性模量，N/mm^2（20℃）	800		GB 1040—79
拉伸强度，MPa	≥20		GB 1040—79
纵向回缩率，135℃，2h %	≤2		GB 6671.3—86

续表

项目		指标		试验方法
		管材	管件	
摆捶冲击试验 15J，0℃，2h，破损率%		<10		GB 1043—79
液压试验	短期 20℃，1h，环应力 16MPa； 长期 95℃，1000h，环应力 3.5MPa	无渗漏 无渗漏	无渗漏 无渗漏	GB 6111—85 GB 6111—85
承口密封试验	20℃，1h，试验压力为 2.4 倍公称压力	无渗漏或无破损	无漏或无破损	GB 6111—85

塑料管外径与公称直径关系 **表 4-6**

塑料管外径 *De*（mm）	20	25	32	40	50	63	75	90	110
公称直径（in）	1/2	3/4	1	$1\frac{1}{4}$	$1\frac{1}{2}$	2	$2\frac{1}{2}$	3	4
公称直径 *DN*（mm）	15	20	25	32	40	50	65	80	100

管材和管件的承口熔接面，必须平整、尺寸准确，保证接口密实，其承口尺寸及偏差应符合表 4-7 的规定。

管件承口尺寸及偏差（mm） **表 4-7**

公称直径 *DN*	承口内径		承口长度	承口壁厚
	基本尺寸	允许偏差		
20	19.3	$^{0}_{-0.2}$	16	承口壁厚不应小于同规格管材的壁厚
25	24.3	$^{0}_{-0.3}$	18	
32	31.3	$^{0}_{-0.3}$	20	
40	39.2	$^{0}_{-0.3}$	22	
50	49.2	$^{0}_{-0.4}$	25	
63	62.1	$^{0}_{-0.4}$	29	
75	73.95	$^{0}_{-0.5}$	31	
90	88.85	$^{0}_{-0.6}$	35.5	
110	108.65	$^{0}_{-0.6}$	41.5	

注：本表指热熔连接管件。

（4）硬聚氯乙烯塑料管规格，见表 4-8。

硬聚氯乙烯塑料管规格　　表 4-8

公称直径 DN（mm）		壁厚（mm）			
		公称压力			
基本尺寸（mm）	允许偏差（mm）	0.63MPa		1.0MPa	
		基本尺寸（mm）	允许偏差（mm）	基本尺寸（mm）	允许偏差（mm）
20	0.3	1.6	0.4	1.9	0.4
25	0.3	1.6	0.4	1.9	0.4
32	0.3	1.6	0.4	1.9	0.4
40	0.3	1.6	0.4	1.9	0.4
50	0.3	1.6	0.4	2.4	0.5
65	0.3	2.0	0.4	3.0	0.5
75	0.3	2.3	0.5	3.6	0.6
90	0.3	2.8	0.5	4.3	0.7
110	0.4	3.4	0.6	5.3	0.8
125	0.4	3.9	0.6	6.0	0.8
160	0.5	4.9	0.7	7.7	1.0
200	0.6	6.2	0.9	9.6	1.2

硬聚氯乙烯管管材和管件的物理性能应满足表 4-9 的规定。

UPVC 给水管的物理力学性能　　表 4-9

项目	单位	指标	
		管材	管件
比重		1.35～1.46	1.35～1.46
拉伸强度	MPa	≥45.0	
维卡软化温度	℃	≥76	≥72
液压试验		4.2 倍公称压力	4.2 倍公称压力
纵向回缩率	%	≤5	
扁平试验		无裂缝	
丙酮浸泡		无分层及碎裂	

续表

项目	单位	指标	
		管材	管件
落锤冲击试验		1.0℃，10次冲击无破裂 2.0℃冲击 TIR＜5% 20℃，冲击 TIR＜10%	
吸水性	g/m^2	≤40.0	≤40.0
坠落试验			试样无破裂
烘箱试验			无任何起泡或拼缝线开裂现象

注：1）TIR 为实际冲击率；

2）表中项目检测方法参照国家标准《给水用硬聚氯乙烯管材》（GB/T 10002.1—96）标准和《给水用硬聚氯乙烯管件》执行。

管材管件连接面应平整、尺寸准确，保证接口的密封性，承口尺寸应符合表4-10规定。

管材管件承口尺寸（mm） **表4-10**

承口内径	承口长度	承口中部的平均内径	
		最小值	最大值
20	16.0	20.1	20.3
25	18.5	25.1	25.3
32	22.0	32.1	32.3
40	26.0	40.1	40.3
50	31.0	50.1	50.3
63	37.5	63.1	63.3
75	43.5	75.1	75.3
90	51.0	90.1	90.3
110	61.0	110.1	110.4

（5）建筑排水用塑料管规格，见表4-11。

排水用硬聚氯乙烯管规格 **表4-11**

公称外径 *DN*（mm）	平均外径极限偏差（mm）	壁厚（mm）	
		基本尺寸	极限偏差
40	+0.3 0	2.0	+0.4 0

续表

公称外径 DN（mm）	平均外径极限偏差（mm）	壁　厚　（mm）	
		基本尺寸	极限偏差
50	+0.3 0	2.0	+0.4 0
75	+0.3 0	2.3	+0.4 0
90	+0.3 0	3.2	+0.6 0
110	+0.4 0	3.2	+0.6 0
125	+0.4 0	3.2	+0.6 0
160	+0.5 0	4.0	+0.6 0

（6）PVC-U 加筋排水管规格，见表 4-12

PVC-U 加筋管规格　　　　**表 4-12**

管道规格	*DN*225	*DN*300	*DN*400
管道内径 *Dri*（mm）	224.0	300.2	402.1
管道外径 *Dr*0（mm）	250.0	335.0	450.0
管道壁厚 T_p（mm）	2.1	2.6	3.0
管道长度 *L*（mm）	3000，6000	3000，6000	3000，6000
每节管重 *G*（kg）	13.00，25.30	24.66，47.76	42.72，82.17
承口内径 *Dsi*（mm）	251.7	337.1	453.0
承口外径 *DS*0（mm）	280	385	515
承口壁厚 T_s（mm）	1.7	2.0	2.6
承口深度 L_s（mm）	136～146	162～172	203～213
管肋间距 S_d（mm）	23	31	38
管顶最小覆土厚度（m）	0.6	0.6	0.6
管顶最大覆土厚度（m）	3.0	3.5	4.0
管道工作压力（MPa）	0.2	0.2	0.2

（7）衬塑钢管规格，见表 4-13

衬塑钢管规格 **表 4-13**

公称直径	涂层厚度（mm）	注塑通径（mm）	涂塑通径（mm）
15	>0.3	10	15
20		15	20
25		20	25
32	>0.35	25	32
40		32	40
50		40	50
65	>0.4	50	65
80		65	80
100		80	100
125			125
150			150

（8）铜管的规格，见表 4-14。

铜 管 规 格 **表 4-14**

外径×壁厚（mm×mm）	压　力（MPa）	每米重量（kg/m）	备　注
16×1	6.65	0.45	适于高层建筑消防、供水用，以及宾馆中冷热水系统。可明、暗装，使用寿命长，但价高，软水易引起“铜绿水”
22×1.5	5.74	0.87	
28×1.5	5.66	1.20	
35×1.5	4.48	1.50	
44×2.0	4.78	2.40	
55×2.0	3.84	3.00	
70×2.5	3.74	4.80	
85×2.5	3.05	5.80	
108×2.5	2.52	7.20	
133×3.0	2.35	11.00	
159×3.5	2.28	15.30	

3. 管材特点

各种管材因其材质、制造工艺不同，有其各自特点、应用范围和连接方式，见表 4-15。

水暖管材特性表　　表 4-15

管材名称	特　点	适用范围	连接方式
焊接钢管	材质为易焊接的碳素钢，强度高，接口方便，承受内压力大，抗震性能好，加工容易，内壁光滑阻力小，但易腐蚀，造价高	可用于给水、热水供应、供热管道中	丝扣连接、焊接、法兰连接
镀锌钢管	在焊接钢管基础上经热浸镀锌而成，管内外壁形成合金层，光亮美观、防腐性好，经久耐用	给排水、煤气输送、热水、采暖工程中	丝接、法兰、卡箍连接
普通无缝钢管	可分为冷拔和热轧两种，强度高，应用广泛	供热管、制冷管、压缩空气管等工业管道	焊接、法兰连接
铸铁给水管	有灰口铸铁和球墨铸铁管两种，耐腐蚀，寿命长，造价低，但材质较脆，质量大，运输施工不方便	给水系统	承插、法兰连接
铸铁排水管（俗称坑管）	采用灰口铸铁，承压能力差，性脆，价低，自重大。已被塑料管替代，但在高层建筑中仍使用柔性排水铸铁管	排水系统	承插连接，柔性铸铁管采用管件螺栓连接
钢塑复合管	在镀锌管基础上内涂敷环氧粉末等高分子材料而成，使用寿命是镀锌钢管的三倍以上，具有镀锌管和塑料管的优点	建筑给水、生活饮用水、热水等系统中	同镀锌管
铝塑复合管	以交联聚乙烯或高密度聚乙烯、薄壁铝管、特种热熔胶复合而成，综合性能强，寿命长，布管安装方便	建筑室内给水、饮用水、采暖等系统中	专用管件连接
硬聚氯乙烯给水管（UPVC管）	也称 U-PVC 上水管，耐腐蚀强，耐酸、碱、盐、油介质侵蚀，质量轻，有一定机械强度，水力条件好，安装方便，但易老化，耐温差，不能承受冲击	适用生活饮用水系统	*DN*50 以下采用管件粘接，*DN*63 以上采用胶圈连接

续表

管材名称	特　点	适用范围	连接方式
ABS管、PEX管	性能同U-PVC给水管	建筑给水系统中	粘接
HDPE管	材质为高密度聚乙烯，与U-PVC管相比，其耐老化、强度、抗冲击性有提高	建筑给水等工程中	卡环式、夹紧式热熔、电熔、热熔法兰连接
PP-R管聚丙烯管	材质为聚丙烯，宜采用暗装，有冷热水两种，但线膨胀系数大，抗紫外线差	生活、饮用水管。不可做消防管	热熔、丝扣（专用配件）
硬聚氯乙烯排水管	光滑、质量轻、耐腐蚀、不积垢、价格低，但强度低、易老化变脆、耐温性差	建筑排水、生产污、废水及市政下水系统中	管件粘接。$\phi110$以上采用弹性密封圈连接
石棉水泥　管	抗腐蚀性好，光滑，但性脆、强度低	用于振动不大，无机械损伤的排水系统中。常用平口管	承插、水泥砂浆抹带、套环接口
混凝土和钢筋混凝土管	与石棉水泥管比，强度大，但重量大。接口有承口、企口、平口之分	室外排水系统中	水泥砂浆抹带承插
玻璃钢管	环氧玻璃钢管、环氧聚酯玻璃钢管，耐压，但不耐温，抗腐蚀性强	适于对强度、抗腐要求高的给排水等系统	
陶土管	带釉和不带釉两种，价格低，材质较脆，易损坏	排水系统中	承插
PVC-U加筋管	是一种由挤出机一次挤出成型、内壁光滑、外壁带有垂直加强筋的新型排水管材	适用小区排水管系统中	“T”形橡胶圈接口
孔网钢带塑料管（PESI）	以带或线钢和热塑性塑料为原料，用氩弧对焊成型的多孔薄壁钢管（网）为增强体，双面塑料	给排水等管路中	热熔连接

给排水管和采暖管道采用塑料管材，是一种新趋势，在我国许多地方，都在不同程度地推广应用，同时，出于环保的要求，国家建设部已明令在给水管道中禁止使用镀锌钢管等管材。所以，在选用管材时，应与国家和地方法规结合，按不同用途的水、暖管道，选用不同的塑料管材。

由于塑料管在工程应用中的推广，在施工中，必须严格按技术要求、有关质量标准对塑料管进行检查和抽样检验。其中外观检查是安装过程中重要环节，必须满足下列要求：

（1）管材、管件、胶圈、胶粘剂等应由同一生产厂配套供应。

（2）管材、管件、胶圈、胶粘剂等应有出厂合格证、说明书、出厂检验报告书等。

（3）胶粘剂应标有生产厂名称、生产日期、有效期；管材、管件应标有规格、压力、材料名称、采用标准等；且包装应满足国家要求。

（4）胶粘剂内不得有块状物、不溶性颗粒或杂质，不得分层，不得呈胶凝态，在未搅拌时，不得有析出物，不得与不同型号的粘结剂混用。

（5）管材、管件颜色应一致，无色泽不均及分解变色线，内外壁应光滑、平整，无气泡、裂口、裂纹、胶皮和严重的冷斑及明显的痕纹凹陷，管材轴向不得异向弯曲，端口应平整并垂直于管轴线；管件应完整，无缺损、变形，合模缝、浇口应平整，无开裂；冷热水管材应有明显标志。

（6）防火套管、阻火圈应标有规格、耐火极限、生产厂名称。

（7）胶圈、卡箍应标有规格。

（二）常用管件

1. 钢管管件

（1）螺纹连接管件

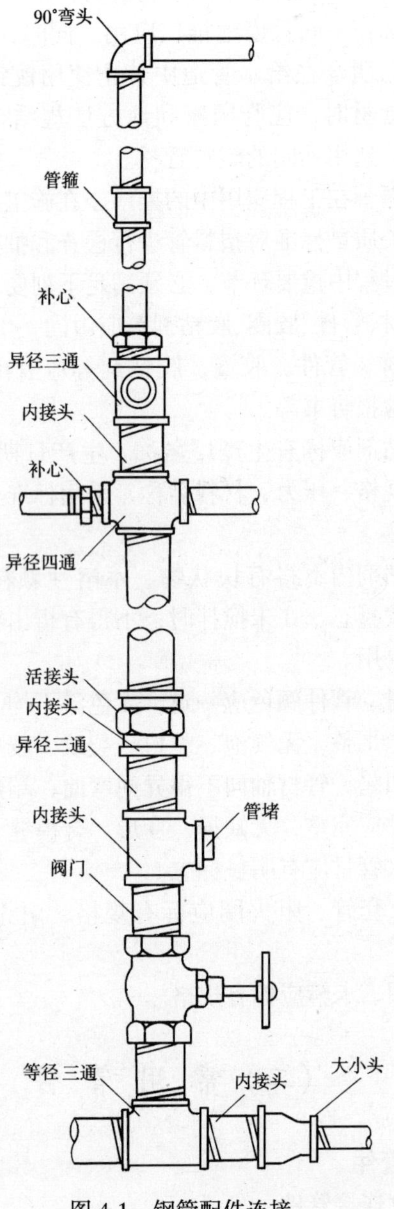

图 4-1　钢管配件连接

采用螺纹连接时，其管件按用途不同，可分为：

直线延长连接管件：管箍、对丝（内接头）；

分叉连接管件：三通、四通；

转弯连接管件：90°弯头、45°弯头；

碰头连接管件：活接头（由任）、锁紧螺母（与长丝、管箍配套用）；

变径连接管件：异径管箍（大小头）、补心（内外丝）、异径弯头、异径三通、异径四通；

堵塞管口管件：管堵、丝堵。

各管件连接如图 4-1 所示。

（2）卡箍连接管件

管径不大于 *DN*80 的钢管、衬塑钢管，常用丝扣连接，管径大于或等于 *DN*100 的管子，则用卡箍连接更合适，其管件有正三通、正四通、45°弯头、90°弯头、盲片等，如图 4-2 所示，其规格尺寸见表 4-16。

卡箍连接管件表 **表 4-16**

公称直径(mm)	管子外径(mm)	90°弯头中心至末端长度(±0.8mm)	45°弯头中心至末端长度(±0.8mm)	三通中心至末端长度(±0.8mm)	四通中心至末端长度(±0.8mm)	盲片末端至末端长度(±0.8mm)
25	33	57	44	57	57	22
32	42	70	44	70	70	22
40	48	70	44	70	70	22
50	60	83	51	83	83	22
65	76	108	64	91	91	22
80	89	95	64	102	102	22
100	114	127	76	103	103	22
125	141	140	83	140	140	22
150	159	165	89	165	165	22
200	219	197	108	197	197	37
250	273	229	121	229	229	38

续表

公称直径（mm）	管子外径（mm）	90°弯头中心至末端长度（±0.8mm）	45°弯头中心至末端长度（±0.8mm）	三通中心至末端长度（±0.8mm）	四通中心至末端长度（±0.8mm）	盲片末端至末端长度（±0.8mm）
300	324	254	133	254	254	38
350	355	279.4	152.4	279.4	279.4	
400	426	305	184.2	305	305	
450	457	394	203.0	394	394	
500	530	438	228.6	438	438	
600	630	508	279.4			

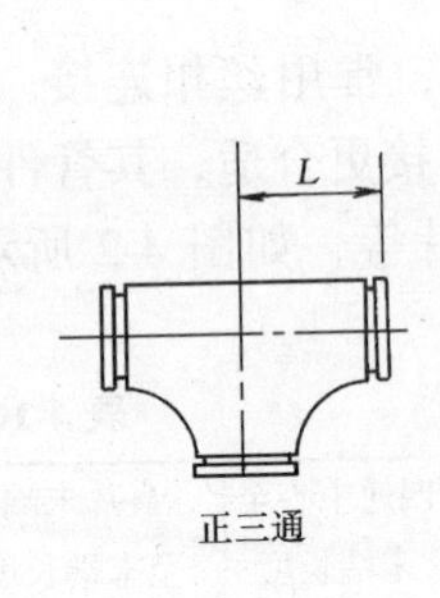

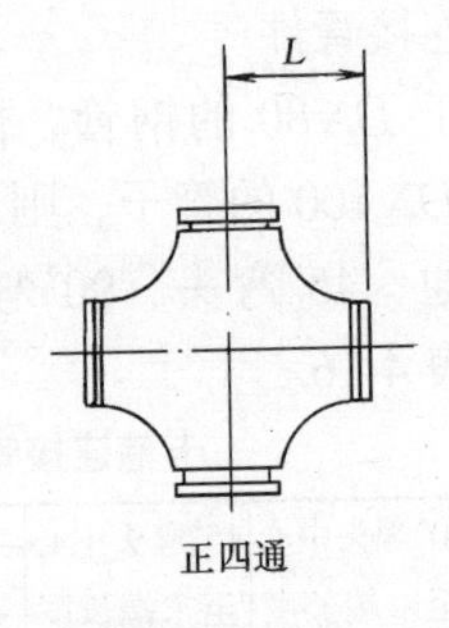

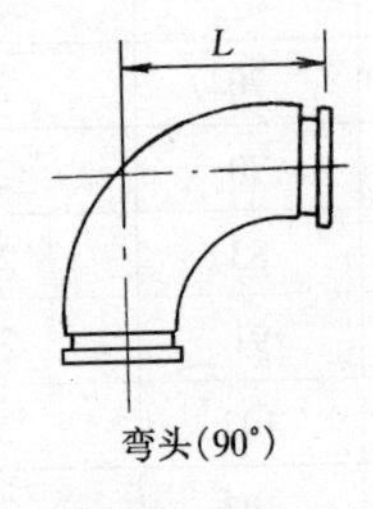

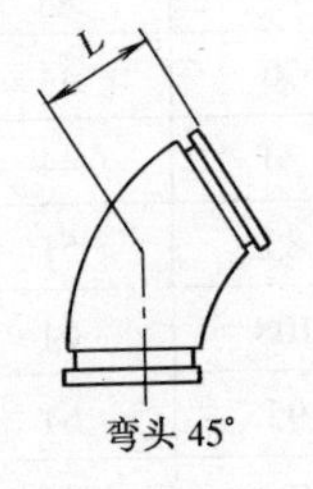

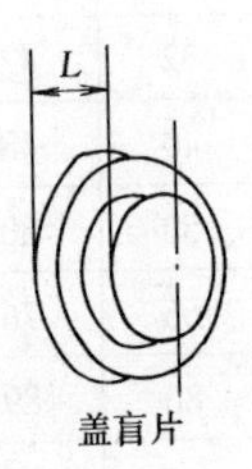

图 4-2　卡箍连接管件

2. 铸铁管管件

（1）给水铸铁管管件

给水铸铁管的连接有法兰和承插连接两种，常用铸铁管管件如图 4-3 所示。

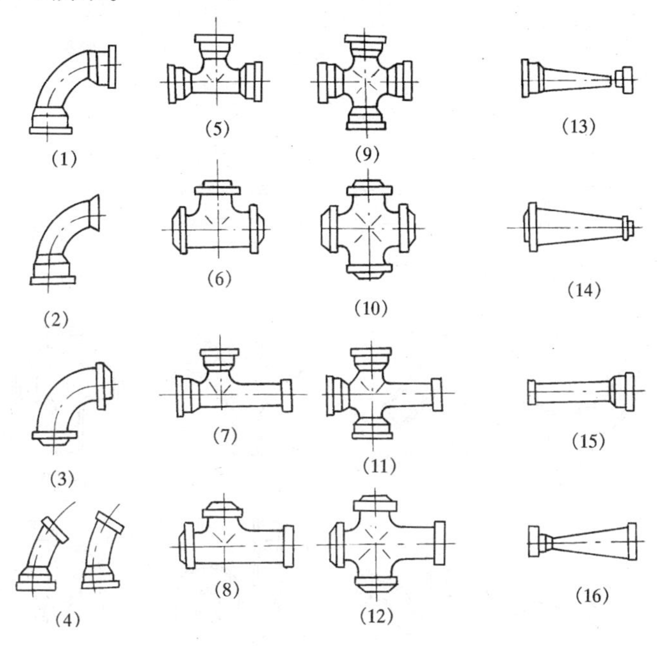

图 4-3　给水铸铁管管件

(1) 90°双承弯头；(2) 90°承插弯头；(3) 90°双盘弯头；(4) 45°和 22.5°承插弯头；(5) 三承三通；(6) 三盘三通；(7) 双承三通；(8) 双盘三通；(9) 四承四通；(10) 四盘四通；(11) 三承四通；(12) 三盘四通；(13)双承异径管；(14) 双盘异径管；(15)、(16) 承插异径管

(2) 排水铸铁管管件

排水铸铁管分为柔性接口和承插接口，柔性接口管件是在承插接口管件的承口末端带有法兰。承插接口管件见图 4-4。

3. 塑料管管件

(1) 硬聚氯乙烯给水管管件

该管件应符合《给水用硬聚氯乙烯管件》(GB 1002.2—96) 的要求，使用前应进行抽样检测鉴定。常用管件如图 4-5 所示，规格尺寸见表 4-17。

(2) 聚丙烯管管件

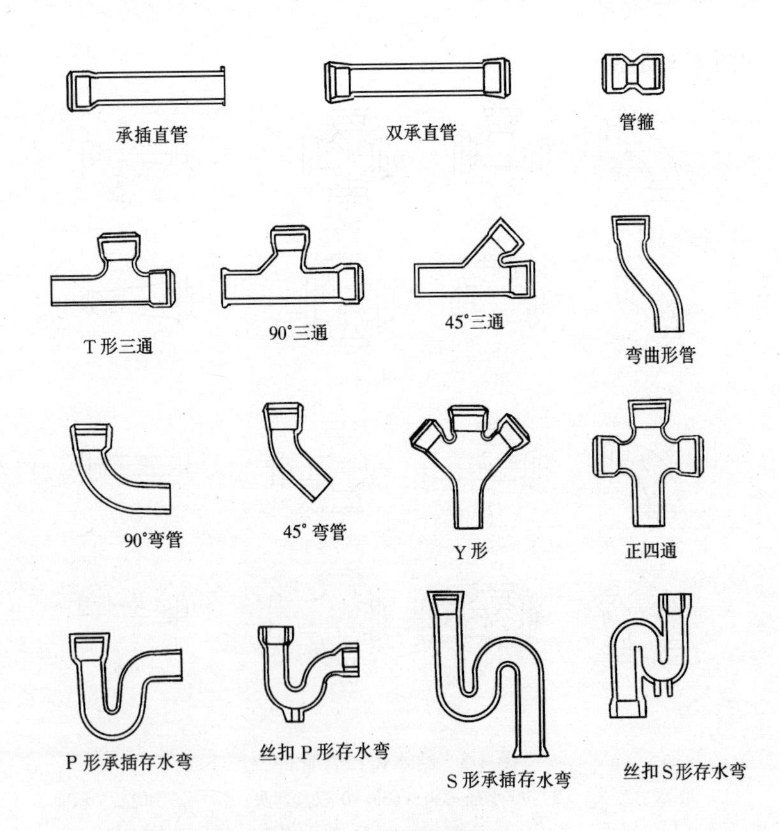

图 4-4 排水铸铁管件

部分 PVC-U 给水管管件尺寸 **表 4-17**

管件 管径	90°弯头 (mm)	等径三通 (mm)	套 管 (mm)		异径管 (mm)	单承弯头 Z (mm)				粘接变外螺纹 (mm)
公称直径 DN	Z	Z	Z	DN′	Z	30°	45°	90°	R	Z
20	11+1	11+1	3+1							23±1
25	$13.5\pm{}^{1.2}_{1}$	$13.5\pm{}^{1.2}_{1}$	$3\pm{}^{1.2}_{1}$	20	25±1					$25\pm{}^{1.2}_{1}$
32	$17\pm{}^{1.6}_{1}$	$17\pm{}^{1.6}_{1}$	$3\pm{}^{1.6}_{1}$	25	30±1					$28\pm{}^{1.6}_{1}$

续表

管件 / 管径	90°弯头 (mm)	等径三通 (mm)	套　管 (mm)		异径管 (mm)	单承弯头 Z (mm)				粘接变外螺纹 (mm)
40	$21\pm{}^{2}_{1}$	$21\pm{}^{2}_{1}$	$3\pm{}^{2}_{1}$	32	36 ± 1.5					$31\pm{}^{2}_{1}$
50	$26\pm{}^{2.5}_{1}$	$26\pm{}^{2.5}_{1}$	$3\pm{}^{2}_{1}$	40	44 ± 1.5					$38\pm{}^{2.5}_{1}$
63	$32.5\pm{}^{3.2}_{1}$	$32.5\pm{}^{3.2}_{1}$	$3\pm{}^{2}_{1}$	50	54 ± 1.5	≥198	≥230	≥359	221	$38\pm{}^{3.2}_{1}$
75	$38.5\pm{}^{4}_{1}$	$38.5\pm{}^{4}_{1}$	$4\pm{}^{2}_{1}$	63	62 ± 1.5	≥216	≥354	≥408	263	
90	$46\pm{}^{5}_{1}$	$46\pm{}^{5}_{1}$	$5\pm{}^{3}_{1}$	75	74 ± 2	≥239	≥285	≥469	315	
110	$56\pm{}^{6}_{1}$	$56\pm{}^{6}_{1}$	$6\pm{}^{3}_{1}$	90	88 ± 2	≥270	≥326	≥551	385	
160	$81\pm{}^{8}_{1}$	$81\pm{}^{8}_{1}$	$81\pm{}^{4}_{1}$	110	126 ± 2	≥346	≥428	≥756	560	
200	$102\pm{}^{9}_{1}$	$102\pm{}^{9}_{1}$	$10\pm{}^{4}_{1}$	160	150 ± 2					
225	$113\pm{}^{10}_{1}$	$113\pm{}^{10}_{1}$	$10\pm{}^{5}_{1}$	160	180 ± 2	≥446	≥562	≥1023	788	

聚丙烯管常采用热熔连接，与阀门等需拆卸处采用丝扣连接，管件如图 4-6 所示。

（3）U-PVC 排水管管件

塑料排水管管件与排水铸铁管相比，不同的是采用粘接，且种类增加了伸缩节、异径承口接头、止水环、大便器连接件、浴盆接头件等管件。

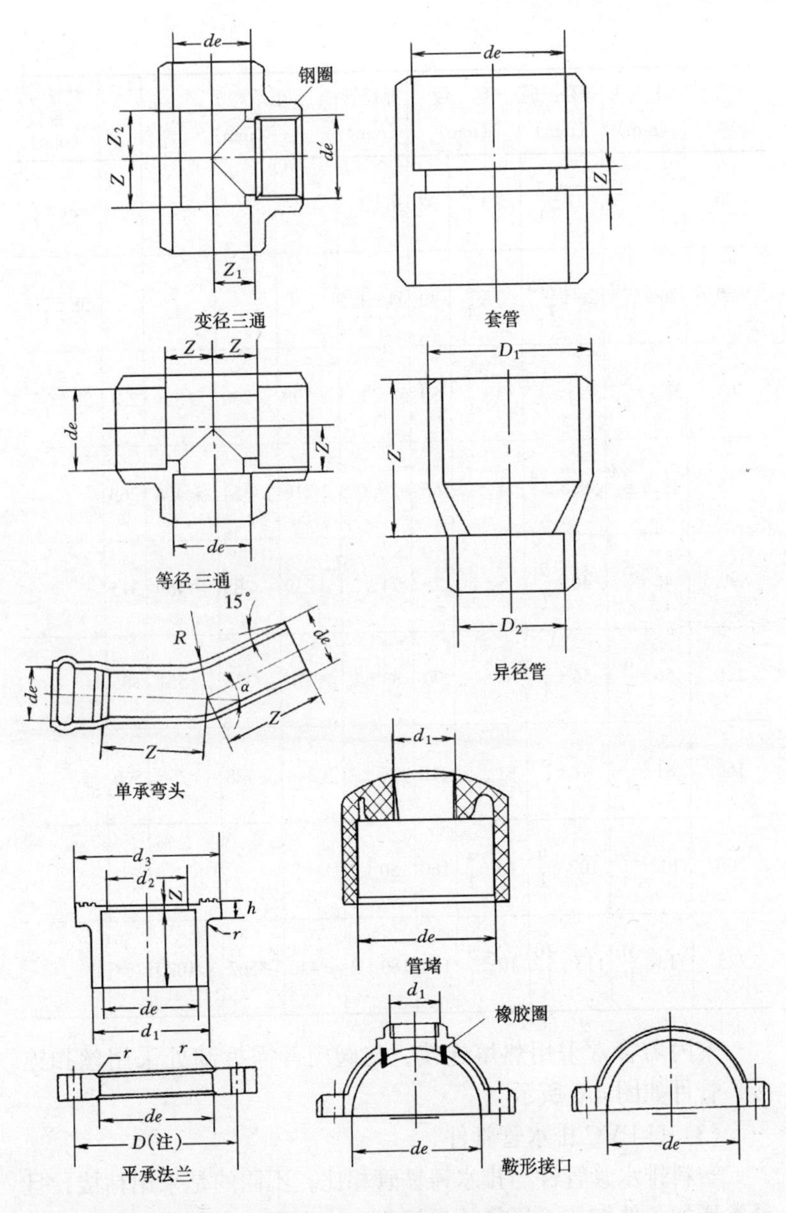
de
钢圈
Z_2
$d\acute{e}$
Z
Z_1
变径三通
de
Z
套管
Z
Z
de
Z
de
等径三通
D_1
Z
D_2
异径管
15°
R
de
α
de
Z
Z
单承弯头
d_1
管堵
de
d_3
d_2
Z
h
r
de
d_1
r
r
de
D(注)
平承法兰
d_1
橡胶圈
de
de
鞍形接口

图 4-5　硬聚氯乙烯管件

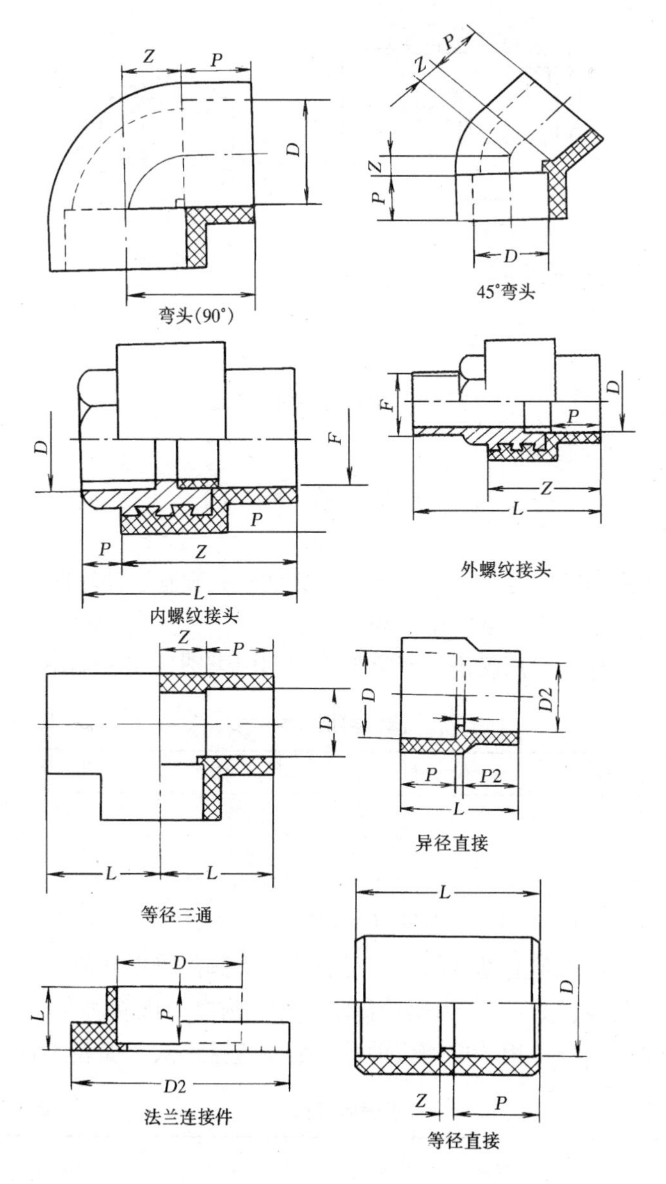
Z
P
D
弯头(90°)
P
Z
Z
P
D
45°弯头
D
F
P
P
Z
L
内螺纹接头
F
D
P
Z
L
外螺纹接头
Z
P
D
L
L
等径三通
D
D2
P
P2
L
异径直接
D
L
P
D2
法兰连接件
L
D
Z
P
等径直接

图 4-6　聚丙烯管件（一）

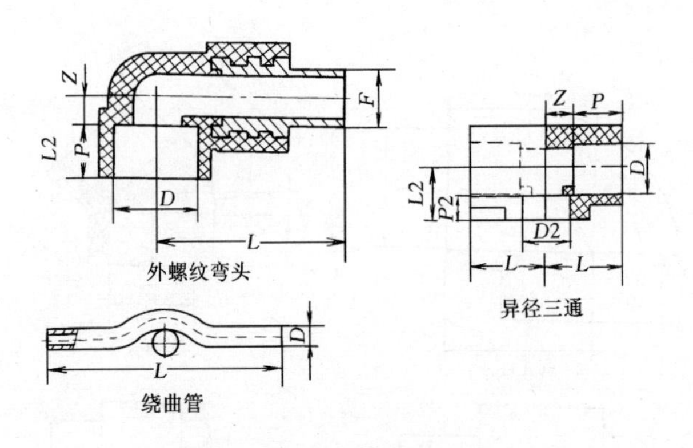

图 4-6　聚丙烯管件（二）

（三）常 用 阀 门

常用的阀门有闸阀、截止阀、止回阀、旋塞、浮球阀等。

阀门型号表示方式由七部分组成：

第一部分：用汉语拼音字母表示阀门类别，如表 4-18。

阀门类别代号　　**表 4-18**

阀门类别	代　号	阀门类别	代　号
闸　阀	Z	止回阀	H
截止阀	J	旋塞	X

第二部分：用一位阿拉伯数字表示驱动方式。对手轮、手柄、扳手等直接起动的阀门，可省略。大阀门采用其他方式驱动则需用代号，如“3”为蜗轮传动，“9”为电动机驱动等。

第三部分：用一位阿拉伯数字表示连接形式。如表 4-19。

连接形式代号　　**表 4-19**

连接形式	内螺纹	外螺纹	法　兰	焊　接
代　　号	1	2	4	6

第四部分：用一位阿拉伯数字表示结构形式，如表4-20。

结构形式代号 **表4-20**

阀门类别	代号					
	1	2	3	4	5	6
闸　阀	明杆楔式单闸板	明杆楔式双闸板		明杆平行式双闸板	暗杆楔式单闸板	暗杆楔式双闸板
截止阀	直通式（铸造）	直角式（铸造）	直通式（锻造）、直通升降式	直角式（锻造）	直流式	无填料直角式
止回阀	直通升降式（铸造）直通式	立式升降式直通填料式	直通填料式（锻造）	单瓣旋启式直通保温式	多瓣旋启式三通保温式	

第五部分：用汉语拼音字母表示密封圈或衬里材料，如表4-21。

密封圈或衬里材料代号 **表4-21**

密封圈或衬里材料	铜	耐酸钢不锈钢	橡胶	硬橡胶	聚四氟乙烯	密封圈由阀体直接加工
代　号	T	H	X	J	SA	W

第六部分：第五部分后短线所接的阿拉伯数字，表示公称压力。

第七部分：用汉语拼音字母表示阀体材料。对工作压力≤1569.6kPa的灰铸铁阀门，或工作压力≥2452.5kPa的碳钢阀门则可省略。如表4-22。

阀体材料代号 **表4-22**

阀体材料	可锻铸铁	球墨铸铁	铸　铜
代　号	K	Q	T

例如：

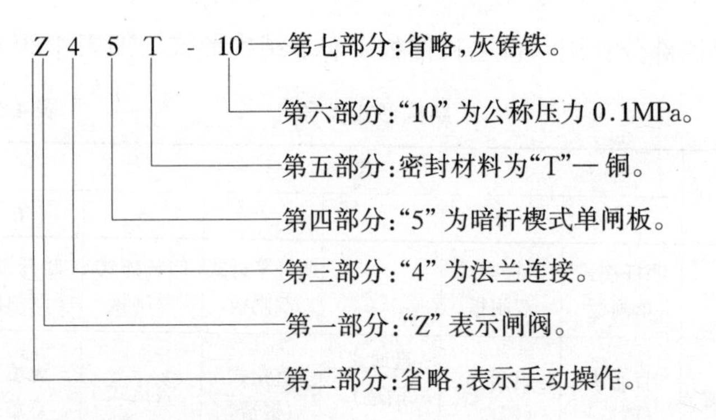

1. 常用阀门作用及规格

（1）闸阀：用来开启或关闭介质，起调节流量作用。

（2）截止阀：用来开启或关闭介质，调节流量能力小，有一定的减压作用。

（3）止回阀：水流只能按阀体外壳箭头方向流动，否则阀板自动关闭。分升降式和旋启式两种，前者适用在小口径水平管道上，后者适用在大口径水平或垂直管道上。

（4）旋塞：适用于经常开启或关闭的小口径管道上。

（5）浮球阀：以液面高低自动控制阀门开闭，用于水池、水箱等液位控制。

图 4-7 为各类常用阀门简图。表 4-23 为各类常用阀门的规格。

常用阀门规格 **表 4-23**

名称	型　号	公称直径（mm）	适应温度（℃）
闸阀	Z15T-10	15　20　25　32　40　50　65	≤120
	Z15T-10K	25　32　40　50　65　80　100	≤120
	Z45T-10	50　65　80　100　150　200	≤100
	Z44T-10	50　65　80　100　150　200　250　300　350	≤200
截止阀	J11X-10	15　20　25　32　40　50　65	≤50
	J11W-10T	15　20　25　32　40　50　65	≤225
	J11T-16	15　20　25　32　40　50　65	≤200
	J11T-16K	15　20　25　32　40　50　65	≤225

续表

名称	型　号	公称直径（mm）	适应温度（℃）
止回阀	H11T-16	15　20　25　32　40　50　65	≤200
	H41T-16	20　25　32　40　50　65　80　100　150	≤210
	H14T-10	20　25　32　40　50	≤225
	H44T-10	50　65　80　100　150　200　250　300	≤200
	H44H-25	50　65　80　100　150　200　250　300	≤350
旋塞	X13T-10	15　20　25　32　40　50　65　80　100	≤120
	X13W-10	15　20　25　32　40　50	≤100
	X43W-10	20　25　32　40　50　65　80　100	≤100
	X53W-10	6　10　15　20	≤225

（6）蝶阀：是用随阀杆转动的圆形蝶板作启闭件，起启闭介质作用。其特点是体积小，结构简单，启闭方便迅速且较省力，密封可靠，且调节性能好。如图 4-8，规格见表 4-24。

蝶阀的规格尺寸（DP71X-10 型）（mm）　　**表 4-24**

公称直径	L	D	$Z\text{-}\phi d_0$	H_1	H_2	H_3	D_1 或 K	C 或 K_1	L_1	L_2	配电机功率
50	43	125	4-ϕ18	70	110	320	210	60			0.10
65	46	145	4-ϕ18	78	122	320	210	60			0.10
80	46	160	4-ϕ18	88	132	320	210	60			0.18
100	52	180	8-ϕ18	110	144	320	210	60			0.18
125	56	210	8-ϕ18	132	168	320	210	60			0.23
150	56	240	8-ϕ23	146	188	320	210	60			0.23
200	60	295	8-ϕ23	217	234	450	200	209	343	170	0.37
250	68	350	12-ϕ23	252	274	450	200	209	343	170	0.37
300	78	400	12-ϕ23	283	309	450	200	209	343	170	0.55
350	78	460	16-ϕ23	308	345	450	200	209	343	170	0.37
400	102	510	16-ϕ25	348	395	450	200	209	343	170	0.55
450	114	565	20-ϕ25	373	428	493	200	209	343	170	0.55
500	127	620	20-ϕ25	408	465	493	200	209	343	170	0.55
600	154	725	20-ϕ30	474	538	493	200	209	393	170	1.1
700	165	840	24-ϕ30	532	600	508	200	209	393	170	0.55/1.1
800	190	950	24-ϕ33	562	680	508	200	209	393	170	0.55
1000	216	1230	28-ϕ36	810	760	—	—	—	—	—	—

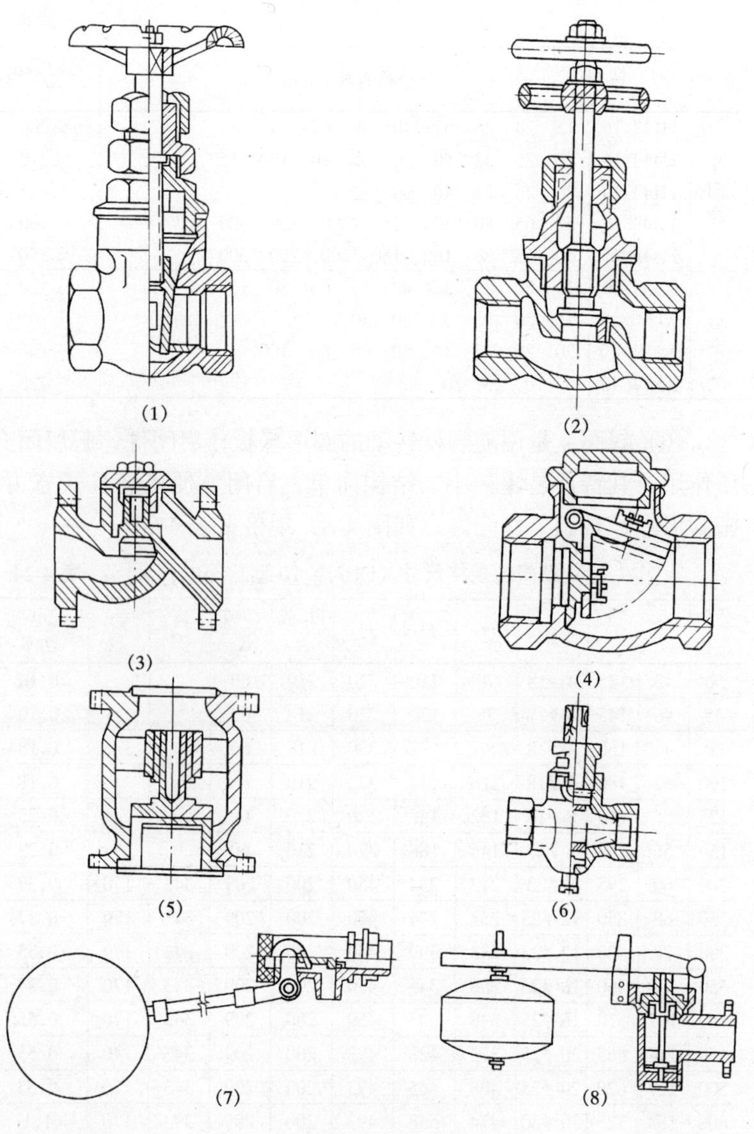

图 4-7 各类阀门

(1) 闸阀；(2) 截止阀；(3) 升降式止回阀；(4) 旋启式止回阀；(5) 立式升降式止回阀；(6) 旋塞；(7) 螺纹接口浮球阀；(8) 法兰接口浮球阀

(7) 球阀：是带圆形通孔的球体作启闭件，球体随阀杆转动以实现启闭动作的阀门。其特点是流体阻力小，启闭迅速、密封性好且结构简单，体积小，重量轻。如图 4-9，规格见表 4-25。

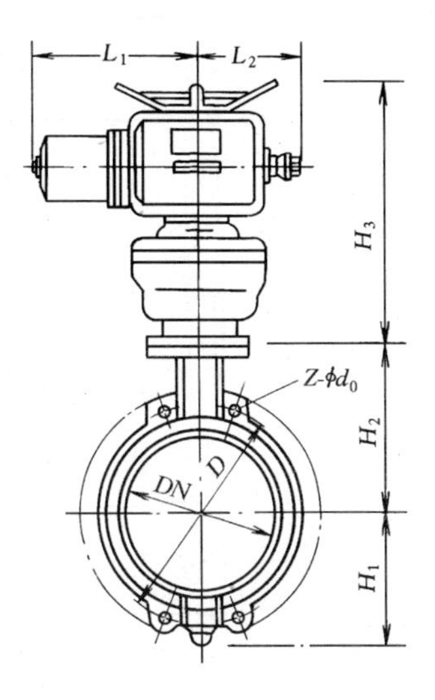

图 4-8 蝶阀

2. 几种实用的新型阀门

(1) 微量排气阀：在一般情况下，水中约含 2% 的溶解空气，在输水过程中，这些空气在水中会不断地释放出来，聚集在管线的高点处，形成空气袋使输水变得困难，系统的输水能力可因此下降约 5%～15%。微量排气阀的主要功能就是排除水中 2% 的溶解空气。适用于高层建筑、厂区、小型泵站管路上，保护或改善系统的输水效率，并节约能源。

Q41F-16 型球阀规格尺寸（mm） **表 4-25**

公称直径	L	L_1	L_0	D	D_1	D_2	b	f	H	重量(kg)	2-ϕd
15	130	—	140	95	65	45	14	2	78	3.0	4-ϕ14
20	150	—	160	105	75	55	14	2	84	4.0	4-ϕ14
25	160	—	180	115	85	65	14	2	95	5.5	4-ϕ14
32	165	65	250	135	100	78	16	2	150	8.6	4-ϕ18
40	180	70	300	145	110	85	16	3	150	10.9	4-ϕ18
50	200	85	350	160	125	100	16	3	190	15.0	4-ϕ18
65	220	96	356	180	145	120	18	3	195	18.6	4-ϕ18
80	250	112	400	19.5	160	135	20	3	215	27.0	8-ϕ18
100	280	125	500	215	180	155	20	3	250	38.3	8-ϕ18
125	320	155	600	245	210	185	22	3	285	58.2	8-ϕ18
150	360	170	800	280	240	210	24	3	370	81.0	8-ϕ23
200	400	190	800	335	295	265	26	3	370	94.9	12-ϕ23

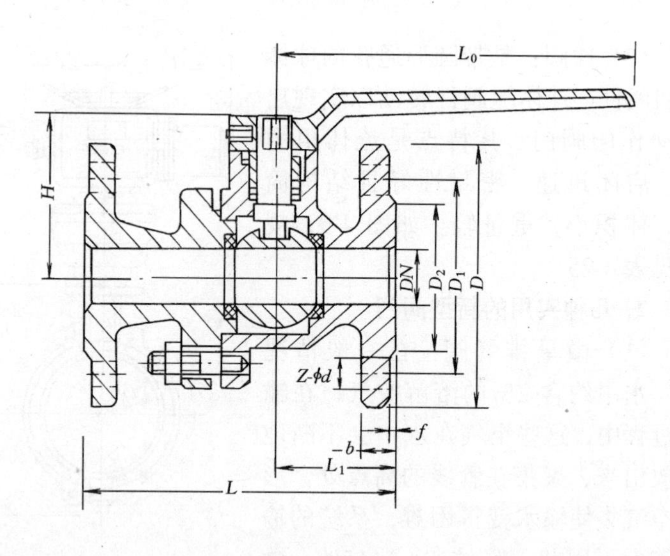

图 4-9 球阀

型号举例：

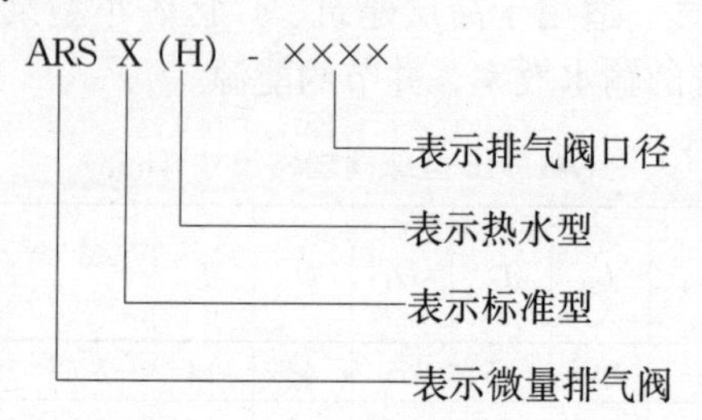

最高工作压力等级：1.6MPa。

规格尺寸见表 4-26。

排气阀规格尺寸 **表 4-26**

型　号	进口尺寸 (mm)	出口尺寸 (mm)	排气口尺寸 (mm)	外形尺寸 长×宽×高（mm）
ARSX-0013	13	6.3	1.6	10×179×125
ARSX-0020	20	6.3	1.6	100×179×125
ARSX-0025	25	6.3	1.6	100×179×125

（2）双瓣止回阀：特点是薄形轻巧，因阀瓣开闭时行程缩短及弹簧作用可加强开闭效果，减少水锤和水击声。主要适用于给水系统中，高层建筑及小区供水系统，因其长度较一般止回阀短，对有空间限制的场所安装更为方便。

主要技术性能：

压力等级：Pn10、Pn16。

最高工作压力：1MPa、1.6MPa。

阀座试验压力：1.1MPa、1.76MPa。

阀体试验压力：1.5MPa、2.4MPa。

公称直径（mm）：50、65、80、100、125、150、200、250、300、350、400。

（3）几种水力控制阀

水力控制阀有隔膜式和活塞式两大类，隔膜式口径一般为 *DN*50～*DN*500，活塞式口径一般为 *DN*350～*DN*800；压力等级有 1MPa、1.6MPa、2.5MPa。

水力控制阀是由一只主阀及其外装的针阀、引导阀等组合而成，按配合使用目的、功能及场所又可分为遥控浮球阀、定水位阀、缓闭式止回阀、流量控制阀、泄压阀、电动控制阀、减压阀及泵浦控制阀等。

主阀是由阀体、膜片、阀杆组件及阀座等组合而成。

其工作原理见表 4-27。

水力控制阀主阀工作原理 **表 4-27**

状 态	工 作 原 理
全闭状态	当主阀进口端水压分别进入阀体及控制室，且主阀外部的球阀同时关闭，此时主阀处于全闭状态
全开状态	当主阀外部的球阀全开后，此时控制室内水压全部释放到大气中，所以主阀呈全开状态
浮动状态	调节主阀外部球阀开度，使流经针阀与球阀的水流达到平衡，此时主阀处于浮动状态

各种水力控制阀的应用特点如表 4-28。

各种水力控制阀特点 **表 4-28**

类别	应用特点
遥控浮球阀-100X	控制水塔或水池的液面，保养简单，灵活耐用，液位控制准确度高，水位不受水压干扰且开闭紧密不漏水；控制浮球可与主阀体分离式安装
电磁遥控浮球阀	同遥控浮球阀，附加电磁阀控制可形成第二道保护，以防溢流
定水位阀	功能同 100X，当水位达到满水位后，小型水箱内之水位经用户使用逐渐下降约 20～30cm 时，定水位阀才可再行开启补充进水，避免一般小型水箱内产生过流，水位因而下降 2～5cm 即开启阀门造成阀频繁动作而易生故障
200X-减压阀	控制主阀的固定出口压力，不因主阀上游进口压力变化而改变，亦不因主阀下游出口水量变化而改变其出口压力，适于生活、消防、工业给水系统中
缓闭式止回阀	具有开启和关闭速度调控的逆止阀，启停泵运转时，可配合调节至最佳启闭速度。适于高层建筑，减少水锤、水击现象发生，可达安静启闭效果
泄压阀	可将给水管中超过向导阀安全设定值之压力释放，并维持管中压力于一安全设定值以下，以防止管中高压或突压毁损管线或设备。用于高层消防
持压阀	可维持主阀上游供水压力于某一设定值以上，保障主阀上游供水区的压力
紧急开启阀	装于消防喷淋泵出水口处，当泵出水口处压力上升至某一设定值以上时此阀立即开启
流量控制阀	常安装在配水管路中，可预先设定其上的向导阀于某一固定流量，使主阀上游压力变化而不影响下游水量
电动控制阀	有遥控启闭作用，并可加装速度调控装置，可取代启闭闸阀或蝶阀的大型电动操作机，维修简单
泵浦控制阀	与缓闭止回阀作用相同，装在水泵管路上，停泵前，可先将主阀关至 90%，再停泵，余下 10% 再关闭，可完全防止水锤和水击现象产生

上面介绍了几种常用阀件。现把阀件安装的一般规定叙述如下：

使用何种阀件，应首先根据设计选用。阀件的用途、介质的特性、最大工作压力、介质最高温度，以及介质的流量或管道的公称通径，都必须满足设计要求。

安装前，首先应检查阀件的填料是否完好，压盖螺栓是否有足够的调节余量。其次检查阀杆是否灵活，有无卡涩和歪斜现象。法兰或螺纹连接的阀件应在关闭状态下安装，水平管道的阀件，其阀杆一般应安装在上半圆范围内，阀件传动杆轴线与垂线的夹角不宜大于 30°，其接头应转动灵活。焊接阀件与管道连接时，封底焊宜采用氩弧焊，以保证内部平整光洁。焊接时，阀件不宜关闭，防止过热变形。

安装铸铁等材质较脆的阀件时，应避免因强力连接或受力不均引起损坏。安装法兰式阀门时，紧固螺栓应对称或十字交叉地进行；安装螺纹式阀门时，应保证螺纹完整无缺，并按介质的不同要求涂以密封填料，拧紧时要保证阀体不致变形和损坏。为便于拆卸，在阀门的出口处，应加装活接头。安装高压阀件前，必须复查产品合格证和试验记录。不合格的阀件不能进行安装。

阀门在搬运时不允许随手抛掷，以免损坏；吊装时，绳索应拴在阀体与阀盖的连接法兰处，切勿拴在手轮或阀杆上，以免损坏阀杆与手轮。

复 习 题

1. 什么叫公称直径？什么叫公称压力？什么叫工作压力？什么叫试验压力？
2. 镀锌钢管和焊接钢管有何异同点？
3. 铸铁排水管与塑料排水管哪种更优？并陈述理由。
4. 钢塑复合管与塑料给水管、镀锌钢管相比，具有哪些优点？
5. 怎样对塑料管进行外观检查？
6. 常见的卡箍连接管件有哪些？
7. 常见塑料排水管管件有哪些？
8. 常见的塑料给水管管件有哪些？
9. 简述如何进行给排水和采暖管材的选用？

10. 常用阀门有哪些？各有何作用？

11. 阀门 Z44T-1.0 表示的型号内容是什么？

12. 水力控制阀有哪几种？它们的应用特点如何？

13. 阀门的安装一般要注意哪些问题？

五、管子加工工艺

管道系统是由管子、管件（如弯头、三通）和附件（如阀门、水表）所组成。附件由生产厂家生产，设计人员选用，备齐后由工人按施工图绘制的位置进行安装。而管子、管件，则需要工人在看懂施工图后，按照图纸要求进行预制加工。有一部分管件有标准产品，也可以不事先加工，仅在安装时把它和已加工好的管子连接起来。

管子的加工包括管子的切断、调直与弯曲、套丝。在没有标准管件时，也包括部分制作工作。

（一）管子切断

在管道安装前，往往需要切断管子以满足所需要的长度。常用的方法有锯割、刀割、磨割、气割、錾切等。施工时可根据现场情况和不同材质、规格，加以选用。

1. 锯割

锯割是最常用的一种切割方法，适用于各种金属管道、塑料管道、橡胶管道等。

(1) 手锯由锯弓与锯条组成。如图 5-1 所示。锯弓似枪柄状，使用时左手放在锯弓前端上方，右手握住后部锯柄。锯条分粗齿和细齿。细齿条使用时，省力但切断速度慢，适用管壁薄、材质硬的金属管道。粗齿条使用时，费力但速度快，适用有色金属管，塑料管和直径大的碳钢管。

手锯锯管时，将被切的管子固定在管压力钳上，用齐口样板沿管子周围划出切割线，然后用锯对准切割线进行切割。切割

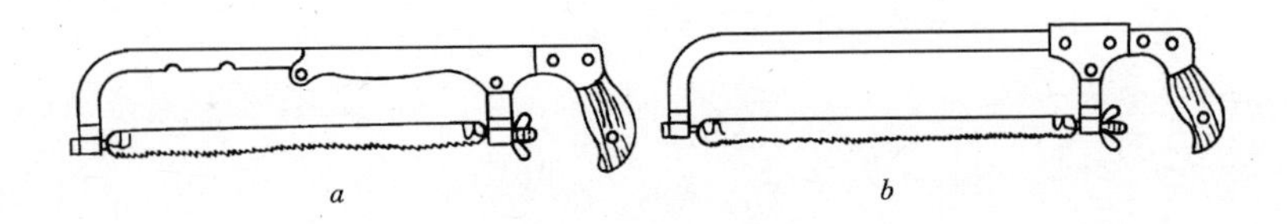

图 5-1　手工钢锯架

（*a*）活动锯架；（*b*）固定锯架

时，锯条要保持与管子轴线垂直，并在锯口处加些机油。锯割时应锯到管子底部，不可把剩余部分折断。

（2）机械锯有往复式弓锯床和圆盘式机械锯两种。前者可切断 DN220 以下的各种金属管、塑料管等。后者适用于切割有色金属管及塑料管。切割时，要将管子垫稳、放平、夹紧，然后用锯条（锯盘）对准切断线锯割。管子快锯断时，要适当降低机械转动速度，注意安全。

2. 刀割

刀割是用割管器(又称管子割刀)上的滚刀切断管子,见图 5-2。它可切断 *DN*100 以内的钢管。割管器由滚刀、刀架与手把组成。它操作方便、速度快、切口断面平整,在施工中普遍使用。

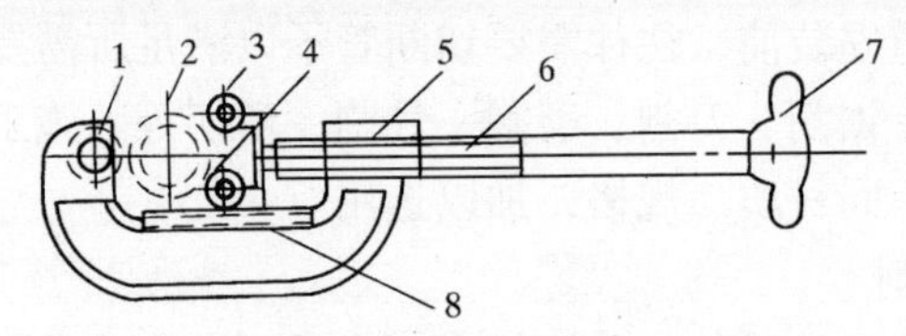

图 5-2　割管器

1—切割滚轮;2—被割管子;3—压紧滚轮;4—滑动支座;5—螺母;6—螺杆;7—手把;8—滑道

切断管子时，先把管子固定好，然后将割刀的滚刀对准切割线，拧动手把，使滚轮夹紧管子，然后转动螺杆，滚刀即沿管壁切入。同时沿管子四周边转动割管器，边紧螺杆，滚刀不断切入管壁，直至割断为止。刀割后，须用铰刀插入管口，刮去其缩小部分。

3. 磨割

用高速旋转的砂轮，将管子切断的操作叫磨割。砂轮切割机如图5-3所示，砂轮机装有直径为400mm、厚3mm的砂轮片。被切割的管材用夹钳7夹紧，切割时握紧手柄5打开电源开关，稍加用力压下砂轮片3，便可进行摩擦切割。松开手柄关闭电源，停止磨割。它效率高、速度快，能切断*DN*80以下的管子，对不锈钢和高压管的切断尤为适合。

在切割时，要注意用力均匀和控制好方向，不可用力过猛，防止将砂轮片折断而飞出伤及人体，更不可用飞转的砂轮片磨制钻头、刀片、钢筋头等，以免发生人身伤亡事故。断管后用锉刀锉除管口的飞边和毛刺。

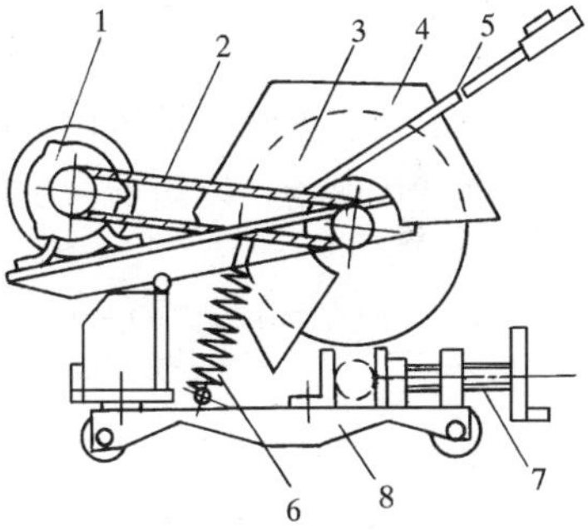

图5-3 砂轮切割机

1—电动机；2—皮带；3—砂轮片；4—护罩；5—带开关的操纵杆；6—弹簧；7—夹钳；8—底座

4. 气割

气割又叫火焰切割，使用割炬（割枪）进行。它是利用氧-乙炔焰先将金属加热到燃点温度，然后开放高压氧，使金属剧烈氧化成溶渣，并从切口中吹掉，从而把管子切断。

气割的效率高、设备简单、操作方便，并能在各种位置进行切割，常用于碳钢管、低合金管、铝管及各种型钢的切割。对不锈钢管、铜管，一般不用气割方法切割。

切割前，首先在管子上划好线，将管子垫平、放稳；管子下方要留有空间，便于铁渣的吹出和防止混凝土地面的损坏。割断后要用锉刀、扁錾或手砂轮清除管口的薄膜，使之平滑、干净，同时应保证管口端面与管子中心线垂直。

5. 錾切

錾切常用于铸铁管、陶土管、混凝土管等。

錾切采用的工具是扁铲和手锤。錾切时，在管子的切断线下方两侧垫上厚木板，用扁錾沿切断线凿 1～2 圈，凿出线沟，然后用手锤沿线沟用力敲打，同时不断地转动管子，连续敲打直至管子折断为止，如图 5-4 所示。切断小口径的铸铁管时，使用扁錾和手锤由一人操作即可。切断大口径的铸铁管时，需由两人协同操作，一人打锤，一人掌握扁錾，必要时还需有人帮助转动管子。掌握扁錾要端正，錾子与被切管子间的角度要正确，如图 5-5 所示，千万不能偏斜，以免打坏錾子或手锤，砸坏管子。此外，操作工人应戴好防护眼镜，以免铁屑飞溅伤及眼睛。非工作人员也应离开现场，以防安全事故发生。

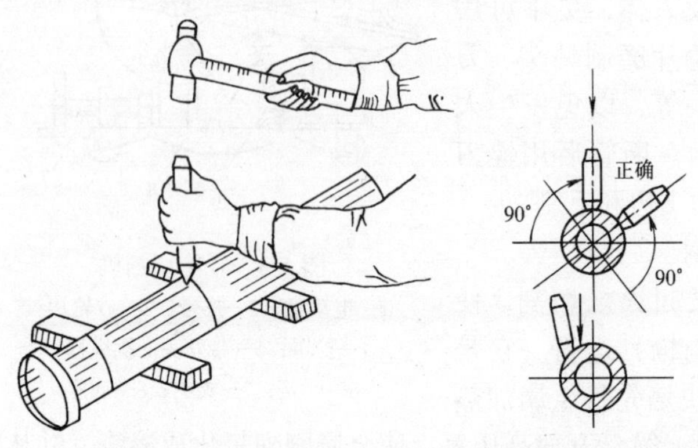

图 5-4　铸铁管錾切　　　　图 5-5　錾切的角度

在水暖卫生工程中，有时还会使用陶瓷管。陶瓷管的切断可

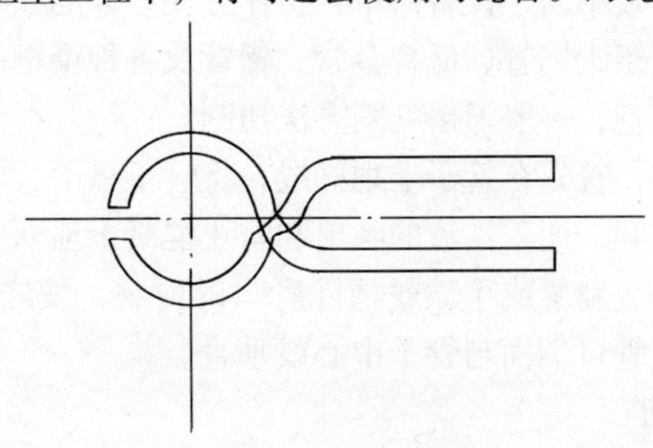

图 5-6　陶瓷管切断器

采用一种用钢筋自己加工的切断器进行。如图 5-6 所示。

操作时在管子已划好线的地方，用烧红的切断器夹住瓷管，约 1 分钟时间管子会自动断开，用工具轻敲或浇洒少量冷水则能立即脱离。

（二）管子调直与弯曲

1. 管子调直

管子在生产、搬运和堆放过程中，常因碰撞而弯曲，加工和安装过程中也难免使管子变形，但是管道的施工要求，必须在成品后做到横平竖直，不得弯曲，否则将影响管道的外形美观和管道的使用功能。因此，施工中要注意管子在切断前和加工后保持笔直，如有弯曲发生，要进行调直。

检查管子是否弯曲，最简单的方法是用肉眼观察，将管子一端抬起，用一只眼从一端看向另一端，管子一侧表面是一条直线，则管子是直的。还有一种方法是滚动检查法，如图 5-7 所示。将管子放在两根平行且等高的型钢或钢管支架上，两根型钢或钢管支架间的距离，最好为所检查管子长度的一半，然后使管子在支架上轻轻滚动。如果管子以均匀的速度滚动而不摆动，且可在任意位置上停止，那么该管子是直的。如果在滚动过程中时快时慢且来回摆动，停止时每次总是同一侧朝下，则表明此管是弯的，且凸面向下，做好标记，以备调直。

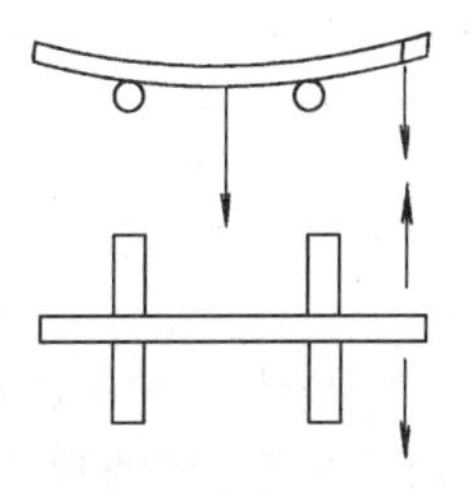

图 5-7　滚动检查法

（1）冷调　管径在 50mm 以下的管子一般都采用冷调直。冷调又分三种方法：

1）准备两把手锤，一把手锤顶在管子凹向的起点，以它作为支点，用另一把手锤敲打管子背面，即凸面高点，如图 5-8（*a*）所示。注意两把手锤不能对着打，以免打扁管子。两锤着力点应有一定距离，用力适当，反复矫正，直到调直为止。

2）将管子放在平台上，立两铁桩做为着力点，如图 5-8（*b*）所示。调直时两铁桩与管接触处最好垫上木板防止将管子撇扁。开始时将弯曲处置于前桩前 80～100mm，边用力找正边将管子前移，用力要均匀、不能过大，以免使管子又成蛇形弯。

3）将管子平放在地面上，凸面在上。一个人在管子的一端观察管子的弯曲部位，另一个人可按观察者的指点，用木锤在弯曲部位凸面处敲打。方法是沿弯曲部位顺着管子进行如图 5-8（*c*）所示，决不能在凸起的最高点开始。

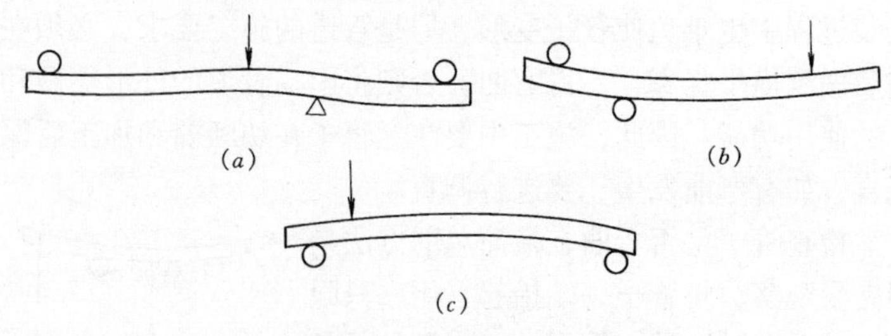

图 5-8 弯管冷调直

（2）热调 直径在 100mm 以下、50mm 以上或者直径虽小但弯度大于 20°的管子，可用热调法调直。

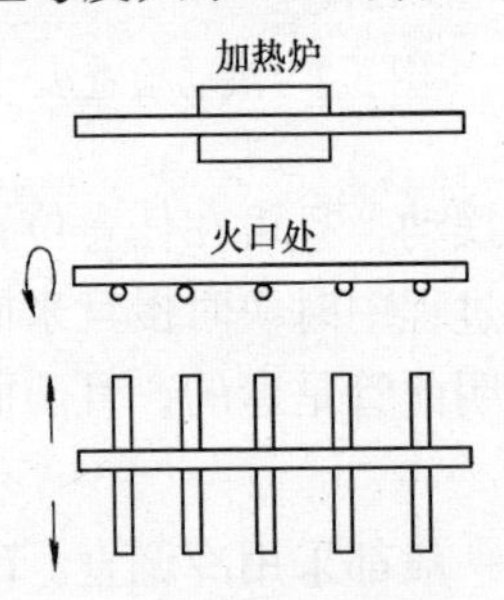

图 5-9 弯管热调直

将有弯曲部分的管子（不装砂子）放在地炉上均匀加热，或用气焊加热。边加热边转动，当温度升至 600～800℃（火红色）时，将管子移放到由四根管子以上组成的支承面上滚动，火口在中央，使被矫正管子的重量分别支承在火口两端的管子上，如图 5-9 所示。支承用的四根管子保持在同一水平面上，加热的管子在上面滚动，利用管子的自重或用木锤稍加外力就可以将管子矫直。

调直后，为了加速冷却，可用废机油均匀地涂抹在火口上，保持均匀冷却，防止再产生弯曲及氧化。

2. 管子弯曲

弯管是改变管道走向的管件，也是管道安装中最常用的管件之一。凡不能采用标准规格弯头情况下，需要用管子煨制成各种角度的弯头、U形管、来回弯和半圆弯等多种形式。如图5-10所示。

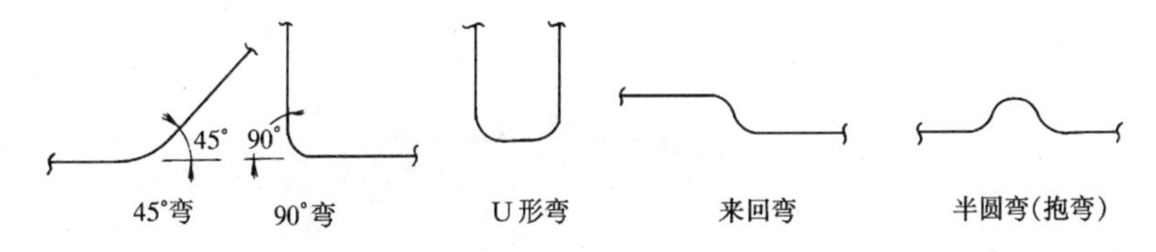

图5-10　管子弯曲的各种形式

弯管按制作方法分为冷弯、热弯、折皱弯、焊接和压制而成。除压制弯头由工厂制作外，其余多为现场制作。

(1) 冷弯　在管子不加热的情况下，用专门的机具，对管子进行弯曲。它不需灌砂，操作简便。只适用弯制*DN*150以下的管子。冷弯机具有手动弯管器、液压弯管器和电动弯管机。

1) 手动弯管器，如图5-11所示。手动弯管器一般可以弯制*DN*32以下的管子。弯管时，把要弯曲的管子插入定胎轮和动胎轮之间，一端用夹持器固定，然后推动手柄，围绕定胎轮转动，直至弯成所需角度。每一对胎轮（胎具）只能弯制一种外径的管子，外径改变，胎轮要相应更换。

2) 液压弯管器，如图5-12所示。液压弯管器利用液压原理通过胎模把管子弯曲。在顶杆上装一半圆形胎模，胎模上凹槽与管子外径相同，在液压千斤顶作用下，顶杆伸长进行弯管。管子放在两个挡轮与胎轮之间，由两块元宝形钢板支撑着，上部钢板是活动的，以便装卸管子。两个挡轮的孔距，根据弯曲角度调整。液压弯管器，可弯制*DN*25～*DN*100的管子。由于弯曲半径较大，操作不当时管子容易变成椭圆，使用时要特别注意。

3) 电动弯管机，如图5-13所示。电动弯管机是由电动机通

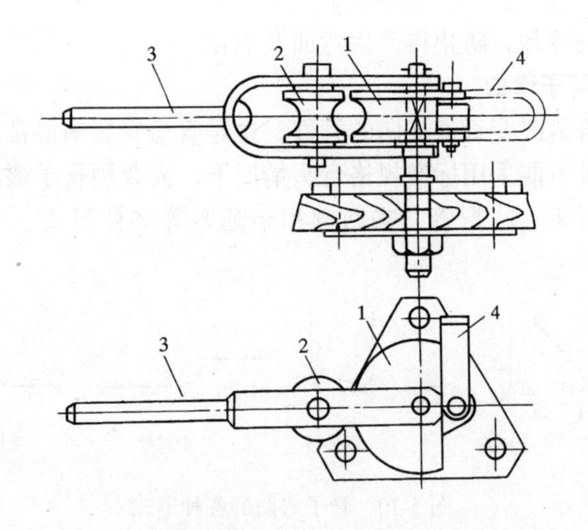

图 5-11　手动弯管器

1—定胎轮；2—动胎轮；3—手柄；4—夹持器

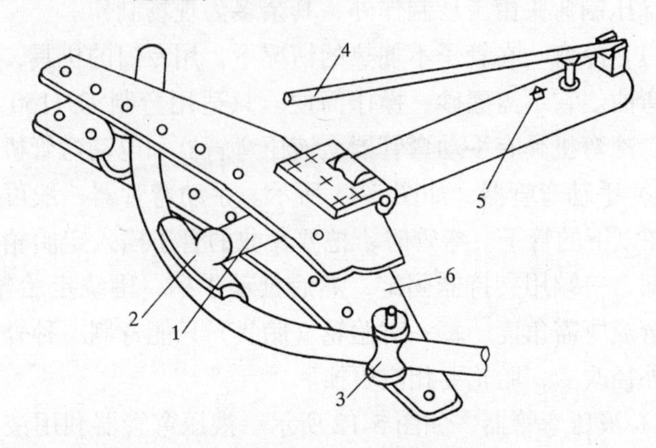

图 5-12　液压弯管器

1—顶杆；2—胎模；3—挡轮；4—手柄；5—回油阀；6—钢板

过减速装置带动弯管模（动胎轮）一起作旋转运动。弯管时把管子放在弯管模和压紧模之间，调整导向模，使管子处于弯管模与压紧模的公切线位置，并使管子的弯曲起点对准切点，再用U形管卡将管子卡在弯管模上，然后启动电动机开始弯管工作，至需要角度后，停转电机，拆出U形卡，松开压紧模，取出弯管，即完成弯管工作。电动弯管机也配有各种尺寸的弯管模，以满足弯制各种管径管子的需要。为防止弯制时管子变形，可在管内插入芯棒。并在芯棒上和管子内涂少量机油，以保持润滑。

(2) 热弯　对管径较大、管壁较薄或铜管、铝管等管子需要弯曲，使用冷弯难于满足质量要求，而用热弯（热煨）则可以解决问题。

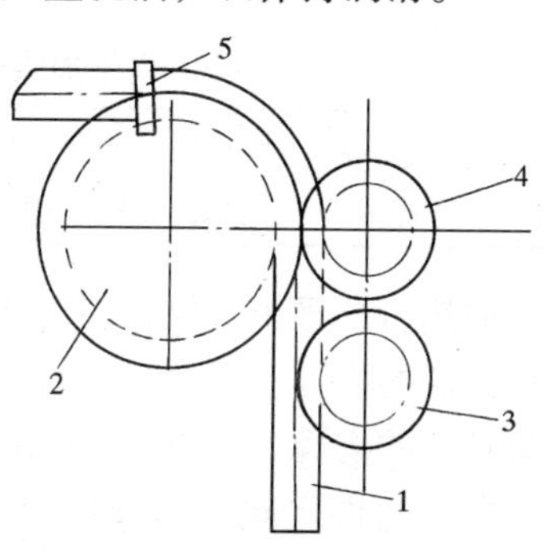

图 5-13　电动弯管机弯管示意图
1—管子；2—弯管模；3—导向模；4—压紧模；5—U 型卡

热弯分为手工充砂热弯法和机械热弯法。

1) 手工充砂热弯，首先选用无锈蚀、无裂纹、无砂眼、管壁均匀的直管；选用质量好（较纯净的河砂或海砂）、耐高温（熔点高于 1000℃）、经筛选（所需粒径见表 5-1）的砂子，并要烘干。同时准备灌砂台、地炉和弯管平台。

弯管用砂子粒度选用表　　**表 5-1**

管径 *DN*　mm	＜80	80～125	＞150
砂粒直径，mm	2～3	4～5	6～8

其次是向管子内充砂。充砂前，先将管内清扫干净，管子一端用木塞堵住（*DN* 小于 100mm）或用铁板焊死（*DN* 大于 100mm），然后将管子立于灌砂台旁，用漏斗将砂灌入管内，边装边敲打振实，直到声音沉、无回音，灌入的砂面不再下沉为止，再封好上管口。充好砂的管子用白铅油画出起弯点、加热长度及弯曲中心线。

再次是加热、弯曲。管子加热一般在地炉中进行，放管前应将炉内燃料填足，炉内燃料燃烧正常以后将管子放入炉内，并不断转动管子，使受热管段加热均匀，砂子要烧透。加热时火不要过猛、过急，温度要根据管材确定，一般碳素钢管为 900～1050℃；不锈钢管为 1000～1200℃；铜管为 500～600℃。表 5-2 给出管子加热时的发光颜色。

管子加热时发光颜色 表 5-2

温 度（℃）	550	650	700	800	900	1000	1100	>1200
发光颜色	微红	深红	樱红	浅红	橘红	橙黄	绒黄	发白

加热后的管子，放在多桩孔的弯管平台上。弯管平台有混凝土和铸铁的两种，平台设有许多圆孔，供插入活动档管桩之用，是弯管时的支撑，如图 5-14 所示。根据管径大小和弯曲角度把管子夹在两桩之间。划线标记露出管桩 1～1.5D，用人工或机械进行煨弯。

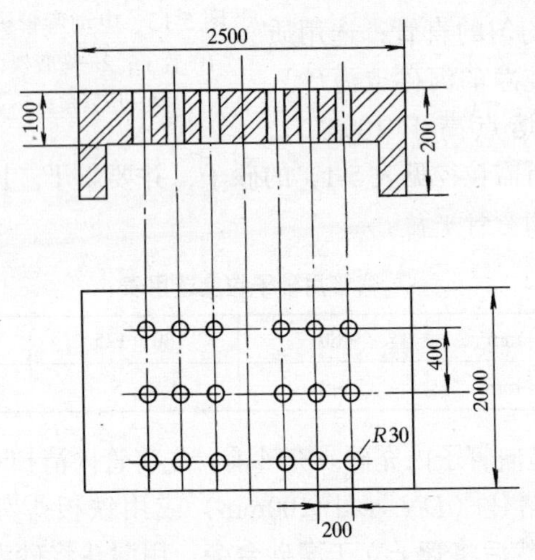

图 5-14 铸铁弯管平台

弯曲时必须抓紧时间，一次完成，防止温度下降。对不需要弯曲的管段用冷水冷却。在移管桩和管子之间垫上木板或钢板，弯曲时，用力要均匀，管子中心线与拉力方向最好成 90°。弯好的管段按样板形状进行检查，样板放在管子的中心线处，对达到标准的弧段用冷水冷却。由于管子冷却后，往往会略微自行回弯。为保证所需要的弯曲角，在煨弯时应比样板过弯 3°～5°。煨弯完成后，在热状态下，管壁慢慢冷却为宜，并在弯曲部位涂些机油，防止管壁氧化生锈。

最后是倒砂和对已弯制的管子进行质量检查。管子冷却后，把砂子倒出，用锤轻轻敲打干净，也可用压缩空气夹砂吹净。倒出的砂子放在干燥处，以备下次使用。弯制好的管子要检查其弯曲半径偏差、椭圆度、凹凸不平度是否符合要求。

2）机械热弯

目前使用的中频感应加热弯管机和氧-乙炔火焰弯管机比较先进。它不需充砂，煨制的弯管质量高。中频感应弯管机以中频电磁场加热管壁，同时用机械拖动旋转，喷水冷却，弯管工作可连续进行。它可弯制 $\phi325\times10$mm 的弯头，弯曲半径可小到管子外径的 1.5 倍。

火焰弯管机，也是我国创制。它能煨制 $\phi76\sim\phi426$mm，壁厚 4.5～20mm 的钢管，弯曲半径为 2.5～5 倍的管子外径。弯管机由齿轮传动系统、弯管机构和火焰圈组成。图 5-15 为火焰弯管机示意图。

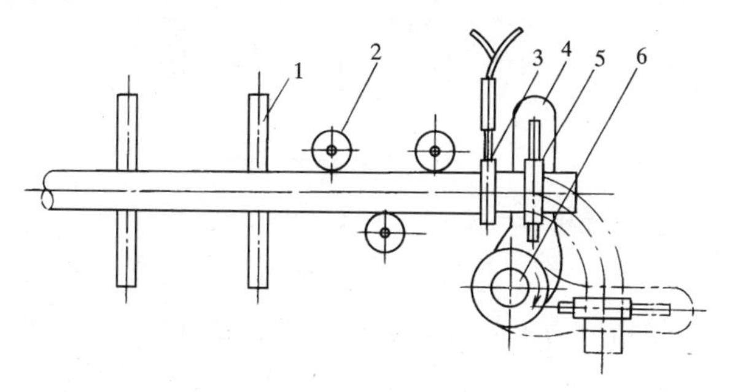

图 5-15 火焰弯管机示意图

1—托滚；2—靠轮；3—火焰圈；4—拐臂；5—夹头；6—主轴

将管子放在托滚上，由三个靠轮控制管子横向移动，拐臂固定在主轴上，带有长孔，便于夹头调整安装位置，夹头距主轴水平距离，按弯曲半径确定，夹头的规格根据管径更换。弯管前装好火焰加热器，调整氧气、乙炔的混合比例及冷却水量，夹紧卡头，点燃火焰圈，当管子烧红后，开动电机进行弯管，弯曲角度可由台面上的刻度盘来控制。

（三）管子套丝

钢管管口进行外螺纹加工习惯上称套丝，是安装管道中最基本操作技术之一。分为手工套丝扣机械套丝两种方法。

1. 手工套丝

手工套丝所使用的工具，称为管子铰板，如图5-16所示，主要由机身、板把、板牙等部分组成。

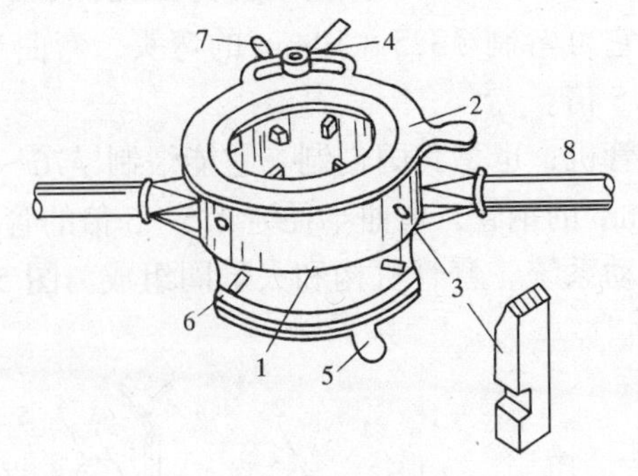

图5-16 管子铰板

1—本体；2—前卡板；3—板牙；4—前卡板压紧螺丝；
5—后卡板；6—板牙松紧螺丝；8—手柄

铰板规格分为1号（114型）和2号（117型）两种。1号铰板可套1/2″、3/4″、1″、$1\frac{1}{4}$″、$1\frac{1}{2}$″、2″六种管螺纹，2号铰板可套$2\frac{1}{2}$″、3″、$3\frac{1}{2}$″、4″四种管螺纹。每种规格的铰板分别配有几套相应的板牙，每套板牙可以套两种管径的管螺纹。

每套板牙有四个，刻有1～4序号，机身上板牙孔口处也刻有1～4的标号，安装板牙时，先将刻有固定盘“0”的位置对准，然后对号将板牙插入孔内，转动固定盘可以使四个板牙向中心靠近，板牙就固定在铰板内。

套丝时，将管子放在压力案上的压力钳内，留出150mm左右的长度卡紧，将管子铰板轻轻套入管口上，调整后卡爪滑盘将管子卡住，再调整固定盘面上的管子口径刻度，对好需要的管子口径。而后两手推管子铰板，带上2～3扣，再站到侧面按顺时针方向转动手柄，在套丝处加些机油，用力要均匀，待丝扣即将套成时，轻轻松开板机，开机退板，保持丝扣应有锥度（俗称拔梢）。锥形丝扣连接更为紧密。

根据管径大小，一般丝扣需要2～3板次或更多的板次才能套成（管径在40mm以下两次套成，50mm以上三次套成）。分几次套丝时，第一次板标盘刻度可以稍定大一些，每套一次所对标盘刻度应使板牙较前次稍加紧缩。

螺纹的加工长度无具体规定时，可按表5-3的尺寸加工。

管子螺纹的加工尺寸 **表5-3**

管径		短螺纹		长螺纹		连接阀门螺纹
(mm)	(in)	长度(mm)	螺纹数(牙)	长度(mm)	螺纹数(牙)	长度(mm)
15	1/2	14	8	50	28	12
20	3/4	16	9	55	30	13.5
25	1	18	8	60	26	15
32	$1\frac{1}{4}$	20	9	65	28	17
40	$1\frac{1}{2}$	22	10	70	30	19
50	2	24	11	75	33	21
70	$2\frac{1}{2}$	27	12	85	37	23.5
80	3	30	13	100	44	26

在安装中，当支管要求有坡度或遇到原有管件螺纹不正时，则要求套制相应的偏扣（俗称歪牙）。歪牙的套制方法是将套丝板套出两扣后，将后卡爪滑板根据所需的偏度略松开，使套丝板

机身向一侧倾斜，这样套成的螺纹即成歪牙。歪牙的最大偏离度不能超过15°。如歪牙不能满足要求，则需对管子进行弯曲。

2. 机械套丝

机械套丝是指用套丝机加工管螺纹。目前我国已普遍使用，如图5-17所示。

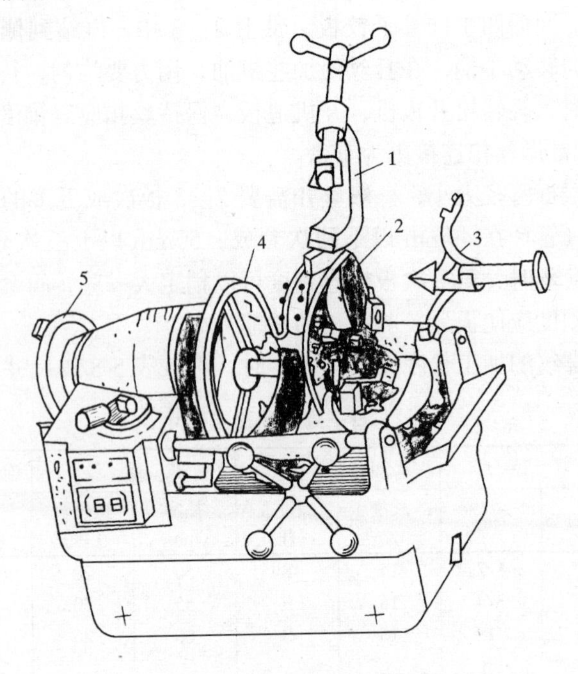

图5-17　套丝切管机

1—切刀；2—板牙头；3—铣刀；4—前卡盘；5—后卡盘

使用套丝机套丝时，先将管子在卡盘内卡紧，由电动机经减速箱带动管子转动，扳动刀具托架手柄，能使板牙头或铣锥作纵向运动，进行套丝及铣口工作。套完丝后可旋转切刀丝杠来进行切管。另外，套丝机的冷却液（润滑油）是通过主轴上的齿轮带动固定在机壳内的齿轮泵而喷出的。

套丝机一般以低速进行工作，操作时不可逐级加速，以防损坏板牙或毁坏机器。套丝时，不可用锤击的方法旋紧或放松背面档脚、进刀手把和活动标盘。套长管时，要将管子架平。螺纹套成后，要将进刀手把及管子、夹头松开，将管子慢慢退出，避免碰伤螺纹。

直径在40mm以上的管子套丝时要分两次进行，不可一次套成，以防损坏板牙或出现坏丝。前后两次套丝的螺纹轨迹要注意重合，避免出现乱丝。

套丝的质量要求：螺纹表面要光洁、无裂缝、允许有微毛刺；螺纹高度的减低量，不得超过10%；螺纹断缺总长度，不得超过表5-3中规定长度的10%，断缺处不得纵向连贯；螺纹工作长度可允许短15%，但不应超长；螺纹不得有偏丝、细丝和乱丝等缺陷。

（四）管 件 制 作

管道安装中，在管路转弯、分支、变径时需要相适应的管件来达到其变化要求。标准管件可以在市场购买，而非标准管件则需由自己加工制作。下面介绍几种施工中常用管件的制作方法，即弯头、变径管和三通制作。

1. 弯头制作

弯头是改变管路走向的管件。可分为光滑弯管和焊接弯头两种。

制作弯管，先要确定弯曲半径。弯曲半径的尺寸，从减小管子变形来说，则选大些为好。从便于安装、减小占地和美观来说，则小一些好。所以，弯曲半径大小的选择应在允许范围内，选得小些。

弯曲半径通常用管子公称直径或外径的倍数来表示。一般规定钢管热弯时，弯曲半径不小于管子外径的3.5倍，冷弯时不小于管子外径的4倍，焊接弯头时不小于管子外径的1.5倍，冲压弯头不小于外径。

（1）光滑弯管　光滑弯管的制作，一般采用冷弯和热弯。下面介绍光滑弯管热弯时加热长度的计算方法。如图 5-18 所示，图中 L_1 至起弯点 A 一般不小于 400mm，从起弯点 A 的地方画出加热长度 L，其计算方法是：

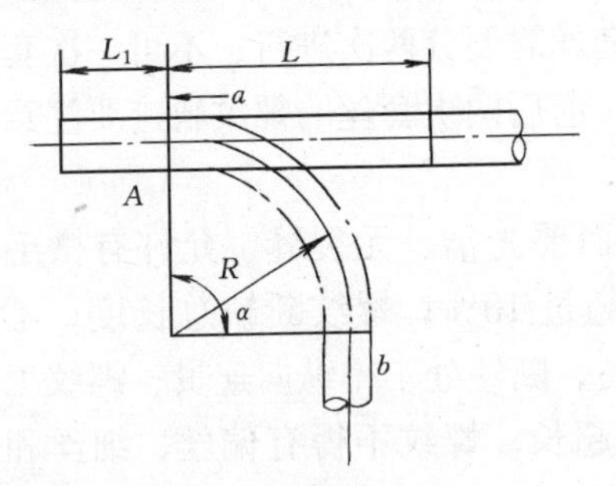

图 5-18　管子画线

1）90°弯曲管道长度计算。管道的弯曲部分（即从 a 点到 b 点）的弧长，也就是以 R 为半径所画圆周长的 1/4，即：

$$\widehat{ab} = \frac{2\pi R}{4} = 1.57R$$

也就是说：90°弯管弯曲部分的展开长度为弯曲半径的 1.57 倍。

2）任意弯的计算。任意弯曲半径和任意弯曲角度的弯管，其弯曲部分的长度计算公式为：

$$L = \frac{\pi\alpha R}{180} = 0.0175\alpha \cdot R$$

式中　π——圆周率，取 3.1412；

α——弯曲角度；

R——弯曲半径。

另外，在计算 90°弯头时，有一种“0.86 法”也是常用的。如图 5-19 所示。由于金属管材在弯曲时会产生延伸，需把弯曲的长度扣除管子外径 D 乘上系数 0.86 所得的长度，以 B 为起点，以 $L/2$ 长两边截取，划出加热长度 L。L 的计算，仍用前面介绍的公式。即 $1.57R$。

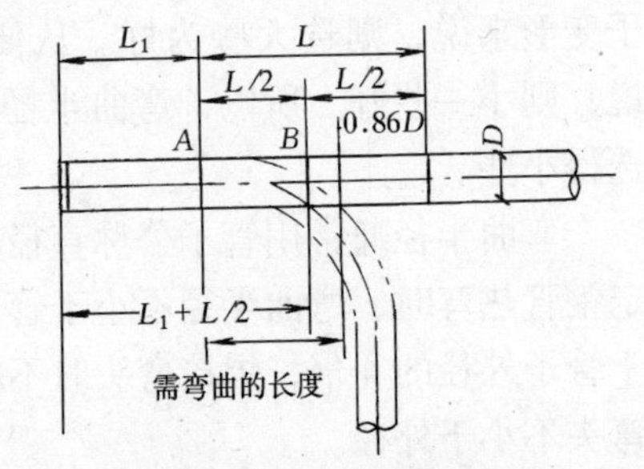

图 5-19　0.86 划画线法

(2) 焊接弯头　焊接弯头（俗称虾米弯）是由若干

节带有斜截面的直管段构成的，组成的节数有两个端节（现场称为平头）及若干个中间节。端节为中间节的一半，中间节两端须带有斜截面，以便焊接。每个弯头的节数不应少于表5-4所列的节数。端节和中间节可用展开图的方法，先做出样板，根据样板在管子上划出切割线，切断成若干节后，拼焊而成。

焊接弯头的最少节数 **表5-4**

弯头角度	节　数	其　　中	
		中　间　节	端　　节
90°	4	2	2
60°	3	1	2
45°	3	1	2
30°	2	0	2

展开图划法用两节弯头示例：

1）先划出弯头的立面投影图：如图5-20*a*所示，先划一直角，以直角的顶点*O*为圆心，用已知弯曲半径划弧，引出弯头的轴线与直角边相交于*G*点。以*G*点为中心，以管子半径长截取*d*、*d′*两点。以*O*为圆心，以*Od*、*Od′*为半径划弧，引出弯头的外弧和内弧。

将90°圆弧分成三等分，取外弧等分点*a*、*b*、*c*、*d*和圆心*O*连线（图中虚线），交内弧于*a′*、*b′*、*c′*、*d′*，然后过*a*、*b*、*c*、*d*和*a′*、*b′*、*c′*、*d′*分别作外弧和内弧的切线，则所得的两端的半节就是端节。中间的两块为中间节。

2）画展开图：先在端节的一端以*aa′*或*dd′*为直径画一半圆弧，将半圆弧分成若干等分，等分越多越准确（以六等分为例）。由等分点向*aa′*作垂直线，相交于*EH*线2、3、4、5、6点及*aa′*线的2′、3′、4′、5′、6′点。

然后在立面投影图另外位置上，作一直线*AB*（图5-20*b*所示），其直线长度为管子外径周长，将*AB*线等分为半圆等分的两倍即12等分，通过等分点作垂线，量取*a′H*、6′6……*aE*线长，并在*AB*线的各垂直线上按照相应的顺序截取，则得出*H*、

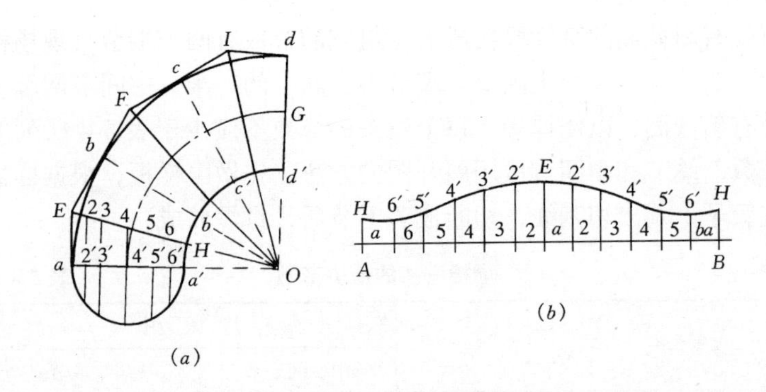

图 5-20 弯头展开

$6'$、$5'$……E 点及 $2'$、$3'$……H 点，通过各点连成曲线即为端节的展开图。因端节是中间节的一半，所以两个端节样板拼到一起便是中间节。

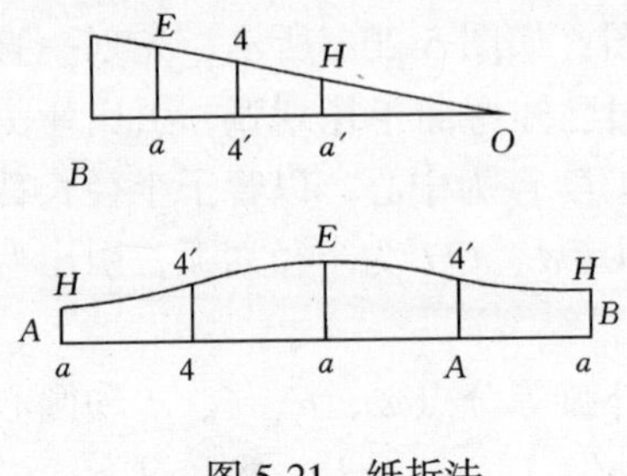

图 5-21 纸折法

3）纸折法：熟练了用展开法画样板后，可采用纸折法来求展开图更为简便，如图 5-21 所示。将方纸折成具有端节的角度（两节弯头即 15°），在水平线上以 O 点为起点，量出 $O4'$ 为弯曲半径长度。再以 $4'$ 点为中心，以管子半径为长度截取两点 a、a'，通过 a'、$4'$、a 作 OB 线的垂线交斜边 H、4、E 三点，然后画一直线 AB 等于管周长，分四等分，通过等分点作垂线，分别以 $a'H$、$44'$、aE 为长度，在垂线上截取各点，然后用弧线连接 H、$4'$、E 各点即成。纸折法的等分点少，弧线的准确性较差，一般只用于管径较小的弯头制作。

4）计算法　虾米弯的展开图，不仅可以用放样的方法画出，还可以通过计算的方法求得。下面介绍一种对于不同弯曲半径、不同节数、不同角度都适用的计算方法。

设中节的背高和腹高分别为 A 和 B，则端节的背高和腹高分别为$\frac{A}{2}$和$\frac{B}{2}$，如图 5-22 所示。端节的背高和腹高可由下式求出：

$$\frac{A}{2} = \left(R + \frac{D}{2}\right)\mathrm{tg}\frac{\alpha}{2(n+1)}$$

$$\frac{B}{2} = \left(R - \frac{D}{2}\right)\mathrm{tg}\frac{\alpha}{2(n+1)}$$

式中 $\frac{A}{2}$——端节的背高，mm；

$\frac{B}{2}$——端节的腹高，mm；

R——弯曲半径，mm；

D——管子外径，mm；

α——弯曲角度；

n——中间节的节数。

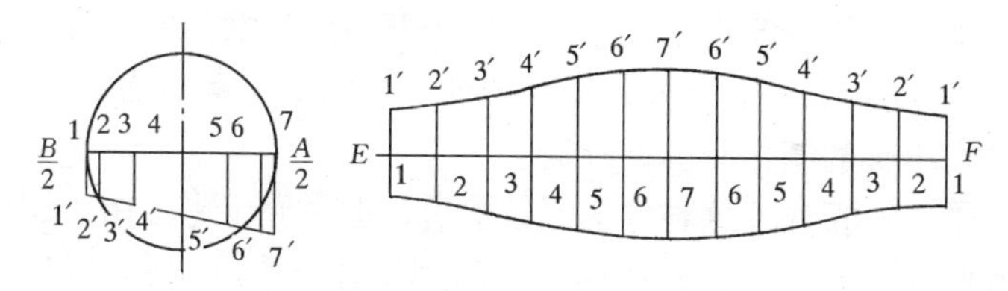

图 5-22 用计算法求展开图

根据计算得到了端节的背高和腹高后，就可以画出展开图，其步骤是以管外径为直径画半圆弧，并将半圆弧分成 6 等分，接下去的步骤与前面介绍的完全一致。

单节、三节、四节等弯头均可照此方法举一反三。

剪好样板后，即可下料焊接：先沿着管子轴线划出两条对称的中心线，并用中心冲轻轻冲出记号；将下料样板围在管子外面，注意样板中心要对准管子的中心线，沿着样板在管子上划出切割线；再将样板转动 180°，划出另一段的切割线，两段之间留足割口宽度，如图 5-23 所示；沿切割线切割管节，其中一个端节可不割下来与直管相连，切后清除管口上的溶渣（如用气割）；对口前按焊接要求将管口坡口，留出必要的间隙，对口时将各管节的中心线对准，点焊定位；用扁钢角尺校正角度，防止出现勾头（小于90°）现象，出现勾头可适当增加腹长来修整，无误后焊接管口。

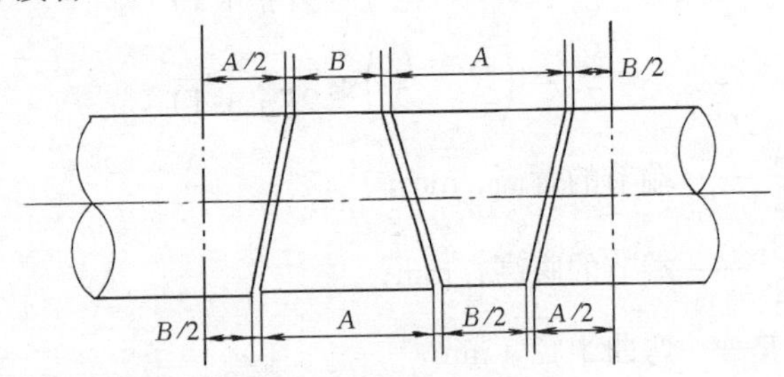

图5-23　管子下料切割线

2. 变径管制作

当管道需要改变管径时，要使用变径管。变径管俗称“大小头”，有同心和偏心之分，应根据设计、施工要求来选用。

大小头的制作有两种方法：

(1) 摔管法　这种方法比较落后，但在施工中，由于制作简单方便。所以仍在普遍使用。加热摔制大小头（也称缩口），就是将管子需缩口的一端，用氧-乙炔焰加热呈浅红色（800℃左右），用手锤敲打，边锤击边转动管子，由大到小，使大小头均匀收缩。若管口收缩较大时，应分数次加热敲打收缩，以免收缩不匀。

摔制偏心大小头时，管壁下半部不需加热，只需将管子左右摇摆转动，同样采取边加热边转动边敲打的方法，直至达到偏心要求。

摔制大小头，管端应加工平整便于做坡口，管壁厚薄要注意均匀，管壁不得出现凹面。加热时不得有过烧现象，敲打时应快打快成，尽可能减少加热时间和次数。

摔制大小头，管口收缩限度为：50mm 可缩到 15mm，而

100mm 只能缩到 65mm。摔管的加热长度应大于大、小管径之差的 2.5 倍。

(2) 抽条法

当管径变化幅度较大，应采用抽条法加工大小头。此法是按一定的宽度和长度将管子切割掉一部分，剩下的合拢敲圆，焊后即为小头。

1) 同心大小头的制作，其展开图如图 5-24 所示。其中抽条宽度 A 和 B，抽条长度 L 的尺寸可按下式计算：

$$A = \frac{\pi \cdot D}{n}$$

$$B = \frac{\pi \cdot d}{n}$$

$$L = 3 \sim 4(D - d)$$

式中 D——大管外径，mm；

d——小管外径，mm；

n——分瓣数，一般取 4～8 瓣。

2) 偏心大小头的制作，基本与同心大小头相同，其区别在于管壁向一侧倾斜，不等分地分瓣割掉三角部分，将余下部分敲打合拢焊接而成偏心大小头。如图 5-25 所示。

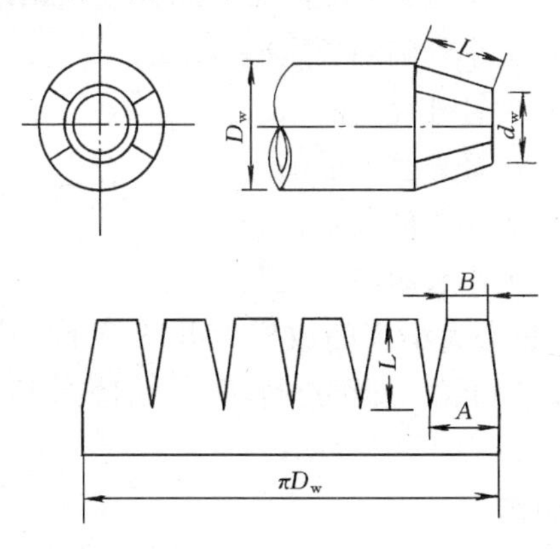

图 5-24 同心大小头展开图

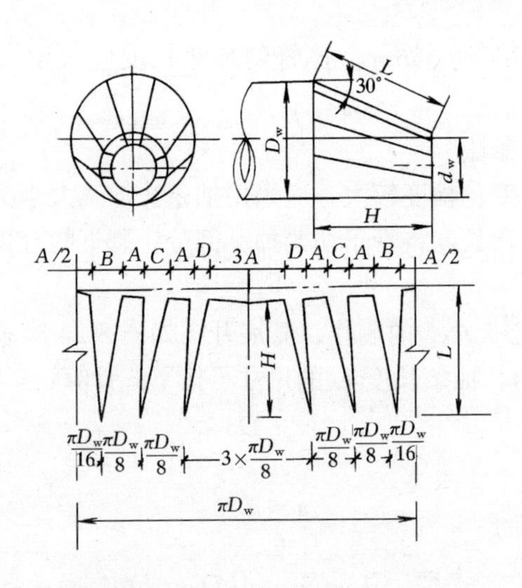

图 5-25　偏心大小头展开图

图中 A、B、C、D、L、H 的尺寸按下式计算：

$$A=\frac{\pi}{8}d \qquad B=\frac{1}{4}\Delta L$$

$$C=\frac{1}{6}\Delta L \qquad D=\frac{1}{12}\Delta L$$

$$L=2(D-d) \qquad H=0.866L$$

式中　ΔL——大小管圆周长之差，mm；

D——大管外径，mm；

d——小管外径，mm；

H——大小头的高度，mm；

L——大小头斜高，mm；

将同心、偏心大小头的放样展开图剪下，围在大管径管口处，画出抽条切割线，即可进行切割，加热收口，检查无误后焊接而成。

3. 三通制作

当管道需要分支时，一般使用三通。三通种类很多，下面介绍两种常用三通的制作方法：

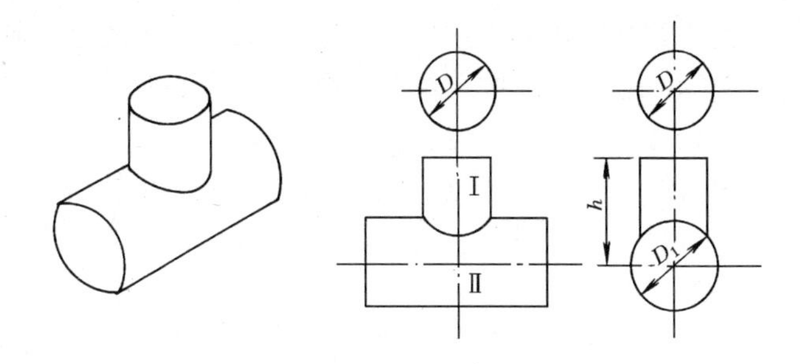

图 5-26　异径正三通

（1）异径直交三通　又称异径正三通，它是由两段不同直径的圆管垂直相交而成。图 5-26 为异径正三通的立体图和投影图。其展开图的作图步骤，可见图 5-27 所示。

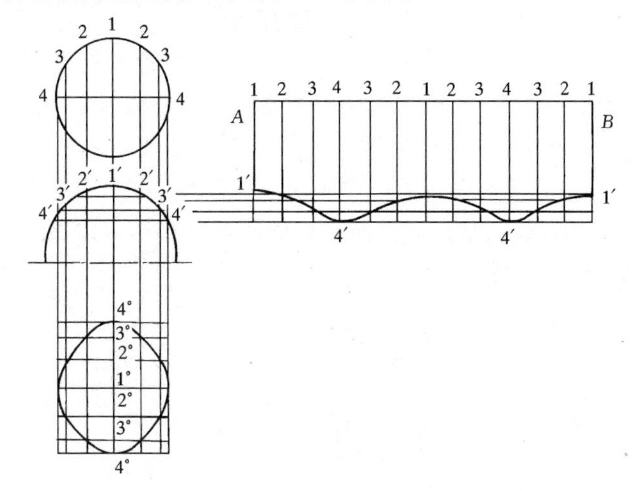

图 5-27　异径正三通展开图

1）根据主管（管Ⅱ）及支管（管Ⅰ）的外径在一根垂直轴线上画出大小不同的两个圆（主管画成半圆即可）。

2）将支管上半圆六等分，标上 4、3、2、1、2、3、4，然后从各等分点由上向下引垂直的平行线与主管半圆相交，得相应交点 4′、3′、2′、1′、2′、3′、4′。

3）由支管外径 4-4 向右引水平线 AB，在 AB 线上量取支管外径的周长并 12 等分，按自左至右顺序将等分点标上 1、2、3、4、3、2、1、2、3、4、3、2、1。

4）由直线 AB 上的各点分别引垂线，然后由主管圆弧上各交点向右引水平线与之相交，将对应交点连成光滑的曲线，即得支管展开图。

5）延长支管圆中心的下垂线，在此直线上以点 1° 为中心，上下对称量取主管圆周上的弧长 $\overset{\frown}{1'2'}$、$\overset{\frown}{2'3'}$、$\overset{\frown}{3'4'}$ 得交点 4°、3°、2°、1°、2°、3°、4°。

6）通过这些交点作垂直于该线的平行线。同时，将支管半圆上的六根等分垂直线延长与这些平行线相交，用光滑曲线连接各相应交点，即成主管上开孔的展开图。

支管、主管样板制成后，先在主管和支管上划出定位十字线。分别把主管、支管样板中心对准管子中心线划出切割线，便可切割。切割时，应根据坡口的要求进行，支管上全部要做坡口，坡口的角度在角焊处（图中 A 节点）为 45°，对焊处（图中 B 节点）为 30°，从角焊处向对焊处逐渐缩小坡口角度，均匀过渡，如图 5-28 所示。

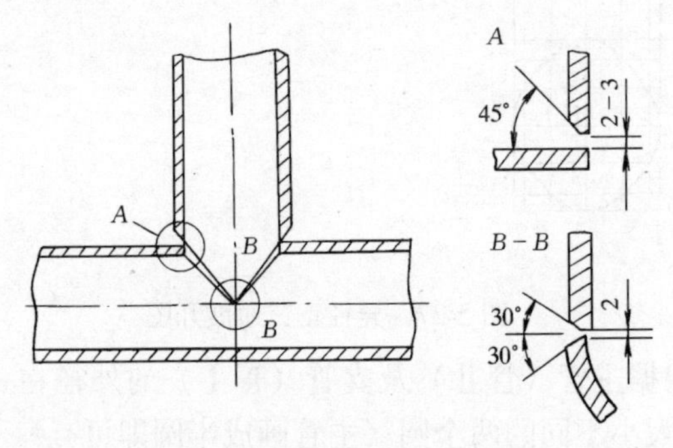

图 5-28　同径正三通组对示意图

主管开孔处不全坡口，在角焊处不做坡口，在向对焊处伸展的中心点处开始做坡口，到对焊处为 30°。

开孔时，一定要注意开孔尺寸是支管的内径，如果支管直径是主管的$\frac{1}{3}$以下时，可将支管插入主管孔内，用主管孔上做坡口的方法组对。但支管管端应与主管内壁相平，不得将支管管端伸入主管腔内。

(2) 斜三通　斜三通的制作无论是等径还是异径较之正三通难度要大些，但是它们的焊接方法一样，其展开图的制作过程也是以正三通为基础的，下面介绍异径斜三通的制作方法：

1）求结合线。画出三通的正面图和侧面图，分别将两个投影图的小管端面画半圆并且六等分。在侧面图中，由半圆等分点

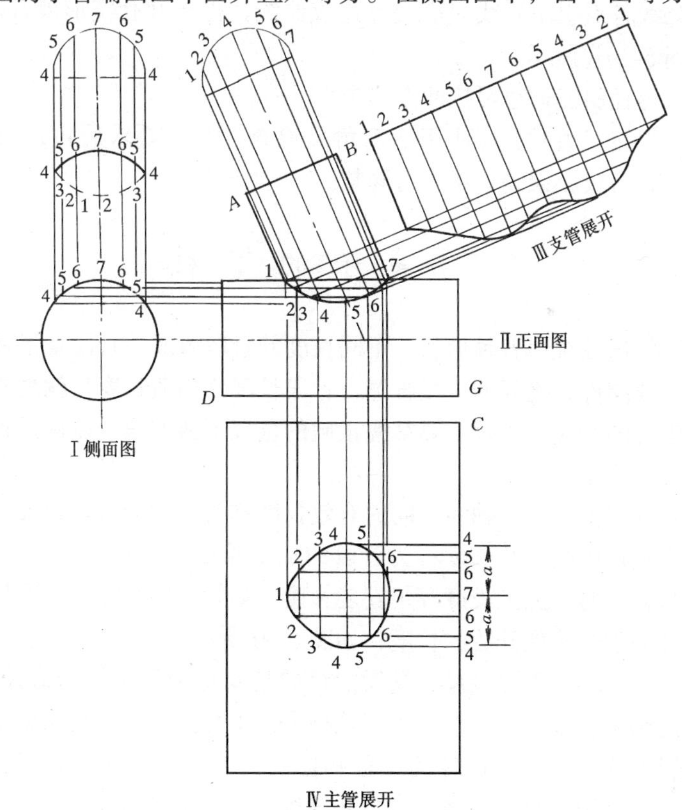

图 5-29　斜三通展开图

引下垂线与主管圆相交得主管圆周各交点，以此向右引水平线，与正面图上 *AB* 线半圆等分点引平行线对应交点，连接成曲线即为所求的结合线，如图 5-29Ⅰ、Ⅱ所示。

2）支管展开图。在正面图中引小管端面 *AB* 延长线 1-1，其长度为小管圆周长，并 12 等分，由各等分点引 1-1 线的垂线与结合线各点所引与 1-1 平行线对应交点连成曲线，即为支管展开图，如图 5-29Ⅲ所示。

3）主管展开图。再由 *C* 点引下垂线，其长为大管圆周长，并由中线 1-7 上下照录侧面图 *a* 弧段各点，向左引 *DG* 平行线与结合线各点引下垂线对应交点连成曲线，得出开孔实形展开图，如图 5-29Ⅳ所示。

等径斜三通也可按此方法画出。

焊接三通时，应使用活动角尺检查，符合要求后再进行焊接。若有较小误差，可进行修整。

（五）管子的下料

管道系统由各种形状、不同长度的管段组成。管段是指两管件（或阀件）之间的一段管道，管段长度（构造长度）就是两管件中心的距离。水暖工要掌握正确的量尺下料方法，以保证管道的安装质量。

管段中管子在轴线方向的有效长度称为管段的安装长度。管段安装长度的展开长度称为管段的加工长度（下料长度）。当管段为直管时，加工长度等于安装长度；如管段中有弯时，其加工长度等于管子展开后的长度，如图 5-30 所示。

要下料，先要量尺。量尺的目的是要得到管段的构造长度，进而确定管子加工长度。当建筑物主体工程完成后，可按施工图上管子的编号及各部件的位置和标高，计算出各管段的构造长度，同时用钢尺进行现场实测并核查。根据实测与计算的结果绘制出加工安装草图，标出管段的编号与构造长度。

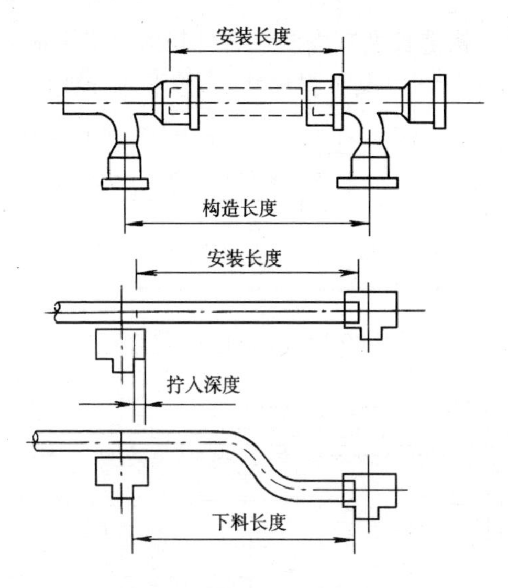

图 5-30　管段长度表示法

具体量尺方法为：

1. 直线管段上的量尺，可使尺头对准后方管件（或阀件）的中心，读前方管件（或阀件）的中心，得到管段的构造长度。

2. 沿墙、梁、柱等安装管道，量尺时尺头顶住墙表面，读另一侧管件的中心读数。再从读数中减去管道与建筑墙面的中心距离，则得到管段的构造长度。

3. 各楼层立管的安装标高的量尺，应将尺头对准各楼层地面，读设计安装标高净值。为确保量尺准确，应吊线弹出立管的垂直安装中心线上量尺。

由于管件自身有一定长度，且管子螺纹连接时又要深入管件内一段长度，因此，量尺出构造长度后，还要通过一定的方法才能得出准确的下料长度。管段的下料方法，有计算法和比量法两种：

1. 计算法

（1）螺纹连接计算下料

管子的加工长度应符合安装长度的要求，当管段为直管时，加工长度等于构造长度减去两端管件长的一半再加上内螺纹的长度，如图 5-31 所示。其下料尺寸 l'_1按下式计算：

$$l'_1 = L_1 - (b - c) + (b' + c')$$

管螺纹拧入深度 **表 5-5**

公称直径（mm）	15	20	25	32	40	50
拧入深度（mm）	11	13	14	16	18	20

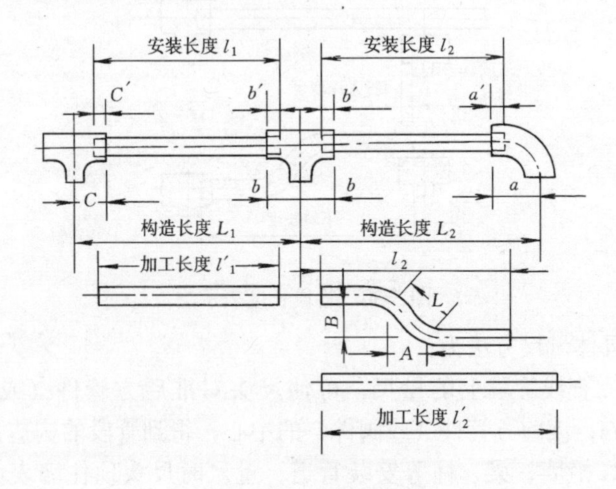

图 5-31　管段长度示意

当管段中有转弯时，应将其展开计算，按下式计算：

$$l'_2 = L_2 - (a + b) + (a' + b') - A + L$$

式中　a、b、c ——管件的一半长度；

a'、b'、c' ——管螺纹拧入的深度，可参照表 5-5 选取；

L_1、L_2 ——管段构造长度；

A、L ——弯管的直边、斜边长度。

（2）承插连接计算下料

计算时，先量出管段的构造长度，并且查出连接管件的有关尺寸，如图 5-32 所示，然后按下式计算其下料长度：

$$l = L - (l_1 - l_2) - l_4 + b$$

式中字母代表的尺寸，亦见该图。

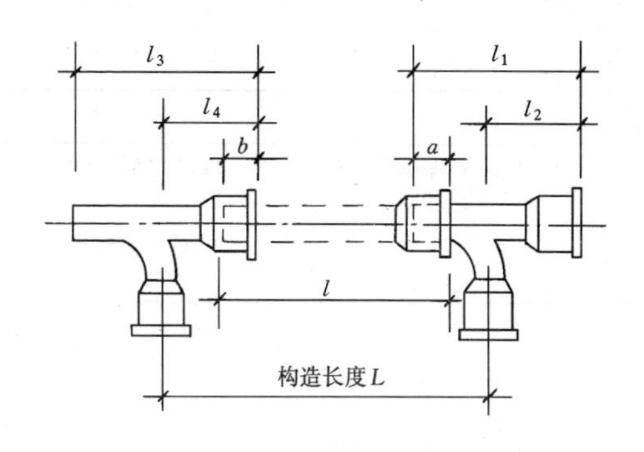

图 5-32　承插管下料尺寸

2. 比量法

(1) 螺纹连接的比量下料

如图 5-30 所示，先在管子一端拧紧安装前方的管件，用连接后方的管件比量，使其与前方管件的中心距离等于构造长度，从管件边缘按拧入深度在直管（或弯管）上划出切割线。再经切断、套丝后即可安装。

(2) 承插连接的比量下料

先在地上将前后两管件中心距离为构造长度，再将一根管子放在两管件旁，使管子承口处于前方管件插口的插入深度，在管子另一端量出管件承口的插入深度处，划出切断线，经切断后即可安装。

比量下料的方法简便实用，目前仍被现场施工时广泛应用。

对于煨弯管件的下料可按表 5-6 中所列公式计算。

煨管下料计算公式　　**表 5-6**

煨弯度数	计 算 公 式
90°	$2\pi R/4=1.57R$
45°	$1.57R/2=0.785R$
任意角	$2\pi R\alpha/360°=0.1745R\alpha$
60°来回弯	下料总长 = $L_1 + L_2$ + 1.155 档距 + $0.939R$ 见图 5-33，L_1、L_2 分别为两管端点到起弯点的直线距离 档距是指 L_1、L_2 两管间的垂直距离

续表

煨弯度数	计 算 公 式
45°来回弯	下料总长 $= L_1 + L_2 + 1.4142$ 档距 $+ 0.742R$ 见图 5-34
30°来回弯	下料总长 $= L_1 + L_2 + 2$ 档距 $+ 0.511R$ 见图 5-35

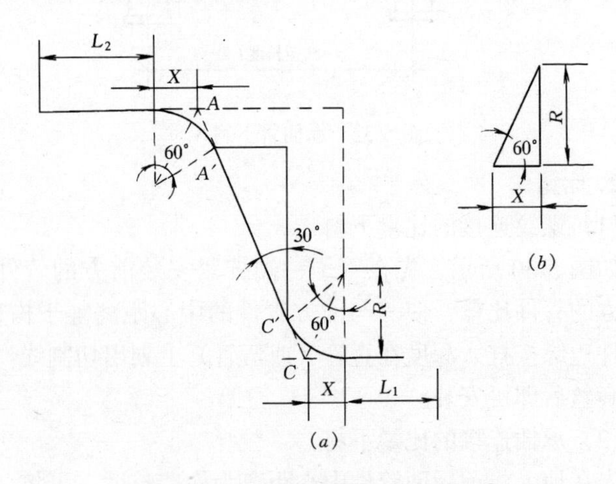

图 5-33 煨 60°来回弯下料计算

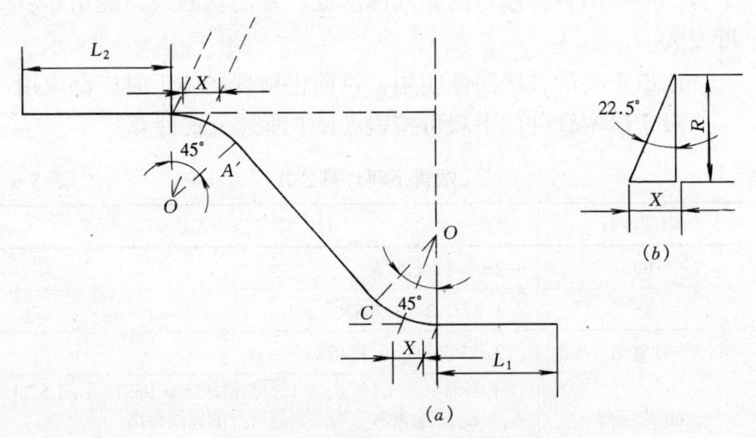

图 5-34 煨 45°来回弯下料计算

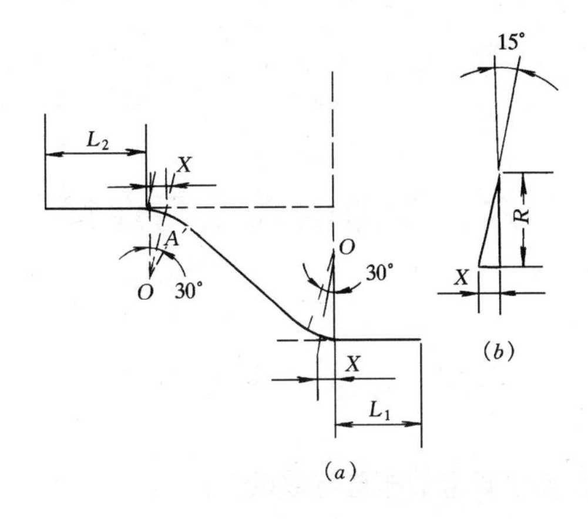

图 5-35 煨 30°来回弯下料计算

复 习 题

1. 管子的加工包括哪些内容?
2. 管子切断常用方法有哪几种?
3. 手锯切割管子时如何选择锯条?
4. 试述刀割的操作程序。
5. 使用砂轮切割机时，如何注意安全?
6. 试述錾切的操作过程和注意事项。
7. 管子的调直有哪两种方法? 各自适用条件如何?
8. 管子冷弯有几种方法? 它们的操作要点如何?
9. 手工充砂热弯管子的操作步骤及质量要求如何?
10. 手工套丝和机械套丝的步骤和质量要求如何?
11. 铰板的规格及使用方法如何?
12. 光滑弯管的长度如何计算?
13. 试述焊接弯头的制作方法和步骤。
14. 试述变径管的制作方法和步骤。
15. 试述三通的制作方法和步骤。
16. 管子的下料一般有哪两种方法?
17. 如何计算管子的下料长度?

六、管道的敷设与连接

（一）管道的布置与敷设

1. 室内给水管道的布置与敷设

给水管网是室内给水系统的重要组成部分。室内给水管道布置和敷设得合理与否，直接影响整个建筑物的供水安全和供水系统的施工安装、维护管理等。给水管道的布置和敷设应根据建筑物卫生器具、选定的给水方式、室外给水管网的位置等因素综合考虑。

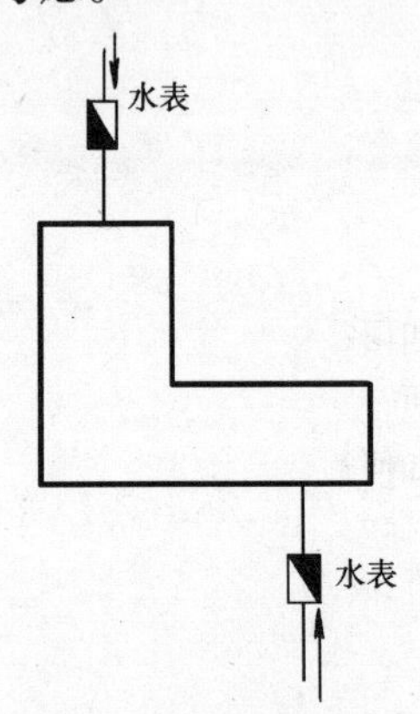

图 6-1　引入管由建筑物不同侧引入

（1）引入管

建筑物的引入管一般只设一条，应靠近用水量最大或不允许间断供水处接入。当用水点分布较均匀时，可从建筑物的中部引入。

对不允许间断供水的建筑，应从室外不同侧设两条或两条以上引入管，在室内连成环状或贯通枝状双向供水，如图 6-1 所示。如不可能时，应采取设贮水池（箱）或增设第二水源等保证安全供水措施。也可由室外环网同侧引入，但两根引入管间距不得小于 10m，并在接点间设置阀门，如图 6-2 所示。

引入管穿过承重墙或基础时，应预留孔洞，其孔洞尺寸见表 6-1。

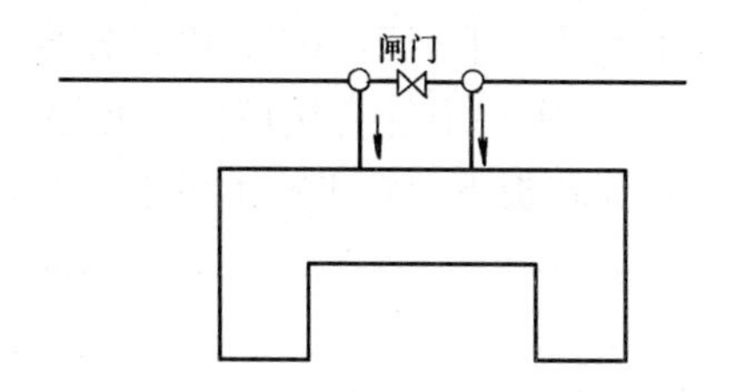

图 6-2　引入管由建筑物同侧引入

引入管穿过承重墙基础预留孔洞尺寸规格　　　　**表 6-1**

管径（mm）	50 以下	50～100	125～150
孔洞尺寸（mm）	200×200	300×300	400×400

引入管穿过地下室外墙或地下构筑物的墙壁时，应采取相应的防水技术措施。

引入管上应设阀门，必要时还应设泄水装置，以便于管网维修时放水，泄水阀门井如图 6-3 所示。

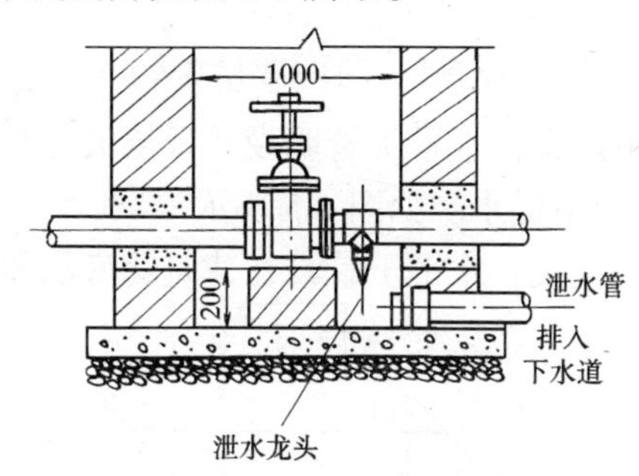

图 6-3　泄水阀门井

在引入管上装设水表时，水表可设在室内，也可设在室外的水表井中，水表前后应放置检修阀门。如果采用一条引入管，应绕水表设旁通管。

（2）室内给水管道

室内给水管宜采用枝状布置，单向供水，当要求供水安全性较高时，干管可以布置成环形管网。根据水平干管所设位置不同，可分为下行上给式、上行下给式、中行分给式和环状式。

1）下行上给式：水平干管直接埋设在底层或设在专门的地沟内或设在地下室天花板下，自下而上供水。如图 6-4 所示。

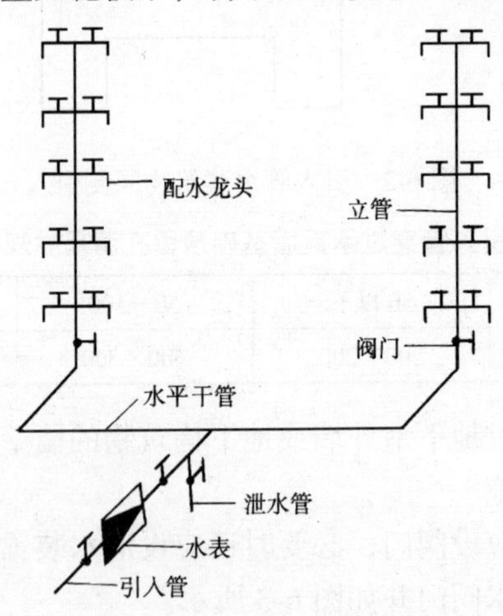

图 6-4　下行上给给水方式

2）上行下给式：水平干管明设在顶层天花板下或暗设在吊顶层内，自上而下供水。如图 6-5 所示。

3）中行分给式：水平干管设在建筑物底层楼板下或中层的

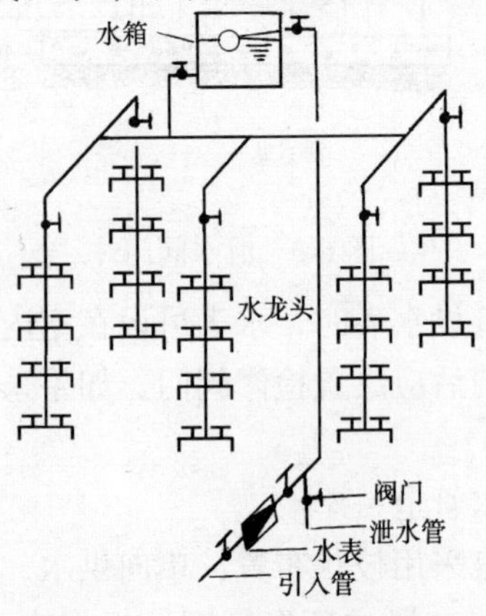

图 6-5　上行下给给水方式

走廊内，向上、下双向供水。如图 6-6 所示。

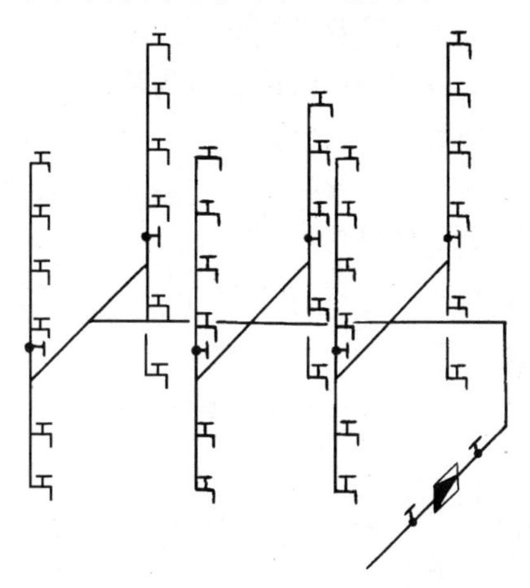

图 6-6　中行分给式给水系统

4）环状式：分为水平环状式和立管环状式两种。前者为水平干管之间连成环状，后者为立管之间连成环状。如图 6-7 所示。

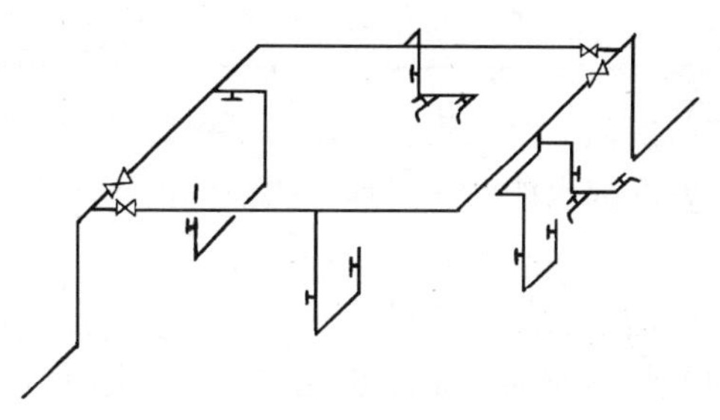

图 6-7　水平干管环状式给水系统

管道布置力求长度最短，尽可能呈直线走向，一般与墙、梁、柱平行布置。

埋地给水管道应避免布置在可能被重物压坏或设备振动处；管道不得穿过生产设备基础。

给水管道不得敷设在排水沟、烟道、风道内，不得穿过大便槽和小便槽，当给水立管距小便槽端部小于及等于0.5m时，应采取建筑隔断措施，以防管道被腐蚀。

室内给水管道可以埋地敷设、地沟敷设和架空敷设。若与其他管道同沟或共架敷设时，宜敷设在排水管、冷冻管的上面或热水管、蒸汽管的下面。给水管不宜与输送易燃、可燃或有害的液体或气体的管道同沟敷设。

室内给水管与排水管平行埋设和交叉埋设时，管外壁的最小距离分别为0.5m和0.15m。

给水管道不宜穿过伸缩缝、沉降缝，必须穿过时，应采取有效的技术措施。

给水立管穿过楼层时需加设套管，在土建施工时应预留孔洞，其留洞尺寸见表6-2。

立管管外皮距墙面距离及预留孔尺寸 **表6-2**

管径（mm）	32以下	32～50	75～100	125～150
管外皮距墙面（抹灰面）距离（mm）	25～35	30～50	50	60
预留孔尺寸（宽×高）（mm）	80×80	100×100	200×200	300×300

在生产厂房内，给水管道的位置不得妨碍生产操作和交通运输，不得布置在遇水能引起爆炸、燃烧或损坏的原料、产品和设备的上面。

(3) 室内给水管道的敷设

根据建筑物性质和卫生标准要求不同，室内给水管道敷设分为明装和暗装两种方式。

1) 明装：即管道在建筑物内沿墙、梁、柱、地板暴露敷设。这种敷设方式造价低，安装维修方便。但由于管道表面易积灰、产生凝结水而影响环境卫生和房屋美观。一般民用和工业建筑中多采用明装。

2) 暗装：即管道敷设在地下室天花板下或吊顶中，或在管井、管槽、管沟中隐蔽敷设。这种敷设方式的优点是：室内整洁、美观。但施工复杂，维护管理不便，工程造价高。标准较高的民用建筑、宾馆及工艺要求较高的生产车间内一般采用暗装。暗装时，必须考虑便于安装和检修。

为了不影响建筑空间的使用和美观，给水管道不宜穿过橱窗、壁柜、木装修等。

2. 室内排水管道的布置与敷设

室内排水管道布置与敷设总的原则是：力求管线短而直，使污水以最佳的水力条件快速排泄至室外；不得影响和妨碍房屋及其室内设备的功能和正常使用；管道牢固耐用，不裂不漏，便于安装和维修；还要满足经济和美观的要求。

（1）器具排水管

器具排水管用弯头或三通与排水横支管连接。当用三通连接时，应采用45°三通或90°斜三通，尽量少用T型三通。除卫生器具本身有水封外，器具排水管上应装设存水弯。

（2）排水横支管

排水横支管在底层可埋设在地下或敷设在地沟内，也可沿墙敷设在地面上；在楼层可沿墙装在地板上或悬吊在楼板下明装。当建筑物有特殊要求，考虑影响美观时，可做吊顶，隐蔽在吊顶内，但必须考虑安装和检修的方便。

排水横支管不得布置在遇水引起燃烧、爆炸或损坏原料、产品和设备的上面；不得布置在有特殊生产工艺或卫生要求的生产厂房内以及食品和贵重商品仓库、通风小室和变配电间内；也不得布置在食堂、饮食业的主副食操作烹调的上方。

排水横支管不得穿过沉降缝、伸缩缝、烟道和风道，必须穿过时，应采取相应的技术措施。

排水横支管应有一定的坡度坡向排水立管。如无设计要求，应按表6-3中的通用坡度敷设。

（3）排水立管

排水立管应布置在污水水质最脏、杂质最多、污物浓度最大、排水量最大的排水点处，以使排水横支管最短，使污水尽快排出。一般靠近大便器布置。

排水管道的通用坡度和最小坡度 **表 6-3**

管径(mm)	工业废水管道(最小坡度)		生活污水管道	
	生产废水	生产污水	通用坡度	最小坡度
50	0.020	0.030	0.035	0.025
75	0.015	0.020	0.025	0.015
100	0.008	0.012	0.020	0.012
125	0.006	0.010	0.015	0.010
150	0.005	0.006	0.010	0.007
200	0.004	0.004	0.008	0.005
250	0.0035	0.0035		
300	0.003	0.003		

排水立管一般在墙角、柱角或沿墙、柱明装敷设，当有特殊要求时，可在管槽或管井内暗装敷设，但应在检查口处设检修门，如图 6-8 所示。

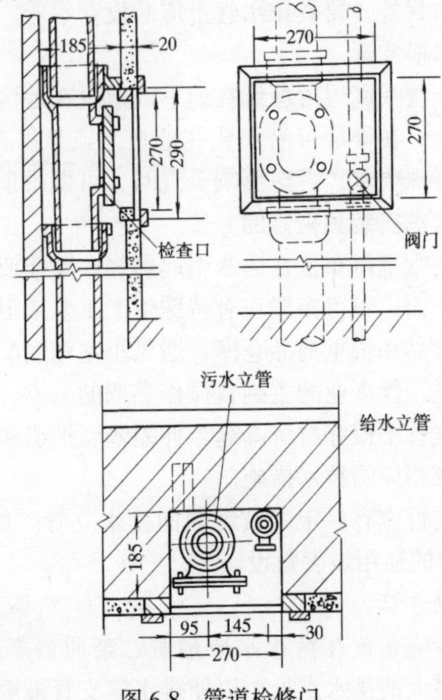

图 6-8 管道检修门

排水立管不得穿越卧室、病房、办公室等对卫生、安静要求较高的房间，并不宜靠近与卧室相邻的内墙，避免水流噪声通过墙体传入室内。

排水立管与排出管端部的连接宜采用两个45°弯头或弯曲半径不小于4倍管外径的90°弯头；当上下层位置错开时，应采用乙字管或两个45°弯头连接。

为便于安装和维修，排水立管与墙面应留有一定的操作距离，立管穿越现浇楼板时应预留洞。

(4) 排出管

排出管一般埋地敷设。埋入地下的排水管与地面应有一定的保护距离，防止可能被重物压坏。在一般厂房内，排水管最小埋设深度见表6-4。管道不得穿越生产设备的基础。

厂房内排水管的最小埋设深度　　表6-4

管材	地面至管顶的距离（m）	
	素土夯实、红砖、木砖地面	水泥、混凝土、沥青混凝土、菱苦土地面
排水铸铁管	0.70	0.40
混凝土管	0.70	0.50
带釉陶土管	1.00	0.60
硬聚氯乙烯管	1.00	0.60

排出管穿过承重墙或基础处，应预留孔洞；穿过地下室外墙和地下构筑物的墙壁时，应设置防水套管。

排水横支管连接在排出管或排水横干管上时，其连接点距立管底部水平距离不宜小于3m。因此，十层及十层以上的建筑物，底层生活污水管宜单独排出。

排出管应有一定坡度，一般采用标准坡度，最大坡度不宜大于0.15，以免管道落差过大。

(5) 通气管

生活污水管道或散发有害气体的生产污水管道均应设置伸顶通气管。伸顶通气管管径可与污水管相同，但在寒冷地区，应在室内平顶或吊顶以下 0.3m 处将管径放大一级。

在同一排水横支管上连接 4 个及 4 个以上卫生器具并与立管的距离大于 12m，或连接 6 个及 6 个以上大便器时，应设环形通气管。对卫生、安静要求较高的建筑物，生活污水管宜设器具通气管。所以，通气管根据所设位置与作用不同，可分为：

1）伸顶通气管：指最高层卫生器具排水横支管以上延伸出屋面的一段立管。

2）专用通气管：仅与排水主管连接。

3）主通气立管：连接环形和排水立管。

4）副通气立管：仅与环形通气管连接。

5）环形通气管：横支管最始端卫生器具下游端接至通气立管的管段。

6）器具通气管：卫生器具存水弯出口端接至主通气管的管段。

7）结合通气管：连接排水立管与通气立管。

各种通气管的形式见图 6-9。

通气立管不得接纳器具污水、废水和雨水。通气管必须伸出屋面不小于 0.3m，且必须大于最大积雪厚度。在经常有人停留的平屋面上，通气管应高出屋面 2.0m。通气管不宜设在屋檐檐口下、阳台和雨篷下。

通气管顶端应设风帽或网罩，以防杂物落入管内。

（6）清通设备

检查口与清扫口都是安装在排水管道上的清通设备。

1）检查口：检查口是一个带盖板的开口短管，拆开盖板即可对管道进行双向清通。检查口一般在立管上，但当排水横管超过规定长度时，也应设置检查口。立管上检查口的距离不宜大于 10m，一般楼房每隔一层就应装一个，但在建筑物最底层和设有卫生设备的二层以上坡顶建筑的最高层，必须设置检查口，平顶建筑可用通气管顶口代替检查口。此外，立管上装有乙字管时，在该层乙字管的上部应装设检查口。

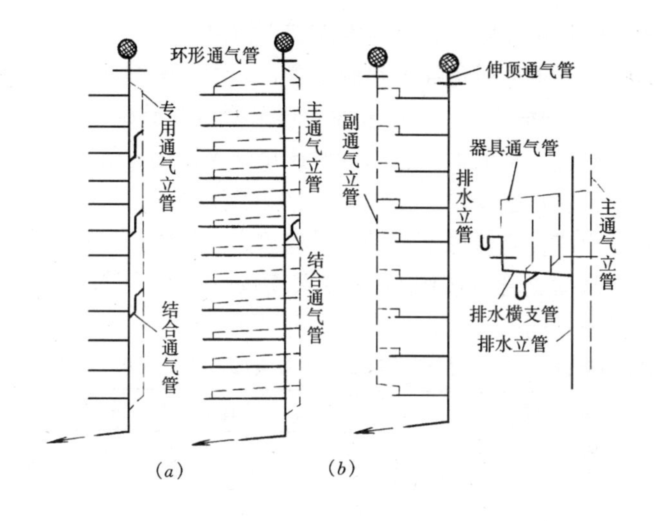

图 6-9　排水管道通气系统

(a) 专用通气系统；(b) 辅助通气系统

2）清扫口：清扫口是一个带有盖板的筒形配件，拆开盖板即可作单向清通工作。清扫口一般装于横管，尤其是各层横支管连接卫生器具较多时，在横支管的起点应安装清扫口。

在连接 2 个及 2 个以上的大便器或 3 个及 3 个以上的卫生器具的污水横管上，应设置清扫口。在水流转角小于 135°的污水横管上，应设置检查口或清扫口。污水管起点可用堵头代替清扫口，堵头与墙面应有不小于 0.4m 的距离。当管径小于 100mm 的排水管道上设置清扫口时，其尺寸应与管道同径；管径等于或大于 100mm 的排水管上设置清扫口时，应采用 100mm 的清扫口。

埋设在地下或地板下的排水横管的检查口，应设在检查井内，如图 6-10 所示。井底表面标高应与检查井的法兰相平，其底面应有 5% 的坡度，坡向检查口的法兰。

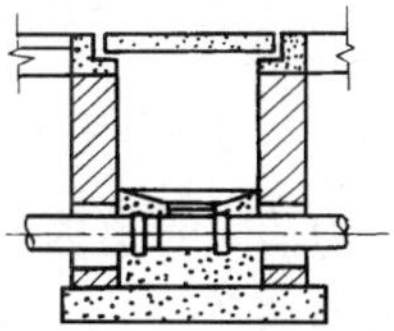

图 6-10　室内检查井

3. 室内塑料排水管道的布置与敷设

塑料排水管的布置与敷设除应符合前

面排水管道的基本原则外，还应考虑如下情况：

塑料排水管道应避免靠近热源布置，立管与家用灶具边缘的净距不得小于400mm，且管道表面受热温度不大于60℃，否则，应采取隔热措施。最低横支管与立管连接处至排出管管底的距离如小于表6-5中的数值时，最低横支管应单独接至建筑物外。若不能单独接出时，立管底部和排出管应放大一号管径。排水立管转弯时，排水横支管可按图6-11方式连接，其 A 应符合表6-5的规定；其 B 不小于1.5m；其 C 不小于0.6m。

最低横支管与排水立管连接处至排出管管底的垂直距离　　表6-5

建筑层数	垂直距离 A（mm）
≤四层	450
五～六层	750
六层以上	（底层单独排出）

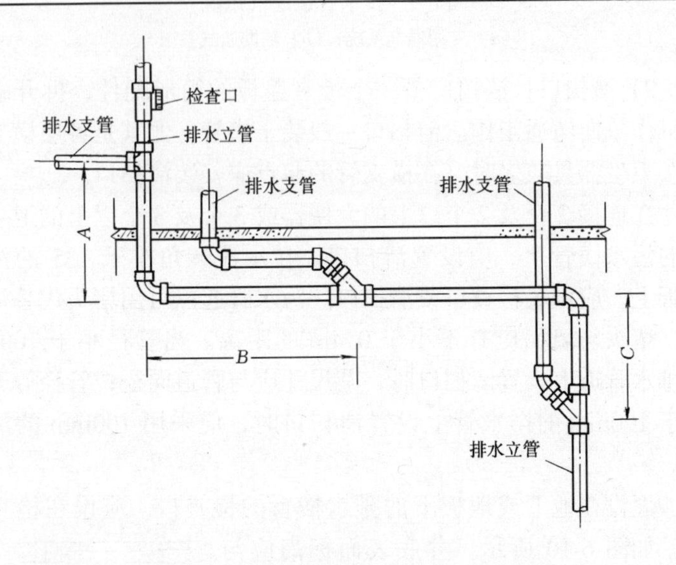

图6-11　立管转弯时排水支管接入示意

为消除管道因温度产生的伸缩对排水系统的影响，管道上应设置伸缩节：

（1）立管伸缩节之间的距离不得大于 4m。

（2）横干管伸缩节根据设计伸缩量确定。

（3）横支管上合流配件至立管的直线段超过 2m 时，应设伸缩节。

（4）螺纹连接及胶圈连接的管道系统可不设伸缩节。

伸缩节设置的位置可按下列情况确定：

（1）伸缩节应靠近水流汇合配件设置。

（2）立管穿过楼层处为固定支承且排水支管在楼板之下接入时，伸缩节可置于楼板之中，见图 6-12（*b*）；或置于水流汇合配件之下，见图 6-12（*a*）。

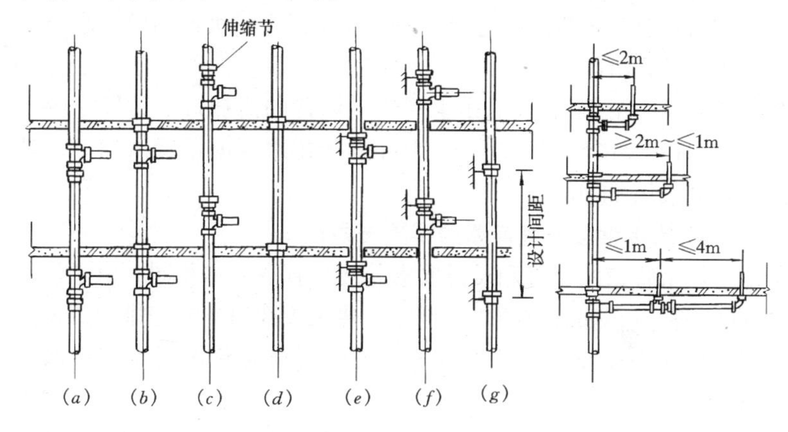

图 6-12　伸缩节设置位置

（3）立管穿过楼层处为固定支承且排水支管在楼板之上接入时，伸缩节应置于水流汇合配件之上，见图 6-12（*c*）。

（4）立管穿越楼层处为不固定支承时，伸缩节应设置于水流汇合配件之上，见图 6-12（*e*）、（*f*）。

（5）立管上如无排水之管接入时，可按设计间距将伸缩节置于楼层任何部位，见图 6-12（*d*）、（*g*）。

立管穿越楼层处固定支承时，伸缩节不得固定，伸缩节承口应逆水流方向。

为了便于检查清扫，下列管段应设置检查口或清扫口：

（1）立管底层应设检查口，在最冷月平均气温低于-13℃的地区，还应在最高层设检查口。

（2）立管在楼层转弯处，应设置检查口或清扫口，其间距要求见表6-6。

横管的直线管段上检查口或清扫口之间的最大距离　　表6-6

外径（mm）	50	75	110	160
距离（m）	10	12	15	20

（3）在水流转角小于135°的横支管，应设清扫口。

（4）公共建筑内在连接4个及4个以上的大便器的污水横支管上宜设置清扫口。

外径小于110mm的排水管道上设置的清扫口，其尺寸应与管道同径；外径等于或大于110mm的排水管上设置清扫口，其尺寸应采用110mm。

4．热水供应系统管路的布置与敷设

热水管道的布置和敷设要求与冷水管道基本相同。由于热水管网的特点，如管道的热胀冷缩，热水管逸出空气的排除，蒸汽凝结水的排放及水温的控制等，因此其布置和敷设尚有特殊要求。

在热水供应系统中，上行下给式配水干管的最高点应设排气装置；下行上给式系统可利用最高配水点排气。下行上给式热水供应系统的回水立管应在最高配水点以下0.5m处与配水立管连接。如图6-13所示。

为了检修放水需要，应在系统最低点设泄水装置。

考虑运行调节和检修的要求，必须在系统适当的地点设置阀门。如在干管、立管，支管起端，水加热器及贮水箱进出口处设闸阀或截止阀，在防止水倒流的管道上设止回阀等。

为了清除因管道受热变形而产生的热应力，应尽量利用自然转角进行热膨胀的补偿，在较长的直线管段上应设特制的补偿器

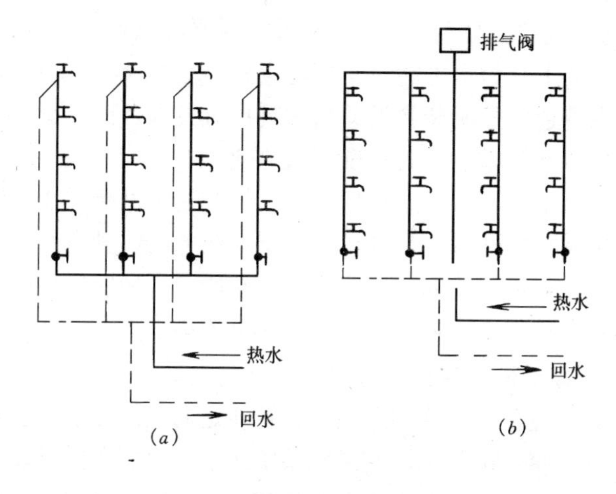

图 6-13　全循环热水供应系统

（a）下行上给全循环系统；（b）上行下给全循环系统

(伸缩器)。常用方形或套管式补偿器。

热水立管与水平干管连接时，立管应加弯管，以免立管受干管伸缩影响。连接方式如图 6-14 所示。

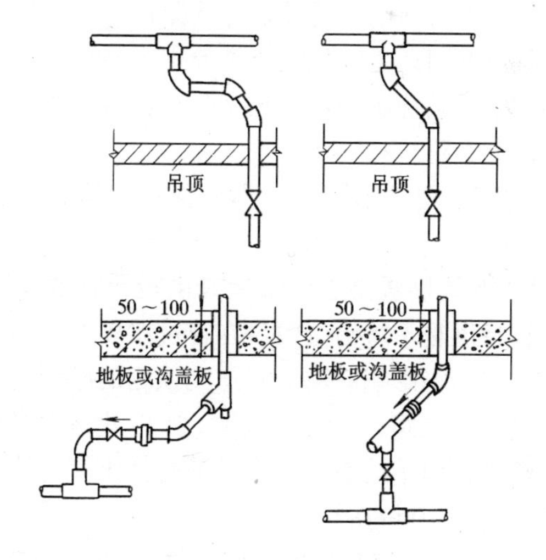

图 6-14　热水立管与水平干管的连接方式

热水管穿过建筑物顶棚、楼板、墙壁和基础时，均应加套管。在地面上有积水可能时，套管应高出地面 50～100mm。

热水管道一般明装敷设，当建筑物对美观有特殊要求时，也可暗装。热水管道的干管一般敷设在地沟内、地下室天花板下、建筑物最高层的顶棚下或棚顶内。立管明装时可敷设在卫生间或非居住房间，暗装时一般敷设在预留的沟槽内或管道井中。配水支管若明装会影响房间美化装饰，暗装所需管槽应尽量布置在卫生器具下部，使卫生器具的上部墙面管槽最少。

5. 采暖系统管路布置与敷设

采暖系统管路布置的原则是：管线走向应简捷，节省管材并减小阻力；便于调节热媒流量和平衡压力；有利于排除系统中的空气；有利于泄水；有利于吸收热伸缩，保证系统安全正常地运行。

采暖系统管路，在美观要求较高的建筑中采用暗装，一般房间均采用明装。

（1）干管

布置干管首先必须了解清楚系统的型式，例如是上供还是下供，是下回还是上回；是同程式还是异程式等等；还要了解清楚干管分几个支路，系统小的可能只有一个支路，系统大的可能分两个或两个以上支路。

图 6-15 的四个图表示同程式和异程式以及不同数目的分支路的平面示意图。

1）上供式系统供暖干管：暗装时供暖干管敷设在屋面下的吊顶内。明装时供暖干管沿墙敷设在窗过梁以上、顶棚或顶层大梁以下的地方，不得影响开窗。管道到顶棚的净距离要考虑到坡度和集气罐（或排气阀）的安装条件。工业建筑中供暖干管沿车间的梁或柱敷设，但不得影响行车的通行。干管与墙、梁或柱的净距离一般不小于 100mm。

2）上供式回水干管和下供下回式供、回水干管：当建筑物有地下室时敷设在地下室墙边；无地下室时，一种是敷设在底层

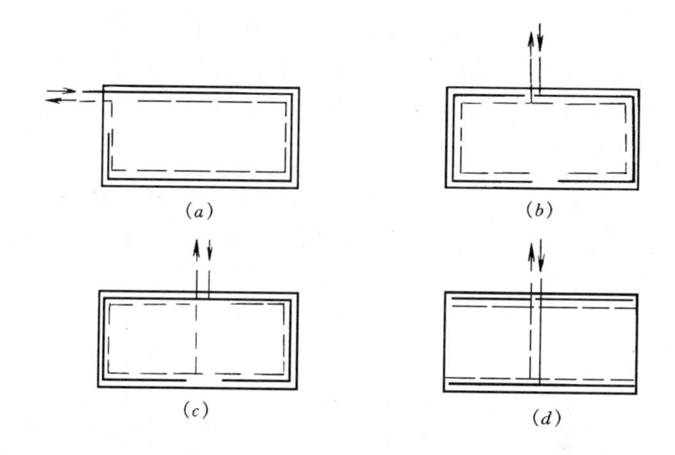

图 6-15 采暖系统干管平面布置示意图

(*a*) 无分支环路同程式系统；(*b*) 两支路异程式系统；
(*c*) 两支路同程式系统；(*d*) 四支路异程式系统

暖气地沟内（暗装），另一种是明装在底层墙边地面上。明装回水干管敷设时，应考虑坡度和散热器安装高度的因素。

3) 明装回水干管在横过门口或走廊口（统称过门）的做法：热水系统回水干管从门下小地沟通过，或从门的上方绕过；蒸汽系统回水干管从门下小地沟通过，同时设空气绕行管或放空气管。从门上绕行的管上装 ϕ15mm 的放空气管，并装设阀门，放气阀门离地面 1.5m 左右。从门下小地沟走的管子末端装泄水阀或丝堵。小地沟断面尺寸一般为 400mm×400mm。过门前后回水管的标高应顺坡降低不小于 25mm。

4) 采暖干管的安装坡向与坡度：自然循环热水系统供回水干管均低头走，坡度 $i \geqslant 0.005$。机械循环系统供水管抬头走，最高处设排气装置，坡度常为 0.003，不小于 0.002；回水干管顺水流方向作坡，坡度同上。蒸汽系统一般情况下干管低头走，汽水同向流动，坡度同上；某些情况下蒸汽干管需抬头走，汽水逆向流动时，坡度不小于 0.005。

5) 采暖干管在暖气地沟内暗装：暖气地沟随土建砌筑在底

层外墙边地面以下，设地沟盖板与地面相平，如图 6-16 所示。暖气地沟一般为半通行地沟，净深 1m 以上，净宽 0.8m 以上，行人侧宽 0.5m 以上。暖气地沟有适当地点设有人孔，工作人员可以出入检修。

6）采暖干管在变径时采用偏心异径管连接：如图 6-17 所示，热水系统供、回水干管取管顶平的偏心异径接管，利于空气的排出；蒸汽系统供汽干管取管底平的异径接管，利于沿途凝结水的排出，避免水击现象的发生；凝结水管变径取同心异径接管。

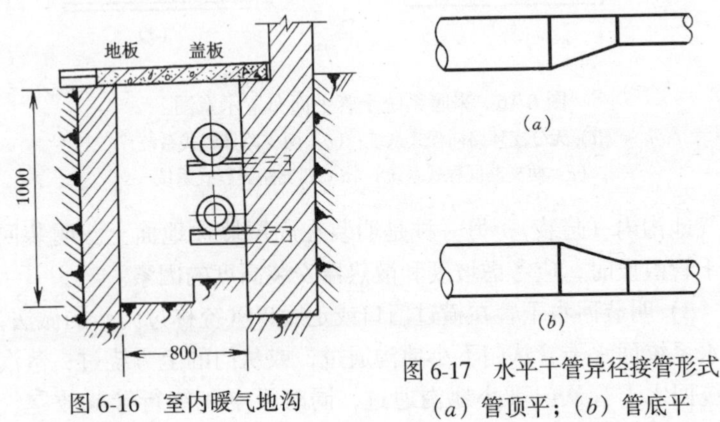

图 6-16　室内暖气地沟

图 6-17　水平干管异径接管形式
(a) 管顶平；(b) 管底平

(2) 立管

一般采暖设计中立管明装。美观要求高时才暗装。立管明装时，尽量布置在外墙墙角、柱角及窗间处。外墙墙角受热面积小，散热面积大，立管优先布置在那里。立管在柱角和窗间墙处便于连接两侧窗下的散热器，而且对称美观。

楼梯间的立管应单独放置，只与楼梯间的散热器连接。

双管系统的两根立管，面向的右侧装供热管，左侧装回水管，两管平行，中心间距为 80mm。立管中心离外墙墙面间距为 50mm。

立管穿过楼板时应该设置套管，套管不能卡住立管伸缩活动。

立管暗装时，一般敷设在预留的墙槽内，墙槽的尺寸如图6-18所示。

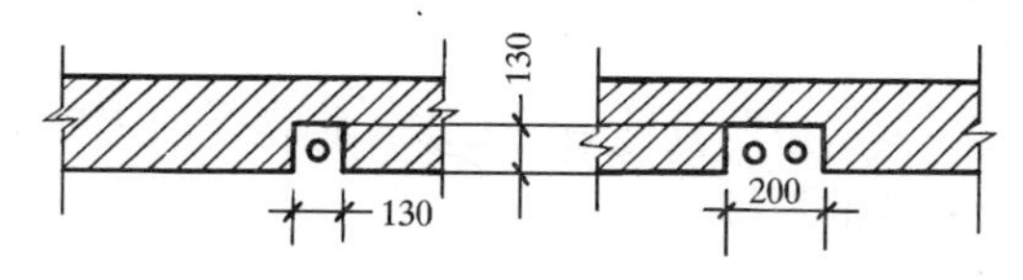

图 6-18 立管墙槽内暗装

在双管系统中，立管会与支管十字交叉，这时立管要用元宝弯（或称括弯、抱弯）让开支管。

（3）散热器支管

立管与散热器由供水支管和回水支管未连接。对于立管，有单侧连接散热器，也有双侧连接散热器，少数情况下相邻两组散热器水平串联再与立管连接；对于一组散热器的供水支管和回水支管有单侧连接的，也有双侧连接的。

水平串联系统的横管既是干管又是支管，应水平安装不设坡度，串联支管长度不宜超过1.5m。

支管离墙的距离同立管一样，与散热器连接的每根支管一般需要来回弯（即乙字弯）；为拆装方便应设活接头。

（4）采暖系统上阀门及管路伸缩器的设置

采暖系统一般在下列部位设置阀门：入口处的供水总管和回水总管上；供水、回水干管的分支管路上；在单管系统立管和双管系统供、回水立管上下端；双管系统供水支管上、水平单管串联系统始末；减压阀、疏水器、除污器等装置的前后、旁通管上；还有在泄水和放气管上也应装设阀门。

采暖管路上设置的阀门主要是闸阀和截止阀。低温热水管路上开闭用设闸阀，调节用设截止阀；蒸汽管路、高温热水管路上均用截止阀，泄水和放气管路上一般设闸阀或旋塞。

采暖管道因温度变化会引起管道伸长或缩短，系统管道发生位移。因此采暖管道要有热补偿措施，必要时设专门伸缩器。专门伸缩器包括方形伸缩器、套管伸缩器、球形伸缩器等。

(二) 管 道 连 接

管道连接是指按照设计图的要求，将已经加工预制好的管段连接成一个完整的系统。

在施工中，根据所用管子的材质选择不同的连接方法。铸铁管一般采用承插连接；普通钢管有螺纹连接、焊接和法兰盘连接；无缝钢管、有色金属及不锈钢管多为焊接和法兰连接；塑料管的连接有：螺纹连接、粘接和热熔连接等，而其他非金属管连接又有多种形式。

1. 螺纹连接

螺纹连接（也称丝扣）连接，可用于冷、热水，煤气以及低压蒸汽管道。在施工中使用螺纹连接的最大管径一般都是在150mm 以下。

按螺纹牙型角的不同，管螺纹分为 55°管螺纹和 60°管螺纹两大类。在我国长期以来广泛使用 55°管螺纹。当焊接钢管采用螺纹连接时，管子外螺纹和管件内螺纹均应用 55°管螺纹。在引进项目中会遇到 60°管螺纹。因此，在从国外引进的装置或购买的产品使用管螺纹连接时，应首先确定是 55°管螺纹还是 60°管螺纹，以免发生技术上的失误。

用于管子连接的螺纹有圆锥形和圆柱形两种。连接的方式有圆柱形内螺纹套入圆柱形外螺纹，如图 6-19 所示；圆柱形内螺纹套入圆锥形外螺纹，如图 6-20 所示；圆锥形内螺纹套入圆锥形外螺纹，如图 6-21 所示三种。其中后两种方式在施工中普遍使用。

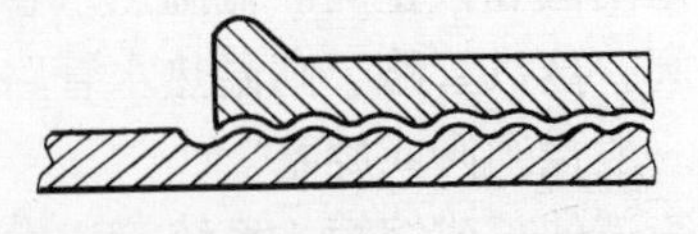

图 6-19　圆柱形接圆柱形螺纹

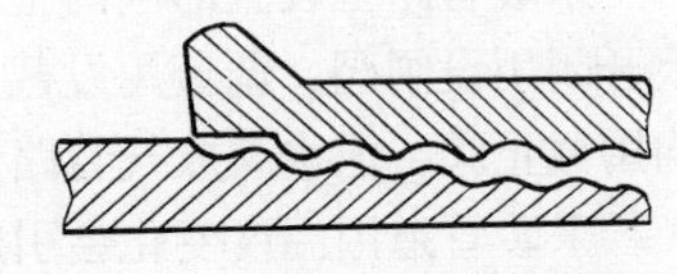

图 6-20　圆锥形接圆柱形螺纹

管螺纹连接时，先在管子外螺纹上缠抹适量的填料。管子输送的介质温度在120℃以内可使用油麻丝和铅油做填料。操作时，一般将油麻丝从管螺纹第二、三扣开始沿螺纹按顺时针缠绕。缠好后再在麻丝表面上均匀地涂抹一层铅油。然后用手拧上管件，再用管钳或链条钳将其拧紧。当输送介质温度较高时，最好使用聚四氟乙烯作密封填料，方法与用麻丝基本相同。

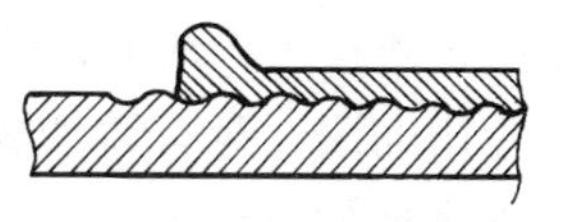

图6-21　圆锥形接圆锥形螺纹

聚四氟乙烯生料带（简称生料带或生胶带），可用于－180～250℃的液体和气体及耐腐蚀性管道，如煤气管道、冷冻管道以及其他无特殊要求的一般性管道。生料带使用方法简便，将其薄膜紧紧地缠在螺纹上便可装配管件。

以上各种填料在螺纹连接中只能使用一次，若螺纹拆卸，应重新更换。

管螺纹连接时，要选择合适的管钳，用小管钳紧大管径达不到拧紧的目的，用大管钳拧小管径，会因用力控制不准而使管件破裂。上管件时，要注意管件的位置和方向，不可倒拧。

2. 法兰连接

法兰连接就是将固定在两个管口（或附件）上的一对法兰盘，中间加入垫圈，然后用螺栓拉紧密封，使管子（或附件）连接起来。

法兰连接是一种可随时装卸接头。可使管道系统增加泄漏性和降低管道弹性，同时造价也高些。优点是结合强度高，拆卸方便。

一般在低压管道（工作压力＜2.5MPa）中，法兰盘多用于管道与法兰阀门的连接；在中压管道（工作压力2.6～10.0MPa）和高压管道（工作压力≥10MPa）中，法兰盘除用于阀门连接外，适用于与法兰配件和设备的连接。在施工中，法兰连接用处较少，没有焊接使用广泛，主要原因是法兰盘造价高，耗钢多，连接点占地大，拆装时费工费时。

常用的法兰盘有铸铁和钢制两类。法兰盘与管子连接有螺纹、焊接和翻边松套三种。在管道安装中，一般以平焊钢法兰为多用，铸铁螺纹法兰和对焊法兰则较少用，而翻边松套法兰常用于输送腐蚀性介质的管道，工作压力在0.6MPa范围内。下面介绍几种法兰盘与管道连接的操作方法：

(1) 铸铁螺纹法兰连接

这种连接方法多用于低压管道，它是用带有内螺纹的法兰盘与套有同样公称直径螺纹的钢管连接。连接时，在套丝的管端缠上麻丝，涂抹上铅油填料。把两个螺栓穿在法兰的螺孔内，作为拧紧法兰的力点，然后将法兰盘拧紧在管端上。连接时要注意法兰一定要拧紧，加力对称进行，即采用十字法拧紧。

(2) 钢法兰平焊连接

平焊钢法兰用的法兰盘通常是用 $A3$、$A5$ 和 20 号钢加工的，与管子的装配是用手工电弧焊进行焊接。焊接时，先将管子垫起来，用水平尺找平，将法兰盘按规定套在管子上，用角尺或线锤找平，对正后进行点焊。然后检查法兰平面与管子轴线是否垂直，再进行焊接。焊接时，为防止法兰变形，应按对称方向分段焊接，如图6-22所示。

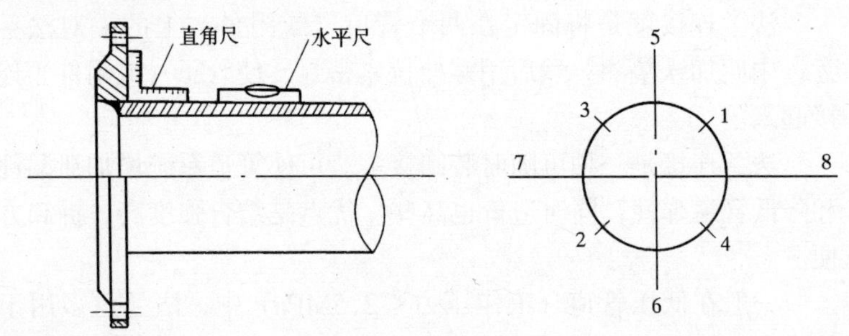

图6-22　焊接法兰盘

注意：平焊法兰的内外两面必须与管子焊接。

(3) 翻边松套法兰连接

翻边松套法兰，如图6-23所示。一般塑料管、铜管、铅管等连接时常用。翻边要求平直，不得有裂口或起皱等损伤。

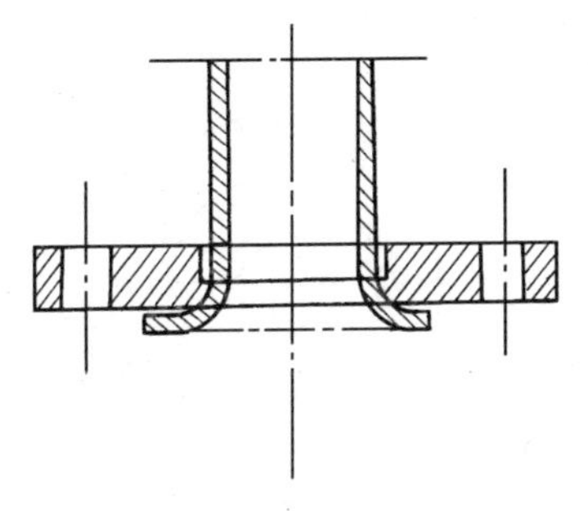

图6-23　翻边松套法兰

翻边时，要根据管子的不同材质选择不同的操作方法，如聚氯乙烯塑料管翻边是将翻边部分加热（130～140℃）5～10分钟后，将管子用胎具扩大成喇叭口后再翻边压平，冷却后即可成型。

铜管翻边是将经过退火的管端画出翻边的长度，套上法兰，用小锤均匀敲打，即可制成。

铅管很软，翻边更容易，操作时应使用木锤（硬木）敲打，方法与铜管相同。

图6-24所示即为铜管、铅管和塑料管的翻边方法。

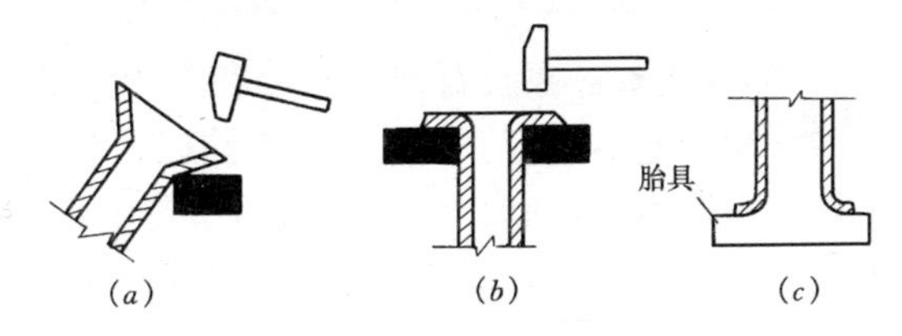

图6-24　管子翻边

(*a*) 铜管翻边；(*b*) 铅管翻边；(*c*) 塑料管翻边

法兰连接时，无论使用哪种方法，都必须在法兰盘与法兰盘之间垫上适应输送介质的垫圈，而达到密封的目的。

法兰垫圈应符合要求，不允许使用斜垫圈或双层垫圈。平面法兰所用垫圈要加工成带把的形状（如图6-25所示），以便于安装或拆卸。垫圈的内径不得小于管子的直径，外径不得遮挡法兰盘上的螺孔。

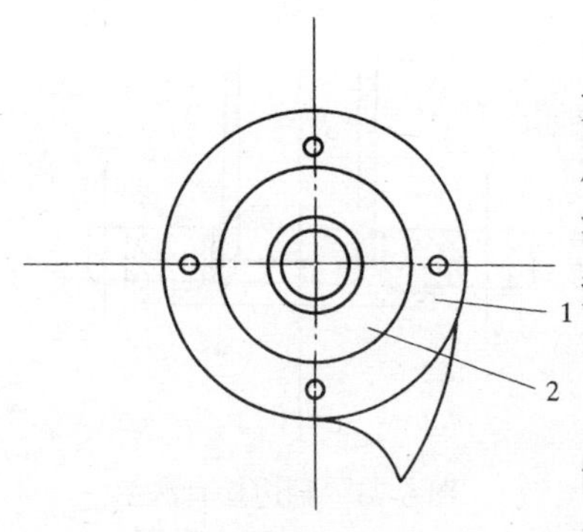

图 6-25　法兰垫圈
1—法兰；2—垫圈

法兰垫圈分软垫和硬垫两大类，一般水、煤气管、中低压工业管道采用软垫圈。而高温高压和化工管道上多采用硬垫圈即金属垫圈。

常用垫圈介绍如下：

1）橡胶垫圈：用橡胶板制成，其适用范围如表 6-7 所示。其作用是借助安装时的预加压力和工作时工作介质的压力，使其产生变形来达到的。

橡胶垫圈的适用范围　　**表 6-7**

橡胶名称	介　质	温度（℃）
普通橡胶	水、压缩空气、惰性气体	＜60
耐油橡胶	润滑油、燃料油、液压油等	＜80
耐热橡胶	水、压缩空气	＜120
耐酸碱橡胶	浓度≤20%硫酸、盐酸、氢氧化钠等	＜60

2）橡胶石棉板垫圈：橡胶石棉是橡胶和石棉混合制品，此垫圈在用作水管和压缩空气管道法兰时，应涂以鱼油和石墨粉的拌和物；用作蒸汽管道法兰时，应涂以机油与石墨粉的拌和物。其适用范围见表 6-8。

橡胶石棉板垫圈适用范围　　**表 6-8**

名　称	介　质	温度（℃）	压力（MPa）
橡胶石棉板（低压）	水、蒸汽、压缩空气、煤气、惰性气体等	200	1.6
（中压）	水、蒸汽、压缩空气、煤气、惰性气体等	350	4.0
（高压）	蒸汽、压缩空气、煤气、惰性气体等	450	10.0
耐油橡胶石棉板	油品、液化气、溶剂、催化剂等	350	4.0

3）金属垫圈：由于非金属垫圈在高压下会失去弹性，所以不能用在高压介质的管道法兰上。当工作压力≥6.4MPa 时，则应考虑使用金属垫圈。

常用的金属垫圈截面有齿形、椭圆形和八角形等数种。选用时注意垫圈材质应与管材一致。

法兰连接时，要注意两片法兰的螺栓孔对准，连接法兰的螺栓应用同一种规格，全部螺母应位于法兰的某一侧。如与阀件连接，螺母一般应放在阀件一侧。紧固螺栓时，要使用合适的扳手，分 2～3 次拧紧。紧固螺栓应按照图 6-26 所示的次序对称均匀地进行，大口径法兰最好两人在对称位置同时进行。连接法兰的螺栓端部伸出螺母的长度，一般为 2～3 扣。螺栓紧固还应根据需要加一个垫片，紧固后，螺母应紧贴法兰。

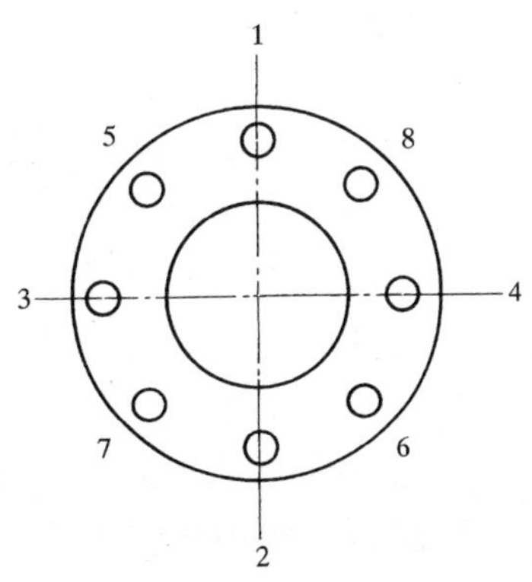

图 6-26　紧固法兰螺栓次序

另外，安装管道时还应考虑法兰不能装在楼板、墙壁或套管内。为了便于拆装，法兰盘安装位置应与固定建筑物或支架保持一定距离。

3. 承插口连接

所谓承插口连接（通常称捻口）就是把承插式铸铁管的插口插入承口内，然后在四周的间隙内加满填料打实打紧。如图6-27所示。

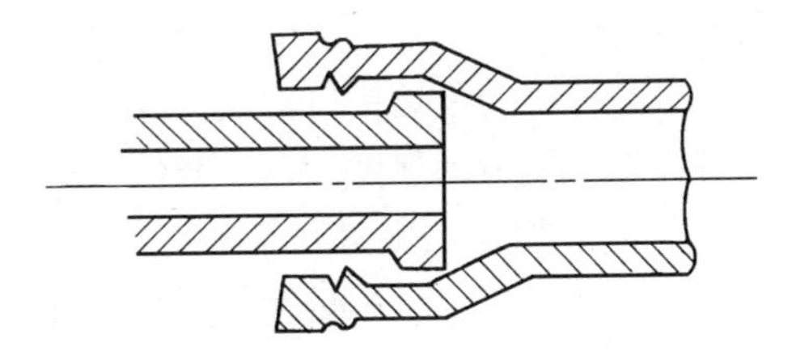

图 6-27　承口及插口

承插接口的填料分两层：内层用油麻丝或胶圈，其作用是使承插口的间隙均匀，并使下一步的外层填料不致落入管腔，且有一定的密封作用；外层填料主要起密封和增强作用，可根据不同要求选择接口材料。

（1）铅接口

铅接口通常是指熔铅接口，就是以熔化的铅灌入承插口的间隙中，待凝固后用捻凿将铅打紧而成。

铅接口的方法是将浸过泥浆的麻绳将口密封，麻绳在靠承口的上方留出灌铅口，将经过熔化呈紫红色的铅（约600℃），用经过加热的铅勺除去熔化铅面上的杂质，然后再用铅勺盛铅灌入承插口内，熔铅要一次灌成。待铅灌入后，取下密封用的麻绳，用扁凿将浇口多余铅去掉，用捻凿由下至上锤打，直至表面平滑，且凹进承口2～3mm为止。最后在铅口外涂沥青防腐层。

灌铅时，操作人员一定要戴好帆布手套及脚盖，脸部不能面对灌铅口，防止热铅灌入时，因空气溢出或遇水而产生蒸汽将铅崩出来（俗称放炮）伤人。必要时在接口内灌入少量机油，可防止放炮现象。

铅接口优点是接口质量好、强度高，耐震性能好，可立即通水无需养护。但耗金属，成本高，只有在工程抢修或管道抗震要求高时才采用。

另外，若遇地下水无法排除，用熔铅无法作业时，可采用冷铅接口。其方法是将铅条拧成铅绳，待“打麻”后再分层将铅绳填入打实。冷铅接口不宜用在有震动的管路上。

（2）石棉水泥接口

石棉水泥接口是传统的承插接口方式，具有较高的强度和较好的抗震性，有弹性，但劳动强度大，工效低。石棉水泥接口是以石棉绒和水泥的混合物作填料进行连接，如图6-28所示。其配合比（按质量比）为3∶7，即石棉绒为3，水泥为7，石棉绒和水泥拌和，根据经验，一般拌和后的石棉泥，如用手

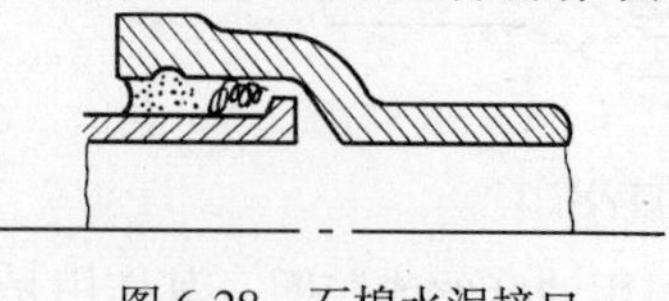

图6-28　石棉水泥接口

可捏成团，成团后又可用手指轻轻拨散，其干湿程度恰到好处。

捻口时，先将浸泡好的油麻丝拧成麻股，用捻凿将其塞入承口内，塞入量为打实后占承口深度的1/3（表层最好加些白麻丝，以利于水泥和麻丝结合），然后将石棉水泥填入，分4～6层打完。打好后，灰面比承口不得低于2～5mm。每个接口要求一次打完不得间断。紧密程度以锤击时发出金属的清脆声音，同时感到有一定的弹性，石棉水泥呈现水湿现象为最好。接口完毕后，用湿草绳或涂泥养护48h，并每天浇2～4次适量的水。如在冬天施工，还应在涂泥后进行保温处理。

石棉水泥接口可承受压力为1MPa的水压试验而不渗不漏。如果经试压发现漏水，可将漏水部位用剔凿剔除（深度达到麻丝），剔除后用水清洗，待水流净用同样的捻口方法分层打实为止。石棉水泥接口是目前给、排水管道连接中采用最多的一种方法。

（3）膨胀水泥接口

膨胀水泥接口是利用膨胀水泥的膨胀性，使水泥砂浆和管壁牢固地结合。一般适用于工作压力不超过1.2MPa的管道上。

用于接口的砂浆是以1:1:0.28（质量比）的膨胀水泥和清洗晒干的黄砂（粒径为0.5～2.5mm）及水拌和而成。拌好的砂浆要能够在初凝期内用完为宜。

捻口时，先在承插口内塞紧一层麻丝，然后将拌和好的砂浆分2～3次填入承插口间隙内。用捻凿捣实，表面捣出稀浆为止，并把砂浆抹平抹光。接口完毕后，用湿泥或湿草绳封口，夏季可用草袋覆盖，冬季覆土以防止冻裂。浇水养护要在2h后定时进行，始终保持湿润状态。有条件也可在接口完成12h后，将管内充水养护，但水压不能超过0.1MPa，养护3天即可进行水压试验。

（4）三合一水泥接口

这种水泥接口是以500号硅酸盐水泥、石膏粉和固体氯化钙为原材料按质量比100:10:5用水拌和而成。

三种材料中，水泥起一定强度作用，石膏起膨胀作用，氯化钙则促使速凝快干。水泥采用425号硅酸盐水泥，石膏粉的粒度应能通过200目的纱网。操作时先把一定质量的水泥和石膏拌匀，把氯化钙粉碎溶于水中，然后与干料拌和，并搓成条状填入已打好油麻丝或胶圈的接口中，并用灰凿轻轻捣实、抹平。由于石膏的终凝时间不早于6min，并不迟于30min，因此拌和好的填料要在6～10min内用完，抹平操作要迅速。接口完成后养护8h即可通水或进行压力试验。

各种接口填料的优缺点及适用场合见表6-9。

各种接口材料的优缺点及适用场合 **表6-9**

接口材料	优缺点	适用场合
石棉水泥接口	1. 强度较高，有弹性，耐震性较好 2. 成本比青铅接口低 3. 劳动强度大，工效低	1. 广泛应用于城市、厂区输水铸铁管道 2. 震动不大的地方
自应力水泥砂浆接口	1. 操作简便，劳动强度低 2. 快硬、早强，能很快通水或试压 3. 可提高工效，降低成本 4. 强度、弹性、耐震性不如石棉水泥接口 5. 要求准确预计自应力水泥的用量和时间，否则会贻误工期或造成水泥过期报废	1. 基本与石棉水泥接口相同 2. 遇有土质松软、基础较差的地段，最好仍采用石棉水泥接口 3. 不适用于有重型车辆经过的震动地段
石膏氯化钙水泥接口	1. 材料容易解决，操作简便，劳动强度低 2. 接口能快硬、早强 3. 强度、弹性、耐震性不如石棉水泥接口 4. 操作时对手上皮肤有刺激	与自应力水泥砂浆接口基本相同
青铅接口	1. 强度高，耐震性能好 2. 不需养护，施工完毕后可立即试压或通水 3. 耗用大量有色金属，造价高，施工工序多	1. 用于管道穿越公路、铁路等震动较大的地段 2. 用于要求立即通水的抢修工程

(5) 粘接

粘接是指用某种胶粘剂将两管段有效地连接起来。一般适用在塑料管、玻璃管、石墨管和玻璃钢等耐腐蚀非金属管道上，可在管端涂上粘结剂对口粘结，也可在承口内和插口外分别涂上胶粘剂进行粘接。

(6) 胀接

胀接又称辗接，是指用胀管器将管端口用力胀开使其与管板式锅筒等设备连接。主要用于水管锅炉的沸水管与锅筒的连接，还有热力站的加热器、空调机的冷凝器等设备的管束与管板的连接。采用胀接可以避免焊接变形，同时也便于以后更换损坏的管子。

复 习 题

1. 室内给水管道如何布置?
2. 室内给水管道的明装和暗装各有什么特点? 适用范围如何?
3. 室内排水管道如何布置和敷设?
4. 排水管道的通气管有哪几种? 它们有什么作用?
5. 室内塑料排水管道如何布置和敷设?
6. 采暖系统管路如何布置和敷设?
7. 管道的连接有哪几种方式?
8. 管道的螺纹连接如何进行操作?
9. 翻边松套法兰连接如何操作?
10. 什么叫承插口连接? 铅接口、石棉水泥接口的承插连接如何操作?

七、管道支架及吊装

（一）支架制作与安装

管道支架的作用是支承管道，并限制管道的变形和位移。它是管道安装工程中重要的构件之一。

常用的管道支（吊）架按用途可分为活动支架、固定支架两大类。

管道支架按材料分，可分为钢支架和混凝土支架等。按支架的力学特点，可分为刚性支架和柔性支架。按形状分，可分为悬臂支架、三角支架、门型支架、弹簧支架、独柱支架等。

选择管道支架，应考虑管道的强度、刚度；输送介质的温度、工作压力；管材的线膨胀系数；管道运行后的受力状态及管道安装的实际位置状况等。同时还应考虑制作和安装的实际成本。

1. 支架制作

（1）活动支架

活动支架用于水平管道上，有轴向位移和横向位移，但没有或只有很少垂直位移的地方。活动支架包括滑动支架、滚动支架、悬吊支架等。滑动支架用于对摩擦作用力无严格限制的管道。滚动支架用于介质温度较高、管径较大且要求减少摩擦作用力的管道。悬吊支架用于不便设置支架的地方。

1）滑动支架：滑动支架分低滑动支架和高滑动支架两种。如图 7-1 所示。低滑动支架可分为两种形式，即滑动管卡和弧形板滑动支架（见图 7-1*a*、图 7-1*b*）。

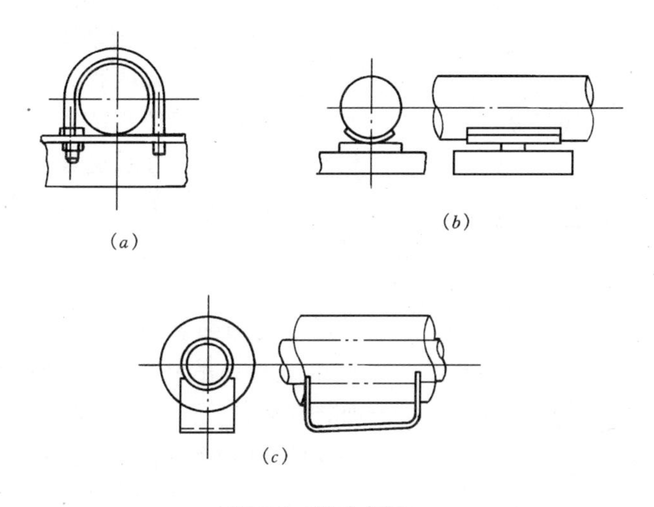

图 7-1　滑动支架

(a) 滑动管卡；(b) 弧形板滑动支架；(c) 高滑动支架

滑动管卡（简称管卡），适用于室内采暖及供热的不保温管道。制作管卡可用圆钢和扁钢，支架横梁可用角钢或槽钢。

弧形板滑动支架，适用于室外地沟内不保温的热力管道以及管壁较薄且不保温的其他管道。

弧形板滑动支架是在管子下面焊接弧形板块，其目的是为了防止管子在热胀冷缩的滑动中与支架横梁直接发生摩擦而使管壁减薄。

高滑动支架适用于保温管道，如图 7-1*c* 所示。管子与管托之间用电焊焊死，而管托与支架横梁之间能自由滑动，管托的高度应超过保温层的厚度，以确保带保温层的管子在支架横梁上能自由滑动。

导向支架是滑动支架中的一种。导向支架是防止管道由于热胀冷缩在支架上滑动时产生横向偏移的装置。制作方法是在管子托架两侧各焊接一块长短与滑托长度相等的角铁，留有 2～3mm 的间隙，使管子托架在角钢制成的导向板范围内自由伸缩。如图 7-2 所示。

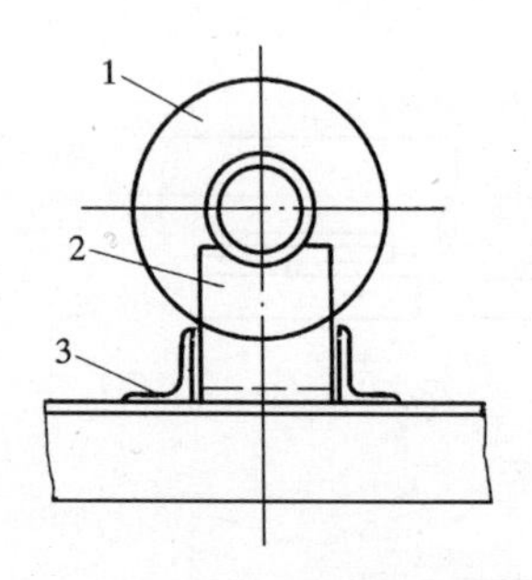

图 7-2　导向支架
1—保温层；2—管子托架；3—导向板

2）滚动支架：滚动支架分为滚珠支架和滚柱支架两种，主要用于大管径且无横向位移的管道。两者相比，滚珠支架可承受较高温度的介质，而滚柱支架对管道的摩擦力则较大一些。如图 7-3 所示。

3）悬吊支架（吊架）：吊架分普通吊架和弹簧吊架两种。普通吊架由卡箍、吊杆和支承结构组成，如图 7-4 所示。

吊架用于口径较小，无伸缩性或伸缩性极小的管路。

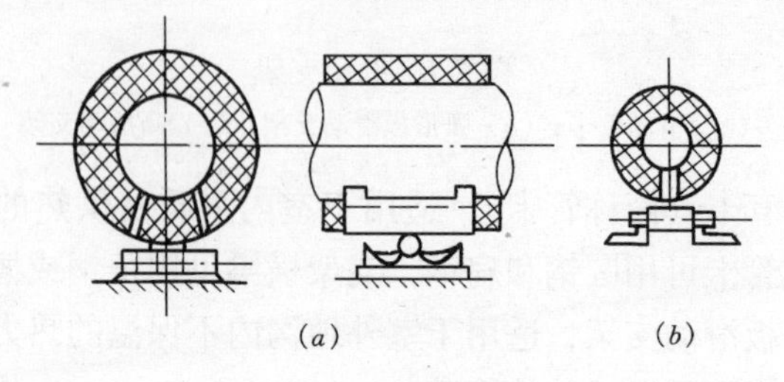

图 7-3　滚动支架
(*a*) 滚珠支架；(*b*) 滚柱支架

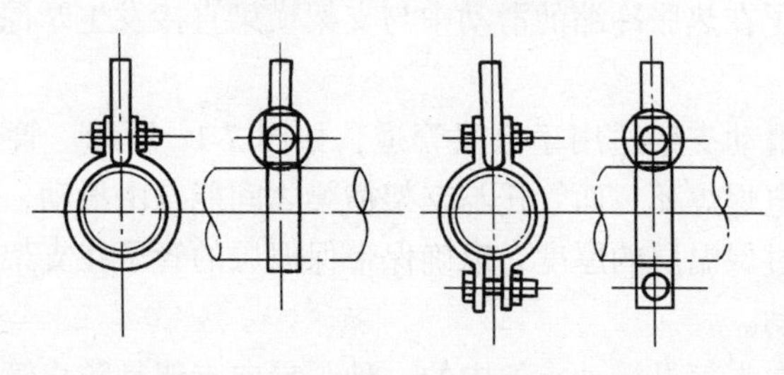
图 7-4　普通吊架

弹簧吊架由卡箍、吊杆、弹簧和支承结构组成，如图 7-5 所示。

弹簧吊架用于有伸缩性及震动较大的管道。吊杆长度应大于管道水平伸缩量的数倍并能自由调节。

(2) 固定支架

固定支架是为了均匀分配补偿器间管道的热伸长，保障补偿器的正常工作，防止因受过大的热应力而引起管道破坏与较大程度变形。固定支架形式如图 7-6 所示。

固定支架种类很多，构造有繁有简，施工中如需制作固定支架，应按有关标准图或施工图制作。

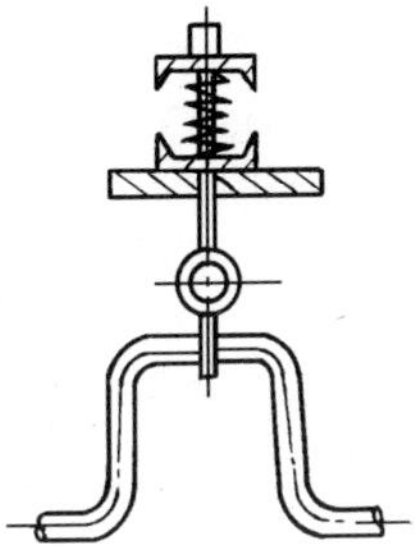

图 7-5 弹簧吊架

2. 支架安装

(1) 安装前的准备工作

支架安装前，应对支架的安装间距有所考虑。支架用于承托管道的质量，如果间距过大，则会因管道自身质量（包括介质、保温层的质量）而使管道产生过大的弯曲应力，将管道破坏或导致局部坡度反向。

管道支架的间距，应由设计确定（一般标在施工图上）或按施工规范选定。一般常用的蒸汽管道、冷凝水管道以及热水管道的支架间距，如无设计规定，可按规范或表 7-1 确定。

常用管道安装支架最大间距表 **表 7-1**

公称直径 (mm)	无缝钢管规格 ϕ (mm)	支架间距 (m)	
		不保温	保 温
15	18×3	2.5	2
20	25×3	3	2.5
25	32×3.5	3.5	2.5
32	38×3.5	4	2.5
40	45×3.5	4.5	3
50	57×3.5	5	3
70	76×4	6	4
80	89×4	6	4
100	108×4	6.5	4.5

续表

公称直径（mm）	无缝钢管规格 ϕ（mm）	支架间距（m）	
		不保温	保　温
125	133×4	7	6
150	159×4.5	8	7
200	219×6	9.5	7
250	273×8	11	8
300	325×8	12	8.5

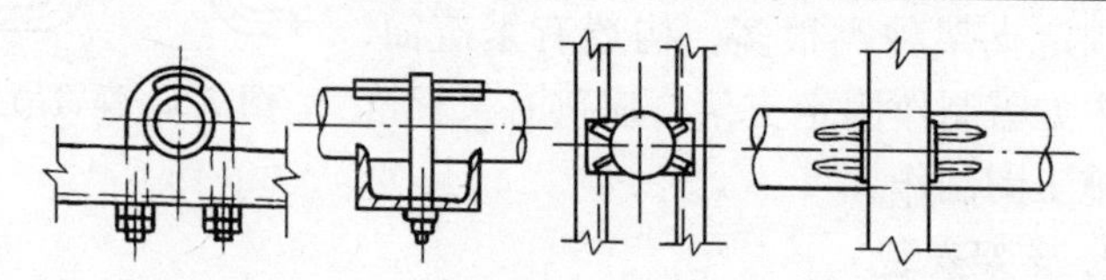

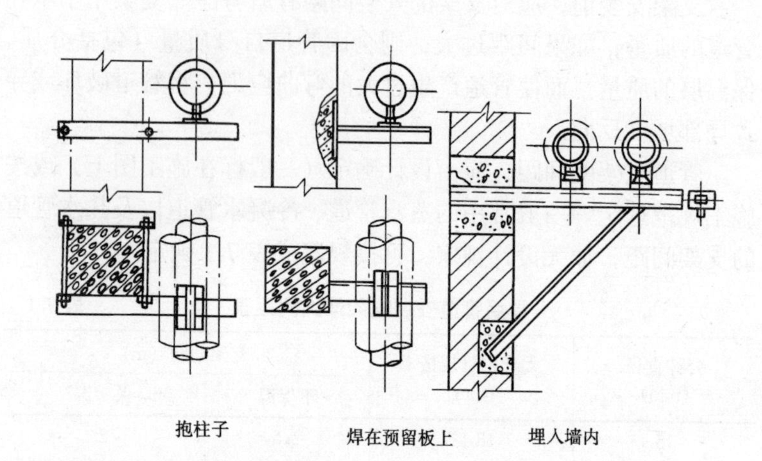

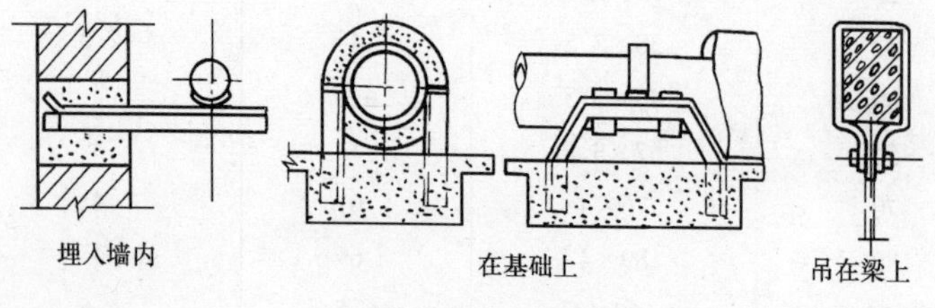

图 7-6　固定支架

支架安装前，还应特别注意对支架的质量检查：外形尺寸是否符合设计要求，各焊接点是否牢靠，是否有漏焊或焊接裂纹等缺陷。

支架安装的标高和位置，要符合施工图设计的标高和间距以及管道的坡度要求。对于有坡度的管道，应根据两点间的距离和坡度大小，算出两点间的高度差，然后用拉线（或经纬仪）定出确切位置。一般情况下，室外管道支架允许偏差±10mm，室内管道支架允许偏差为±5mm，但在同一管线上的支架允许误差值应为同一个标准。

（2）支架安装的常用方法

1）沿墙栽埋法固定：栽埋法固定是将管道支架埋入墙内(栽埋孔在土建施工时预留)，一般埋入部分不得少于150mm，并应开脚。栽支架后，用高于C20细石混凝土填实抹平。栽埋时，应注意支架横梁保持水平，顶面应与管子中心线平行。如图7-7所示。

2）预埋钢板焊接固定：如果是钢筋混凝土构件上的支架，应在土建浇注时预埋钢板，待土建拆掉模板后找出预埋件并将表面清理干净，然后将支架横梁或固定吊架焊接在预埋钢板上，如图7-8所示。

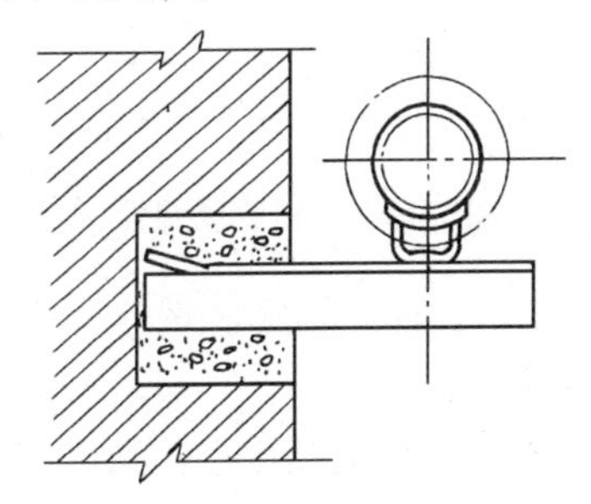

图7-7　栽埋法固定支架

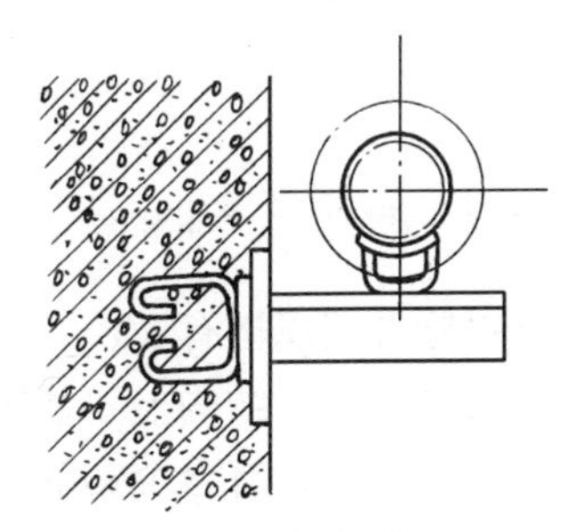

图7-8　预埋钢板焊接固定支架

3）射钉和膨胀螺栓固定：往建筑结构上安装支架还可采用射钉或膨胀螺栓进行固定。

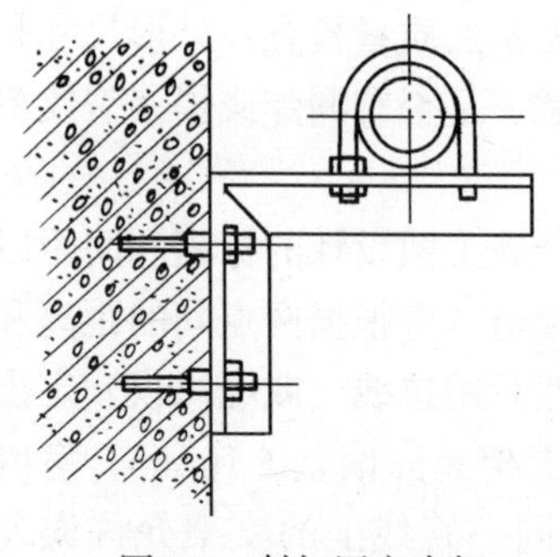

图 7-9　射钉固定支架

在没有预留孔的结构上，用射钉枪将外螺纹射钉射入支架安装位置，然后用螺母将支架固定在射钉上，如图 7-9 所示。国产射钉枪可发射直径为 8～12mm 的射钉。

国产膨胀螺栓是由尾部带锥形的螺杆、尾部开口的套管和螺母三部分组成，膨胀螺栓固定如图 7-10 所示。进口膨胀螺栓由尾部是开口的套管和套管内的锥柱形胀子两部分组成，在套管开口的另一端有内螺纹，如图7-11 所示。

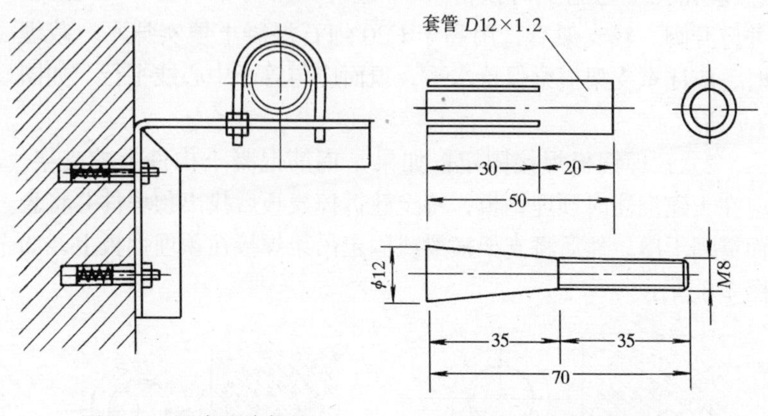

图 7-10　国产膨胀螺栓

图 7-11　进口膨胀螺栓

螺栓常用规格有 M8、M10、M12 三种。用膨胀螺栓固定支架时，必须先在结构上安装螺栓的位置钻孔。

钻孔可用装有合金钻头的冲击手电钻或电锤进行。钻成的孔必须与结构表面垂直，孔的直径与膨胀螺栓套管外径相等，深度为套管长度加 10～15mm（进口膨胀螺栓不需外加）。装膨胀螺栓时，把套管套在螺杆上，套管的开口端朝向螺杆的锥形尾部，然后打入已钻好的孔内，到套管与结构表面齐平时，装上支架，垫上垫圈，用扳手将螺母拧紧。随着螺母的拧紧，螺杆被向外抽拉，螺杆的锥形尾部就把开口的套管尾部胀开并紧紧地卡于孔壁，将支架牢牢地固定在结构上，如图7-12所示。

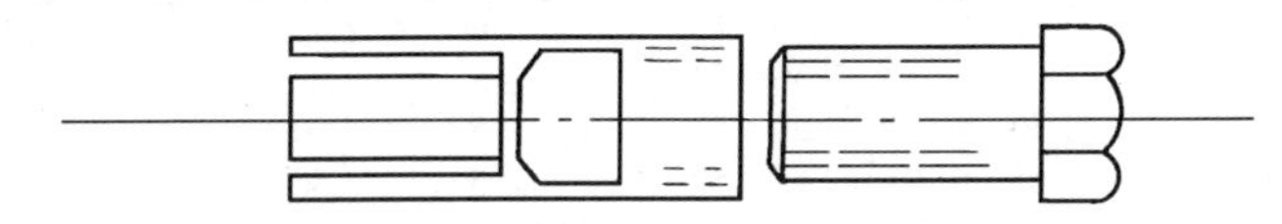

图7-12 膨胀螺栓固定支架

进口膨胀螺栓安装方法：将螺栓打进直径、深度都与本体相等的孔内，然后用冲子使劲冲胀子，使尾部开口胀开。随后则可用螺钉将支架固定在有内螺纹的套管上。

用进口膨胀螺栓安装悬吊支架时，只需将套好丝扣的吊杆拧进已固定好的胀管内即可，十分方便。注意胀管与吊杆丝扣必须一致。

进口膨胀螺栓操作简单、用途广泛，国内市场也有销售。

表7-2为膨胀螺栓固定混凝土墙体上所承受的最大拉力，以及膨胀螺栓与所配钻头直径的选用参数。

膨胀螺栓拉力及钻头选用 **表7-2**

膨胀螺栓	M6	M8	M10	M12	M14	M16
承受最大拉力（N）	500～600	600～800	1000～1200	1200～1400	1200～1400	1400～1600
所配钻头直径（mm）	8.0	10.5	13.5	17.0	19.0	22.0

4）抱箍式固定：沿柱子安装管道可以采用抱箍固定支架。结构如图7-13所示。支架横梁用料及螺栓规格如表7-3所示。

抱箍固定支架用料规格（mm） **表7-3**

管子直径	固定支架横梁		滑动支架横梁		双头螺栓
	保　温	不保温	保　温	不保温	
15	L40×4	L40×4	L40×4	L40×4	M10
20	L40×4	L40×4	L40×4	L40×4	M10
25	L40×4	L40×4	L40×4	L40×4	M10

续表

管子直径	固定支架横梁		滑动支架横梁		双头螺栓
	保　温	不保温	保　温	不保温	
32	L40×4	L40×4	L40×4	L40×4	M12
40	L50×5	L50×5	L40×5	L40×5	M12
50	L50×5	L50×5	L50×5	L50×5	M12
65	L65×6	L65×5	L50×5	L50×5	M12
80	L75×6	L65×6	L65×5	L50×5	M12
100	L90×6	L80×6	L65×6	L50×5	M16
125	L90×8	L80×8	L75×6	L65×6	M16
150	L100×8	L90×8	L80×8	L75×6	M20

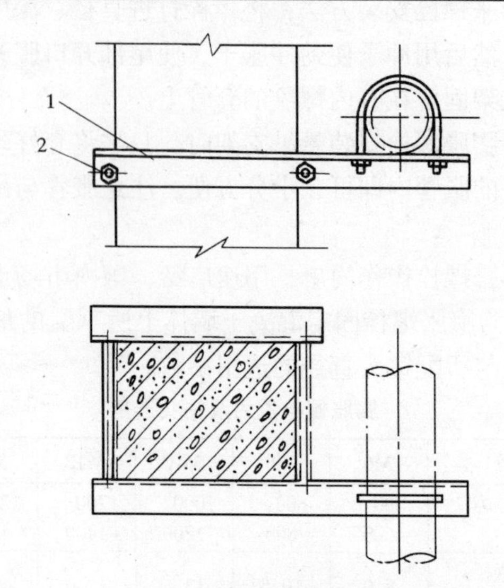

图 7-13　抱箍固定支架

1—支架横梁；2—双头螺栓

在木结构梁柱上安装支架也可采用抱箍方式固定。用抱箍固定时，螺栓一定要上紧，保证支架受力后不再松动。

（二）管 道 吊 装

加工预制完的管子需要安装就位时，其质量若超过人力所及，就需要采用起重吊装的方法。施工中，可根据管材、管径以及敷设方法采用不同的起重机具和不同的吊装方法。

1. 常用起重机具

（1）千斤顶

千斤顶是一种简单起重工具，用来顶升或位移较重的设备，也可作为校正已装设备的工具。在管道施工中经常使用。

使用千斤顶时，不得超过千斤顶的允许起重质量。如果使用两个以上千斤顶共同顶重时，其起重质量分配不得超过每个千斤顶的允许量。另外，使用千斤顶要注意支承面稳固可靠，千斤顶的着力点和被顶物之间要采取措施，防止打滑或变形。

（2）倒链

倒链又称手动葫芦、斤不落或链式起重机，它由人工操作，只需1～2人即可拉动，在管道安装中，常用起吊较大直径的管子、阀件以及小型设备。

起重时注意事项：

使用前检查各部件是否良好，传动部分是否灵活，并加强保养；按照倒链技术性能使用，不得超载；使用时，要葫芦挂牢，缓慢升吊重物，当物体离地后，检查是否正常，然后再继续操作；使用时拉链的速度要均匀，注意防止拉链脱槽，不宜长时间吊起重物停放，以防自锁失灵，发生事故。

千斤顶和倒链的进一步介绍，可见“工具与机具”部分。

（3）滑轮

滑轮又称滑车，是一种结构简单、携带方便的起重工具，它可以独立进行吊装质量较轻的管子和设备，而更多的是配合其他起重机械进行运输和起吊工作。

按滑轮的作用分有定滑轮、动滑轮、导向轮、平衡轮、滑轮组等。如图7-14所示。

目前，国产的滑轮有0.5～140t共14种。施工中可根据需要选择使用。

使用滑轮及滑轮组注意事项：

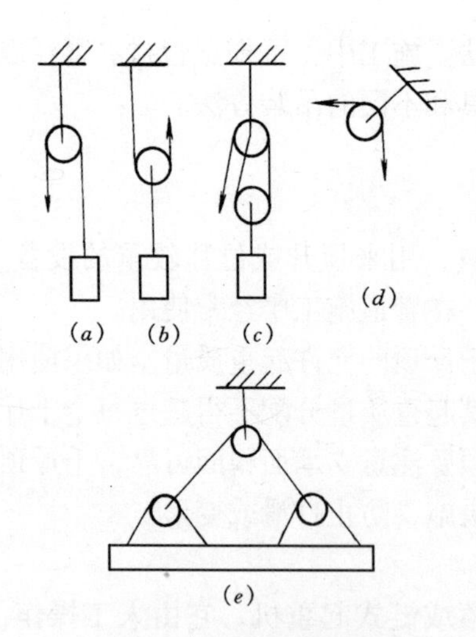

图 7-14　滑轮的类型
(a) 定滑轮；(b) 动滑轮；(c) 滑轮组；
(d) 导向轮；(e) 平衡轮

使用前应查明滑轮的允许荷载，检查滑轮转动是否灵活；滑轮绳索收紧后检查各部件是否正常，有无卡绳索现象；滑轮的吊钩中心，应与起吊物的重心在一条垂线上，以免物体起吊后失衡；滑轮组上下滑轮之间的最小间距一般为 700～1200mm；滑轮使用前和使用后要刷洗干净，轮轴加润滑油。

(4) 绞磨

绞磨是一种能够自己加工制作的简易的人力牵引工具。它主要用于起重质量不大、起重速度要求不快的工作中。具有移动方便、工作平稳等特点，但安全性差，属于落后起重工具。

(5) 卷扬机

卷扬机是一种由机架座、蜗轮减速箱、卷筒、制动装置和电气设备等部件组成的专用起吊设备，如图 7-15 所示。

它具有起重能力大、吊装速度快，操作安全等优点，因而广泛应用建筑和设备安装工程之中。

卷扬机使用要点：不准超负荷使用；作业中严禁钢丝绳在地面上拖曳运行；卷扬机的固定应坚实牢靠，防止吊装时移动或倾斜；钢丝绳应从卷筒下方绕入，钢丝绳在卷筒上固定应牢固，钢丝绳在卷筒上的留余量不应少于三圈；作业前，先空车试运行几分钟，并对钢丝绳、制动器、滑轮、电气设备等的灵敏可靠性进行检查；操作者经过培训上岗，精力集中，不准擅离工作岗位；作业中要听从指挥，明确信号；对卷扬机经常进行保养。

(6) 自制起重架

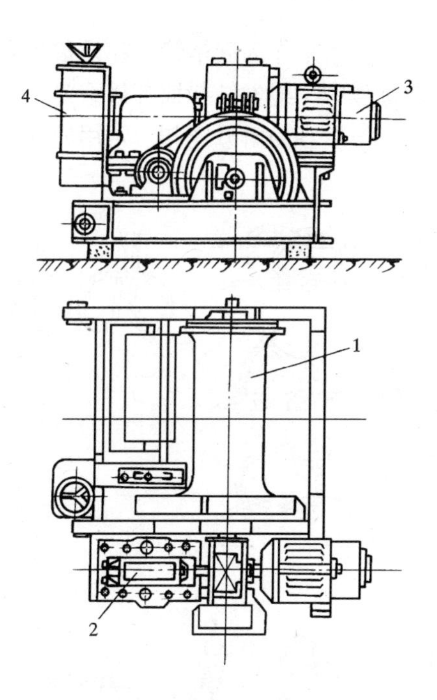

图 7-15　电动卷扬机

1—卷筒；2—减速箱；3—电动机；4—制动装置

在施工中，除了使用各种类型的起重机械外，还经常使用各种简易方便的自制起重架。如人字架、三角架、抱杆等。

人字架是把两根杆子的上端交叉捆扎成一体，下端两腿分别叉开成人字形立于地面。人字架用料可用木杆或铁杆。

三角架是将三根杆子的上端交叉捆绑成一体，下端支腿分别叉，与开地面形成不小于 60°的夹角。

2. 常用起重索具

（1）麻绳

麻绳由大麻、线麻、棕麻等多股拧成，分干麻绳、油麻绳两种。油麻绳耐湿性好，但强度较低。干麻绳使用较灵便，强度较高。

一般吊装用麻绳多由三股以上组成，它可与滑轮配对吊装较轻管子或设备，也可用来作为起吊管子和设备的溜绳。

在起重吊装过程中，绳索结扣捆绑很重要，既要防止重物脱扣松结，又要在起吊后容易解开绳扣。常用的麻绳结扣方法如图 7-16 所示。

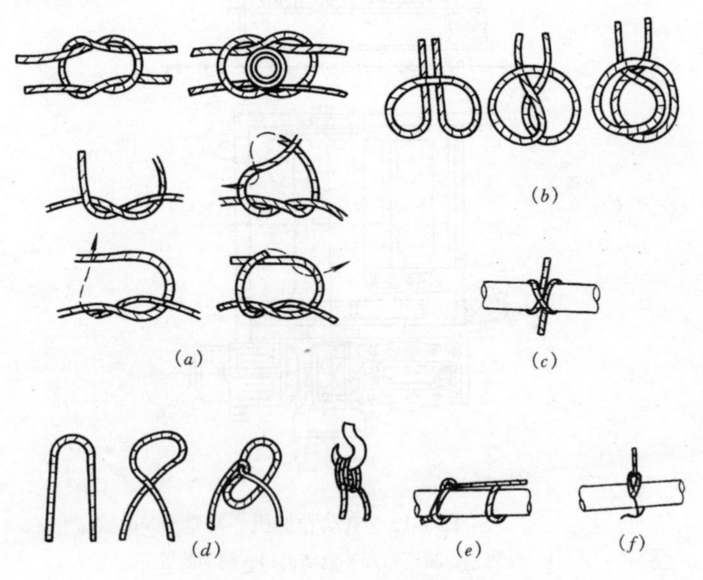

图 7-16　麻绳结扣

(*a*) 平扣；(*b*) 环扣；(*c*) 梯子扣；(*d*) 吊钩扣；
(*e*) 双环绞缠扣；(*f*) 管子扣

实际操作中，有经验的操作工还能结成许多绳扣，如鲁班扣、琵琶扣、救生扣等，而且可多种类型的扣并用。

由于麻绳易磨损和腐烂，在使用前必须检查。

(2) 钢丝绳

钢丝绳由若干根高强度碳素钢丝分股与植物纤维芯捻制而成的一种绳索。在起重吊装作业中广泛使用。

钢丝绳的构造形式有多种，既有单股的，也有多股的。起重吊装作业中多用多股的钢丝绳。

在起重吊装过程中，钢丝绳的固接和绳扣种类也很多，固接方法有楔式固接、卡子固接和锥式固接等，其中卡子固接用的较多。钢丝绳的绳扣有平扣、绳环扣、三角扣等。如图7-17所示。

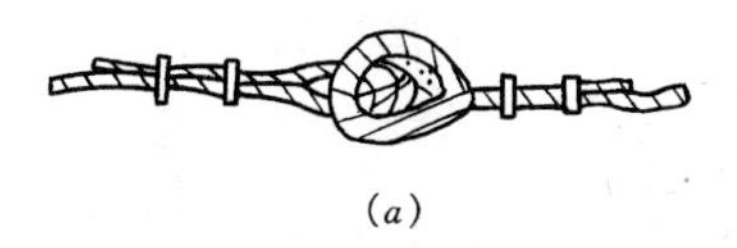

(a)

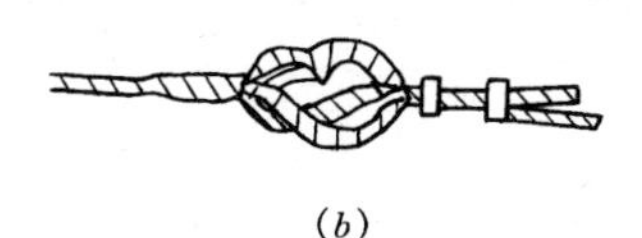

(b)

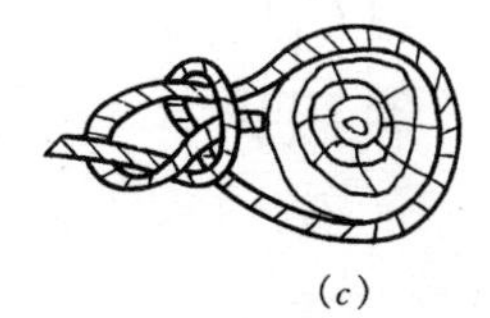

(c)

图7-17 钢丝绳扣

(a) 平扣；(b) 绳环扣；(c) 三角扣

麻绳扣中的一部分也适用于钢丝绳，实际操作时可根据需要借鉴。

钢丝绳的使用：

使用中不准超负荷，不准使钢丝绳锐角曲折，以免应力集中；不准急剧改变升降运行速度，以免产生冲击荷载，导致钢丝绳破断；钢丝绳一般不得任意切断；钢丝绳与设备、构件等棱角接触时，应垫防护层；受力要均匀；起重时发现钢丝绳缝中有油挤压出来，说明负荷过大，应立即停止作业，检查原因。

钢丝绳应经常清洁保养，长期不用的钢丝绳应清洗干净，涂上防锈油。

(3) 吊索及附件

吊索又叫千斤绳，俗称绳套，是用钢丝绳编制而成。主要用作起重机吊装物品的悬挂绳，也可用于固定卷扬机、滑轮及倒链。

常用的吊索有环式和开式两种，如图7-18所示。环式吊索俗称万能索，用途广泛。而开式吊索两端有钢丝绳套，可配卡环或吊钩等附件使用。

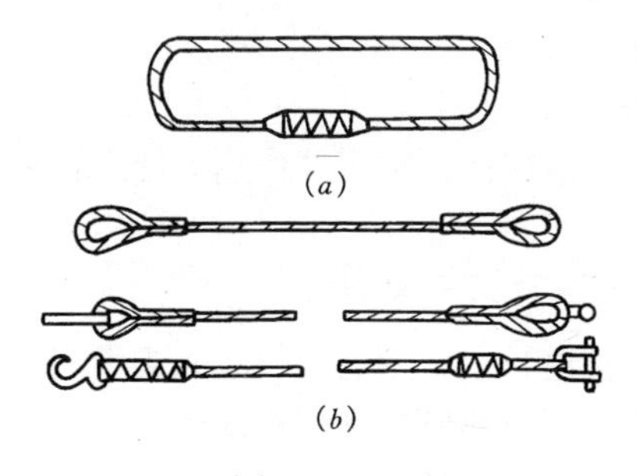

图7-18 吊索

(a) 环式吊索；(b) 开式吊索

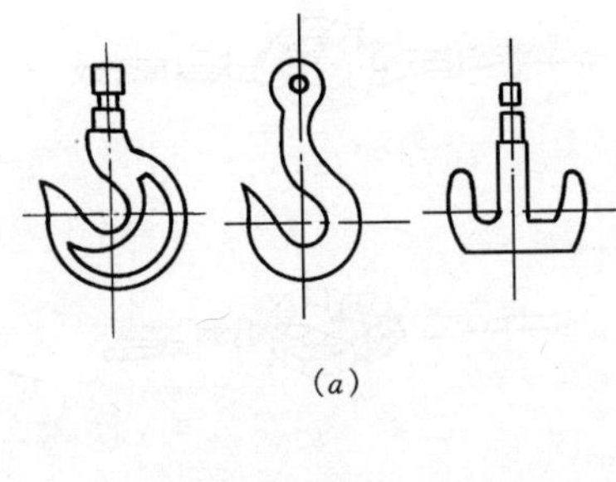
(a)

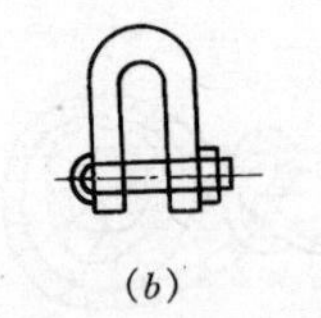
(b)

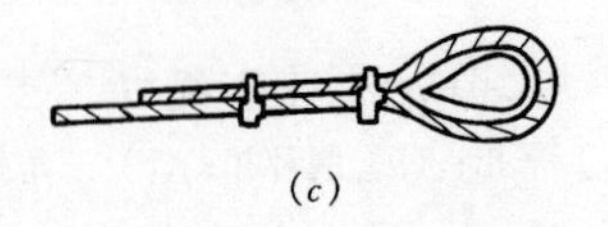
(c)

图 7-19 吊索附件
(a) 吊钩；(b) 卡环；(c) 桃形环

吊索附件通常有吊钩、卡环和自制桃形环等，如图7-19所示。

吊钩分单面钩和双面钩两种。双面钩可用于吊装重型或长、大型物体。

卡环常与开式吊索绳套配合，用于捆绑物体，还可以卡制桃形环。卡环有销子环和螺旋环两种。

3. 常用吊装方法

管道起重吊装方法很多，常用的有撬重、滚动、滑动、卷拉、顶重和吊重等，但实际操作中，往往并不是某种方法单一使用，而是两种或两种以上的方法配合使用。

(1) 撬重

撬重是利用杠杆原理，用撬棍把重物撬起，一般质量在2～3t的物体需位移或进行高度不大的起升，均可使用此方法，如在设备或管子底部安放枕木、千斤顶、滚杠等。操作中可用一根撬棍，也可几根撬棍同时进行。

(2) 滚动

滚动是指在重物下面安放一组滚杠，利用外作用力使重物进行横向或纵向移动。

(3) 滑动

滑动是将重物放在滑道（轨道）上，用卷扬机或人力牵引进行快速位移。滑动时，要注意防止重物倾斜和偏离轨道。

(4) 卷拉

卷拉是将绳索缠绕在管子上，一端固定在地锚上，拉动另一端，使管子本体在绳套内滚动而卷上或下放。卷拉不宜用于较大管径的管子。

（5）顶重

顶重就是利用千斤顶将重物顶起来，适用于提高距离不大时。

（6）吊重

吊重就是利用人字架、桅杆、起重滑轮、吊车、卷扬机等起重机具，将管子或设备升高到一定的安装高度。是起重吊装作业中的主要方法。

复 习 题

1. 管道支、吊架可以分为哪两大类？
2. 滑动支架又可分为哪几种？导向支架有什么作用？
3. 固定支架有何作用？
4. 安装支架时要注意哪些问题？
5. 安装支架，有哪几种常用的方法？
6. 常用的起重机具有哪些？使用时要注意什么？
7. 有哪些常用的吊装方法？

八、水暖管路设计要点

（一）设计内容及程序

管路，亦可称管道，是所有管线的统称。管线是由管段、管件以及阀门等组成，与机器、设备连接，用以输送一定压力、流量或温度的介质。水暖管路是指给水、排水、消防给水、室内采暖和室外供热管道。管内输送的介质是自来水、污水（废水）、热水、蒸汽和凝结水。

1. 管道设计的基础资料

(1) 了解设计对象的设计要求及标准。如建设单位（业主）未专门提供，则可按设计规范进行，对强制性标准则须严格执行。

(2) 根据建筑平面、立面、剖面图和生产工艺图、设备布置图，了解卫生器具或用水设备的位置、类型和数量，工艺对室内空气的温度要求，设备散热情况等。

(3) 厂区或小区水文地质资料，如地下水位高度及冻结层厚度；室外给水管网的布置、管径、埋深和可提供的水量、水压情况；室外排水管网的体制，排水管道的位置，管径、管材、埋深、污水流向、检查井的构造尺寸和对排入污水的水质要求；供热外网的热媒参数，如供水、回水温度、蒸汽压力、凝结水回收方式。

(4) 本地气候条件，如气象资料中的室外供暖计算温度，冬季主导风向及平均风速，其他风向的平均风速。

(5) 其他资料，如水源（是自备水源，还是市政管网）、热源（是区域锅炉房，还是热电厂）以及当地的材料及设备的供应状况。

2. 管道设计主要内容

一般的管道设计主要包括以下内容：

（1）施工说明书；

（2）管道布置图（包括平面和立面布置图）；

（3）非标准管件、管架制作图及安装图。

3. 管道设计程序

（1）管径计算　根据物料平衡和热量平衡计算出管径。

（2）管材确定　根据管道内介质温度、压力及其腐蚀等选择管材，计算管壁厚度，再考虑管材生产供应情况确定所需管材的品种和规格。

（3）地沟断面确定　根据敷设于地沟的管子数量、规格和排列方式确定地沟断面尺寸。

（4）管道布置　根据工艺流程图，并结合设备平面和立面布置图及设备施工图来布置管道，并绘制出布置图。管道布置图应包括平面布置图和立面布置图。

对管道布置图的要求如下：

1）应注明各类管道内介质的名称、管材名称和规格尺寸、介质的流动方向、管道标高及坡度，其标高应以地面或楼板面为基准面；

2）应注明同一平面或立面所安装管道的数量；

3）应采用规定符号或代号来表示管道内介质名称、管子材料及规格尺寸、管件、阀门和介质流动方向；

4）应绘出地沟轮廓线。

（5）所需提供的资料　管道设计时应提出下述资料：

1）各种断面的地沟长度；

2）给水、排水、压缩空气、蒸汽等管道的管径及操作参数；

3）各种管道（包括管子、管件和阀门等附件）的材料、规格尺寸及其数量（包括长度和重量）；

4）管架及补偿器等材料、制作及其安装费用；

5）管道投资概算；

6）管道施工说明书。

编制管道施工说明书时应包括各类介质管道的管子、管件和阀门的材料，各种管道的坡度，对管道保温和防腐涂漆的要求，对安装时所采用管架的要求及其管道施工中应注意的事项等内容。

对于室内给水工程的设计，应有下列内容，即确定室内给水系统；初定给水系统的供水方案（给水方式）；绘制室内给水管道的平面图和轴测草图；进行水力计算，其目的是确定各管段的管径，求出室内给水管网所需的压力，校核初定的给水方式是否合理可行；选择计算给水系统中设置的升压、贮水设备；在此基础上绘制室内给水工程施工图。

对于室内排水工程的设计，应有下列内容，即确定室内排水系统的体制；绘出室内排水管道的平面图和轴测草图；进行水力计算，其目的是根据排水管道的设计流量确定管径、坡度并合理地选择通气管系统；选择和计算排水系统中设置的抽升设备和局部处理构筑物；在此基础上绘制室内排水工程施工图。

对于室内采暖工程的设计，可按下列步骤进行，在初步设计时，估算建筑物热负荷，由此估算散热器、管道及其他设备，并对热源提出要求；确定散热器类型、安装方式，管道基本走向，管沟分布情况，供暖的入口位置。在技术设计时，主要是进行各种技术计算，如建筑热负荷（热损失）计算；散热器面积计算；管道系统水力计算以及其他设备选择计算等。在此基础上绘制室内采暖工程施工图。

（二）管径计算

在设计内容及程序的介绍中，对室内给水、排水和采暖管道进行设计计算时，管径的确定和管道介质在流动过程中的压力损失计算，是管道设计的主要内容。下面分别作一介绍：

1. 确定管径的原则

确定管径主要考虑以下三个方面：

（1）操作工况　管径主要取决于流量和流速，而不同性质和操作工况的介质应选取不同的流速。粘度大的介质如油，流速应低些，反之流速应高些（如水）。为防止管道产生冲蚀、磨损、震动和噪声，一般液体介质流速不应超过 3m/s，气体介质流速不应超过 100m/s。对含有固体颗粒的介质如污水，为防止沉淀，堆积堵塞，其流速不应过低。

（2）流体阻力损失　视管道允许阻力损失而定。

（3）基建投资和操作费用　管道基建投资在设备总投资中占很大比重，增大管径会导致管子、管件和阀门重量的增加及成本的提高，对基建投资影响很大，反之减小管径可减少基建投资，但随着流速的提高，流体阻力损失会加大，并产生冲蚀、磨损、震动和噪声。对操作费用影响很大，因而应综合考虑基建投资和操作维修费用来确定管径。

2. 管径计算与确定

（1）由常用流速计算管径　对长度较短、管径较小的管道，一般可由常用流速计算其管径。

$$d = 1.13\sqrt{\frac{w}{v}}$$

式中　d——管径，m；

w——体积流量，m^3/s；

v——常用流速，m/s。

常用介质流速可从有关手册中选取，也可采用实际数据。

（2）最经济管径的确定　对长距离或管径很大的管道，最好是综合考虑管道原始投资和运行过程中包括消耗于克服管道阻力的动力费用在内的全部操作费用来确定。其方法如下：

$$M = N + AP$$

式中　M——每年操作费用与每年设备折旧费之和；

N——每年操作费用；

A——管道原始投资（包括管材、管件、阀门费用及安装、维修费用）；

P——设备折旧率（以每年设备消耗占原始投资的百分比表示）。

详细确定可查有关的手册。

(三) 管道阻力损失计算

管道阻力损失包括沿程阻力损失、局部阻力损失、静压阻力损失和加速度阻力损失。

1. 沿程阻力损失

直管段的阻力损失是由于内摩擦而引起的，其计算公式如下：

$$\Delta P_{\mathrm{f}} = \lambda \frac{\rho v^2}{2} \frac{L}{100d}$$

式中　ΔP_{f}——直管沿程阻力损失，MPa；

λ——摩擦系数；

ρ——介质密度，kg/m^3；

v——介质流速，m/s；

L——直管长度，m；

d——管子内径，m。

摩擦系数 λ 取决于雷诺准数 Re，Re 的计算公式如下：

$$\mathrm{Re} = \frac{dv\rho}{\mu}$$

式中　μ——介质的粘度，Pa·s；

其他符号意义同上式。

当介质在管内呈滞流状态，即 Re≤2100 时，摩擦系数与管内壁表面性质无关，其摩擦系数计算公式如下：

$$\lambda = \frac{64}{Re}$$

当介质在管内呈湍流状态时，摩擦系数与管内壁表面性质有关，可分成以下两种情况分别考虑，进行计算和确定。

(1) 对光滑内壁（如玻璃、铜管和铅管等）

当 $2100 < Re < 10^5$ 时，$\lambda = 0.3164Re^{-0.25}$

当 $10^5 < Re < 10^8$ 时，$\lambda = 0.0032 + 0.221Re^{-0.237}$

(2) 对不光滑管内壁（如钢管、铸铁管、陶瓷管及管内有沉淀物或生产腐蚀的管等）其摩擦系数 λ 取决于雷诺准数 Re 和管壁特性 d/k（k 为管壁粗糙度），λ 值可从有关手册中查出。

2. 局部阻力损失

局部阻力损失是指介质通过管件、阀门、流量计等时，由于受到阻碍而产生的阻力损失。其计算公式如下：

$$\Delta P_k = k\frac{v^2}{2}\cdot\frac{\rho}{100}$$

式中　k——局部阻力系数；其他符号意义同前。

在工程上也常采用当量长度法，即把各种局部阻力损失折合成相当于直管长度的阻力损失，用沿程阻力损失计算公式进行计算：

$$\Delta P_k = \lambda\frac{\rho v^2}{2}\frac{LK}{100d}$$

式中　ΔP_k——局部阻力损失，MPa；

LK——管道附件的当量长度，m。

各种管道附件的局部阻力系数可查有关管道的技术手册。

3. 上升管段静压阻力损失

上升管段静压阻力损失计算公式如下：

$$\Delta P_H = (H_2 - H_1)\rho\times10^{-5}$$

式中　ΔP_H——上升管段静压阻力损失，MPa；

H_2——管道终端标高，m；

H_1——管道始端标高，m；

ρ——管内介质密度，kg/m^3。

对气体管道，因气体 ρ 很小，ΔP_H 可以忽略不计。

4. 加速度阻力损失

加速度阻力损失计算公式如下：

$$\Delta P_v = \frac{\rho v^2}{2g} \times 10^{-5}$$

对气体管道，因气体密度 ρ 很小，ΔP_v 也可忽略不计。

5. 管道总阻力损失

$$\Delta P = 1.15(\Delta P_f + \Delta P_k + \Delta P_H + \Delta P_v)$$

式中　1.25——富裕量。

对气体管道，可忽略 ΔP_H、ΔP_v。

6. 降低管道阻力损失的途径

管道阻力损失是无法回收的能量损失，从节能观点出发，要尽可能降低阻力损失。降低管路阻力损失有以下几个途径：

（1）在不影响工艺流程和管道布置的前提下，应尽可能缩短管道长度；

（2）当管道局部阻力损失在总阻力损失中占较大比例时，应对管道中每个管件、阀门的取舍进行慎重考虑，对那些阻力损失大的管件、阀门的取舍更重要，当必不可少时，也要千方百计地减少其阻力损失。在管道布置中尽量减少弯头；

（3）适当地加大管径；

（4）在介质中加某种降低阻力损失的“添加剂”。目前已较为广泛使用的“添加剂”有：聚乙烯氧化物、羟基纤维、聚丙烯胺等能溶解水及能溶于苯和甲苯的聚异丁烯等高分子聚合物。

（四）散热器面积计算

当采暖热负荷、系统型式及散热器选型确定后，即可决定散热器的面积及每一组的片数（钢制散热器除钢制柱型外，是不需要确定片数的，但要确定每组的面积）。散热器的面积按下式计算：

$$F=\frac{Q}{K\ (t_p-t_n)}\beta_1\cdot\beta_2\cdot\beta_3\quad m^2$$

式中　Q——散热器的散热量，W；

K——散热器的传热系数，W/m²·℃；

t_p——散热器内热媒的平均温度，℃；

t_n——室内采暖计算温度，℃；

β_1——散热器组装片数修正系数；

β_2——散热器连接形式修正系数；

β_3——散热器安装形式修正系数。

1. 散热器内的热媒平均温度 t_p

（1）热水采暖系统：

$$t_p=\frac{t_1+t_2}{2}\quad ℃$$

式中　t_1——散热器进水温度，℃；

t_2——散热器出水温度，℃。

（2）蒸汽采暖系统

当蒸汽压力 $P\leqslant 0.03$MPa 时，可取 $t_p=100$℃，当蒸汽压力 $P>0.03$MPa 时，t_p 等于进入散热器的蒸汽压力相对应的饱和蒸汽温度。

2. 散热器的传热系数 K

散热器的传热系数 K 值，是指散热器内热媒的平均温度 t_p，与室内气温 t_n 之差为 1℃时，每 m² 散热器面积，每小时传递给室内空气的热量。它是通过实验而确定的。可从有关手册表格中查得。

3. β_1、β_2、β_3 可从相应的表格中查出

4. 散热器的片数或长度的计算

用上式求出房间内所需要的散热面积 F 以后，先不考虑片数修正系数 β_1，按下式求出所需要的片数 n 或总长度：

$$n=F/f\quad 片或 m$$

式中　f——每片或每 m 长散热器的散热面积，m^2。

然后根据每组片数或长度，再乘以修正系数 β_1 即可。如果求的 n 不是整数（或钢制散热器的规定长度），应按下述原则取舍：

对柱型、长翼型、板型、扁管式等散热器，散热面积减少，不宜超过 $0.1m^2$；对于串片式、圆翼型散热器，散热面积的减少，不宜超过计算面积的 10%。

如果手册表格提供出在不同热媒参数和室温条件下每片（或每根、每 m）散热器的散热量，则可方便地求出每组散热器的片数，用总的散热量除以每片的散热量。

复　习　题

1. 管道设计要收集哪些基础资料？
2. 管道设计的主要内容有哪些？
3. 室内给水工程的设计有哪些内容？
4. 室内排水工程的设计有哪些内容？
5. 室内采暖工程的设计有哪些内容？
6. 管道的管径如何计算？
7. 管道阻力损失包括什么内容？又如何计算？
8. 如何降低管道的阻力损失？
9. 散热器面积和片数如何计算？

九、室内外给排水管道及采暖管道

（一）室内外给水排水概述

1. 室内给水

室内给水系统的任务是把水从室外管网引入室内，在保证需要的水压和满足用户对水质要求的情况下，输送足够的水量到各种卫生器具、配水龙头、生产设备和消防设备等各用水点。

室内给水系统按用途可分为三类：生活给水系统、生产给水系统和消防给水系统。

三类给水系统，在实际工程中不一定单独设置，可根据具体情况，联合设置组成为：生活——生产、生产——消防、生活——消防、生活——生产——消防合并的给水系统。

室内给水系统一般由引入管、水表节点、水平干管、立管、支管、卫生器具的配水龙头或用水设备组成，如图 9-1 所示。

此外，当室外管网中的水压不足时，尚需设水泵、水箱等加压设备。

室内给水方式主要决定于室外给水系统的水压和水量是否能满足室内给水系统的要求。一般可分为直接给水，设高位水箱的给水，设水池、水泵的给水，设有水池、水泵、水箱的给水，有气压给水设备的给水和分区给水方式。

2. 室内排水

室内排水系统的任务是将建筑物内的生活污水、生产污水，以及屋面的雨雪水加以收集后顺利畅通地排到室外的排水管网中去。

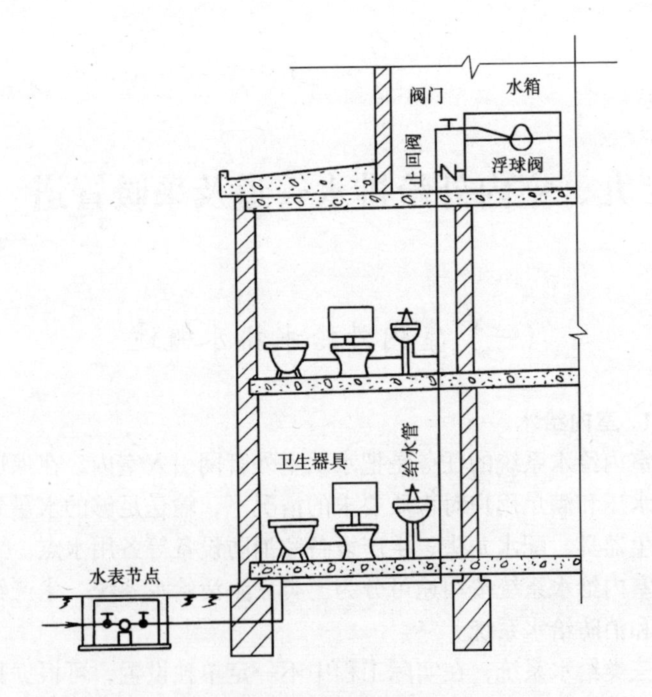

图 9-1　室内给水系统

根据所排污水的性质，室内排水系统可分为三类：生活污水，工业废水和雨、雪水排水。

上述三类污（废）水如果分别设置管道排出建筑物外，称为室内排水分流制；若将其中两类或三类污（废）水合流排出，则称为室内排水合流制。

室内排水系统的组成，如图 9-2 所示。

它由污（废）水收集器，器具排水管，排水横支管，排水立管，排出管，通气管和清通设备组成。

屋面排水，有外排水和内排水之分。外排水又分檐沟外排水（又称水落管外排水）和天沟外排水；内排水多在工业厂房内使用。它由雨水斗、悬吊管、立管、地下雨水管道及检查井组成。

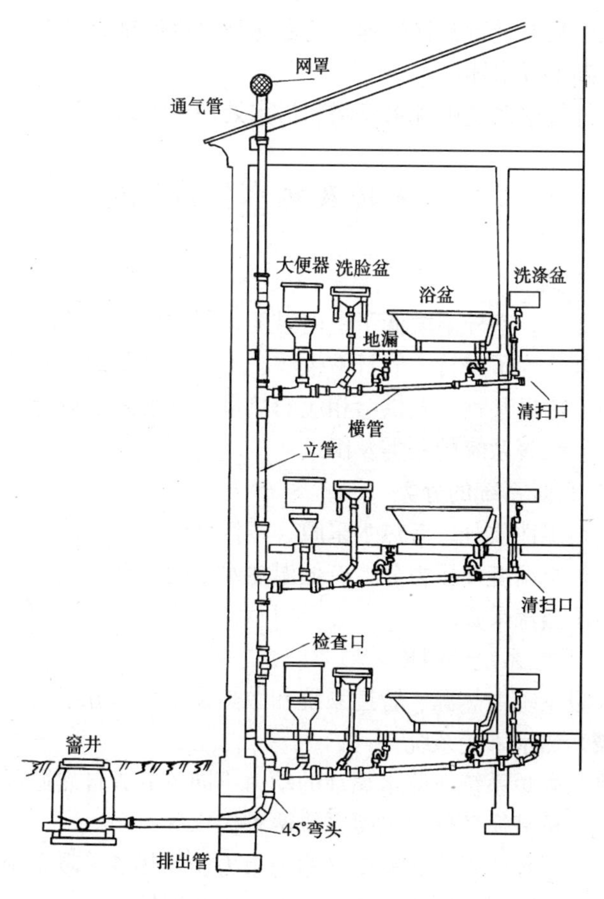

图 9-2　室内排水系统

3．室外给水

室外给水系统是从水源取水，经过水的净化、消毒和加压等过程使水质、水量、水压满足室内给水的需要，并将水输配到各个房屋。

室外给水系统分为取水工程、净水工程、输配水工程和各级泵站等几部分。有地面水源给水系统和地下水源给水系统之分。

4．室外排水

室外排水系统是将室内排水系统排出的污水、废水及雨雪水输送、汇集及进行各种处理，使之达到允许的排放标准后，排入江河、湖泊等水体。

室外排水系统由排水管网和污水处理系统组成。

（二）采暖及热水供应概述

1. 采暖

在冬季，室外温度低于室内温度，因此房间里的热量不断地传向室外，为了保持人们日常生活、工作所需要的环境温度，就必须向室内以某种方式供给相应的热量，这就是采暖。

(1) 采暖系统的分类及组成

1）采暖系统的分类

从热媒性质分，有热水采暖、蒸汽采暖及热风采暖。

从热媒温度及压力分，有低温热水采暖、高温热水采暖及低压、高压蒸汽采暖。

2）采暖系统的组成

采暖系统由热源、管道系统和散热设备三部分组成。

(2) 热水采暖系统

热水采暖系统按照水循环的动力不同可分为自然循环热水采暖系统和机械循环热水采暖系统两种。

自然循环热水采暖系统又称为重力循环热水采暖系统，是依靠水温不同而形成的容重差，来推动水在系统中循环的。由于作用压力小，目前在集中式采暖中很少采用。

对于管路较长，建筑面积和采暖热负荷较大的建筑物，则采用机械循环热水采暖系统。如图 9-3 所示。机械循环热水采暖系统中，除了自然循环系统中的锅炉、散热器、膨胀水箱和供回水管路外，还设有循环水泵、除污器、集气罐、补水泵等。机械循环热水采暖是目前热水采暖系统的主要形式。

机械循环热水采暖系统常用的形式有：垂直单管式系统，水平单管式系统，双管式系统，单—双管混合式系统及每户单独燃

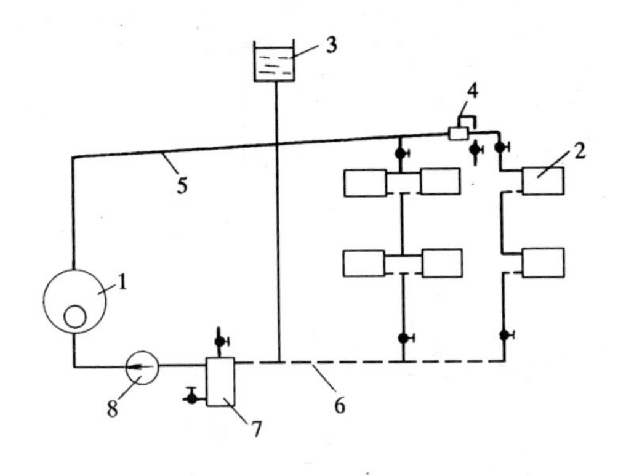

图 9-3　机械循环热水供暖系统

1—热水锅炉；2—散热器；3—膨胀水箱；
4—集气罐；5—供水干管；6—回水干管；
7—除污器；8—循环水泵

气炉式采暖系统。

（3）蒸汽采暖系统

在蒸汽采暖系统中，蒸汽进入散热器，将热量散发到房间内。按蒸汽的压力不同可分为低压蒸汽采暖系统和高压蒸汽采暖系统。目前国内多采用双管式，高压蒸汽采暖系统一般在工业厂房中采用。

图 9-4 为低压蒸汽采暖系统示意图，低压蒸汽采暖系统由蒸汽锅炉、蒸汽管道、散热器、疏水器、凝结水管、凝结水箱、凝结水泵等组成。

（4）热风采暖系统

在热风采暖系统中，首先将作为采暖热媒的空气加热，然后将高于室温的热空气送入室内，放出热量，达到供暖目的。

热风采暖系统中常用的设备有：空气加热器、热风炉、暖风机等。

2. 热水供应

室内热水供应，是水的加热、储存和输配的总称。它主要供给用户洗涤及盥洗用热水。

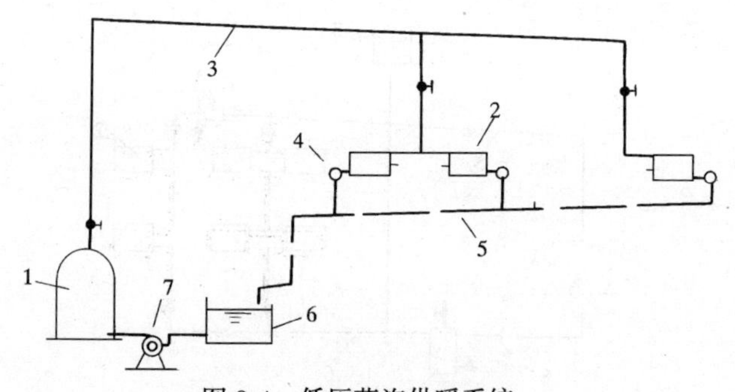

图 9-4　低压蒸汽供暖系统

1—蒸汽锅炉；2—散热器；3—蒸汽管；4—疏水器

5—凝结水管；6—凝结水箱；7—凝结水泵

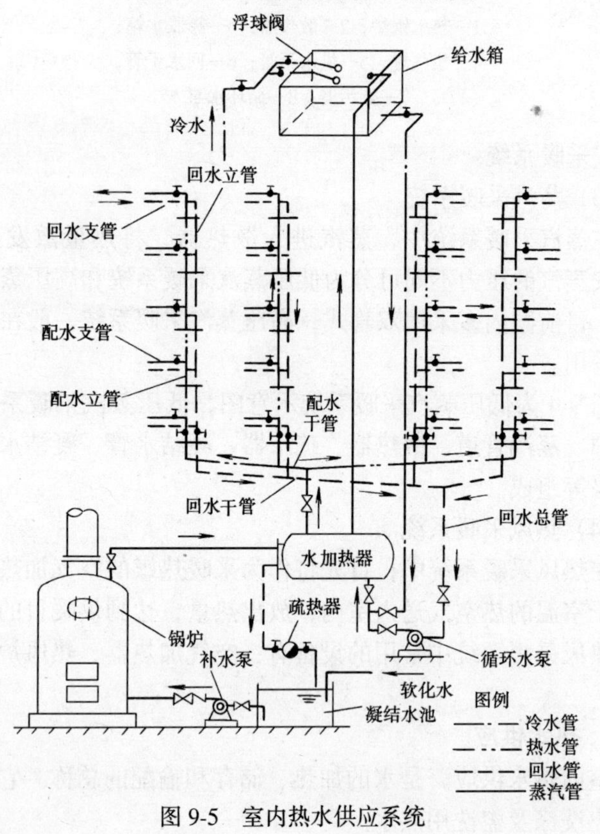

图 9-5　室内热水供应系统

室内热水供应系统，按照热水供应的范围分为局部热水供应系统、集中热水供应系统和区域热水供应系统。

热水供应系统由热源、加热设备、热水管网及其他附属设备和附件等组成。如图 9-5 所示。其中热水管网又分为热媒循环管道，配水循环管道和给水管道三部分。

（三）室内给水系统的安装

1. 施工前的准备工作

（1）熟悉施工图

管道安装应照图施工，因此施工前要熟悉施工图，领会设计意图，如发现原设计不合理或需改进时，与设计人员协商后进行修改，同时还要了解：生产工艺概况，工艺对给排水的要求，给排水概况，管线的布置对施工的特殊要求等。

（2）备料

根据施工图准备材料和设备等，并在施工前按设计要求检验规格、型号和质量，符合要求，方可使用。

（3）配合土建施工预留孔洞和预埋件

通过详细的阅读施工图，了解给排水管与室外管道的连接情况，穿越建筑物的位置及做法，了解室内给排水管的安装位置及要求等，以便管道穿过基础、墙壁和楼板时，配合土建留洞和预埋套管等。预留孔洞的尺寸如表 9-1 所示。

预留孔洞尺寸（mm） **表 9-1**

序号	管道名称		明管	暗管
			留孔尺寸 长×宽	墙槽尺寸 宽度×深度
1	采暖或给水立管	（管径≤25）	100×100	130×130
		（管径 32～50）	150×150	150×150
		（管径 70～100）	200×200	200×200
2	一根排水立管	（管径≤50）	150×150	200×130
		（管径 70～100）	200×200	250×200

续表

序号	管道名称		明管 留孔尺寸 长×宽	暗管 墙槽尺寸 宽度×深度
3	二根采暖或给水立管	(管径≤32)	150×100	200×130
4	一根给水和一根排水立管在一起	(管径≤50)	200×150	200×130
		(管径 70～100)	250×200	250×200
5	二根给水立管和一根排水立管在一起	(管径≤50)	200×150	250×130
		(管径 70～100)	350×200	380×200
6	给水支管或散热器支管	(管径≤25)	100×100	60×60
		(管径 32～40)	150×130	150×100
7	排水支管	(管径≤80)	250×200	—
		(管径 100)	300×250	
8	采暖或排水主干管	(管径≤80)	300×250	—
		(管径 100～125)	350×300	
9	给水引入管	(管径≤100)	300×200	—
10	排水排出管穿基础	(管径≤80)	300×300	—
		(管径 100～150)	(管径+300)×(管径+200)	

注：1. 给水引入管，管顶上部净空一般不小于 100mm。
　　2. 排水排出管，管顶上部净空一般不小于 150mm。

2. 室内给水管道的安装

室内给水管道的安装一般是先安装房屋引入管，然后安装室内干管、立管和支管。

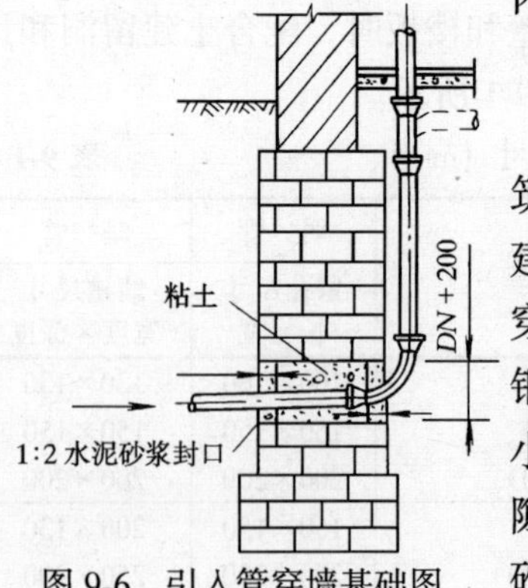

图 9-6　引入管穿墙基础图

(1) 引入管安装

引入管的敷设，应尽量与建筑物外墙的轴线相垂直。为防止建筑物下沉而破坏管道，引入管穿建筑物基础时，应预留孔洞或钢套管。保持管顶的净空尺寸不小于 150mm。预留孔与管道间空隙用粘土填实，两侧用 1∶2 水泥砂浆封口，如图 9-6 所示。引入管由基础下部进入室内的敷设方法如图 9-7 所示。

当引入管穿过建筑物地下室进入室内时，其敷设方法如图 9-8 所示。

敷设引入管时，应有不小于 0.003 的坡度坡向室外。引入管的埋深，应满足设计要求，若设计无要求时，通常敷设在冰冻线以下 20mm，覆土不小于 0.7～1.0m 的深度。

给水引入管与排水排出管的水平净距不得小于 1m。

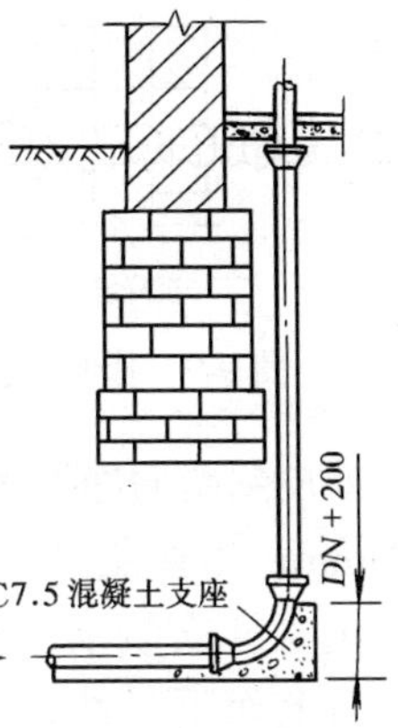

C7.5 混凝土支座

DN + 200

图 9-7　引入管由基础下部进室内大样图

(2) 室内给水管道的安装

室内给水管道的敷设，根据建筑物的要求，一般可分为明装和暗装两种形式。

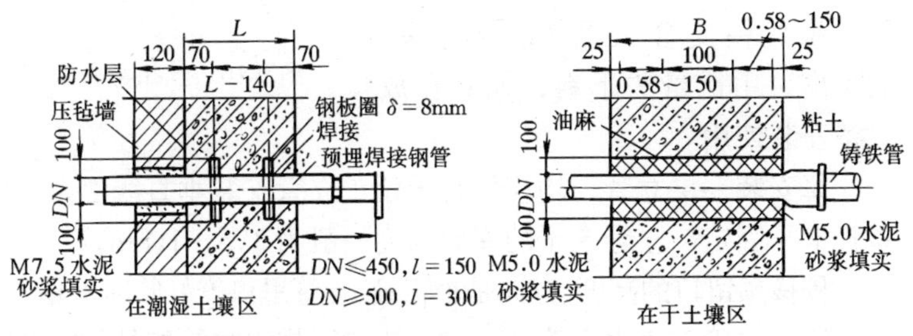

图 9-8　引入管穿地下室墙壁做法

(1) 干管安装。明装管道的干管安装，沿墙敷设时，管外皮与墙面净距一般为 30～50mm，用角钢或管卡将其固定在墙上，不得有松动现象。

当管道敷设在顶棚里，冬季温度低于 0℃时，应考虑保温防冻措施。给水横管宜有 0.002～0.003 的坡度坡向泄水装置。

给水管道不宜穿过建筑物的伸缩缝、沉降缝。当管道必须穿过时需采取必要的技术措施，如安装伸缩节，安装一段橡胶软管，利用丝扣弯头短管等。如图 9-9、图 9-10 所示。

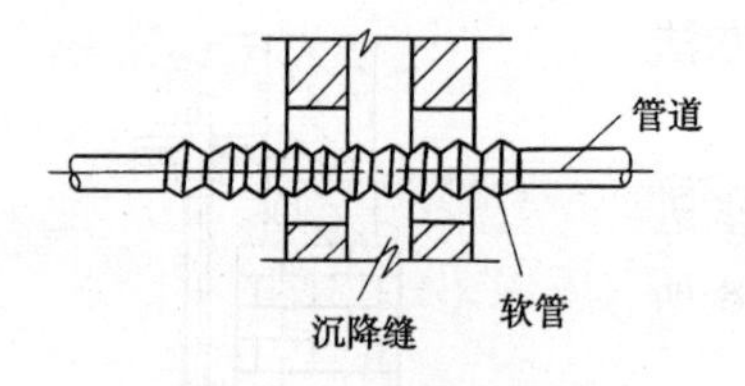

图 9-9　橡胶软管法

2）立管安装。立管一般沿墙、梁、柱或墙角敷设。立管的外皮到墙面净距离，当管径小于或等于 32mm 时，应为 25～35mm；当管径大于 32mm 时，应为 30～50mm。

在立管安装前，打通各楼层孔洞，自上而下吊线，并弹出立管安装的垂直中心线，做为安装中的基准线。

按楼层预制好立管单元管段，具体做法：按设计标高，自各层地面向上量出横支管的安装高度，在立管垂直中心线上划出十字线，用尺丈量各横支管三通（顶层弯头）的距离，用比量法下料，编号存放以备安装使用。

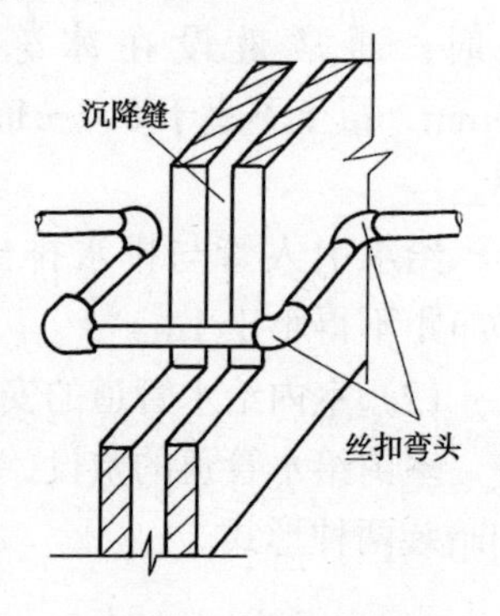

图 9-10　丝扣弯头法

每安装一层立管，均应使管子位子立管安装垂直线上，并用立管卡子固定。立管卡子的安装高度一般为 1.5～1.8m。

校核预留口的高度、方向是否正确,支管甩口安好临时丝堵。

给水立管与排水立管并行时，应置于排水立管的外侧；与热水立管并行时，应置于热水立管的右侧。

立管上阀门安装朝向应便于操作和检修。立管穿层楼板时，宜加套管，并配合土建堵好预留洞。

3）支管安装。支管一般沿墙敷设，用钩钉或角钢管卡固定。

支管明装：将预制好的支管从立管甩口依次逐段进行安装，有阀门的应将阀门盖卸下再安装。核定不同卫生器具的冷热水预留口高度，位置是否准确，再找坡找正后栽支管卡件，上好临时丝堵。支管如装有水表先装上连接管，试压后在交工前拆下连接管，换装上水表。

支管暗装：横支管暗装墙槽中时，应把立管上的三通口向墙外拧偏一个适当角度，当横支管装好后，再推动横支管使立管三通转回原位，横支管即可进入管槽中。找平找正定位后固定。

给水支管的安装一般先做到卫生器具的进水阀处，以下管段待卫生器具安装后进行连接。

热水支管安装：热水支管穿墙处按规范要求加套管。热水支管做在冷水支管的上方，支管预留口位置应为左热右冷。其余安装方法与冷水支管相同。

4）新型聚丙烯（PP－R）给水管安装工艺。

PP－R饮用水管作为最新室内给水管材而取代镀锌管。采用同质热熔连接，施工简便快捷无需套丝、安全可靠，永不渗漏。有嵌注式铜接头，便于与金属管系统连接。

PP－R管焊接要点：

(A) 管材与管件连接均采用热熔连接方式，不允许在管材和管件上直接套丝。与金属管道及用水器具连接必须使用带金属嵌件的管件。

(B) 手持式熔接工具适用于小口径管及系统最后连接；台车式熔接机适用于大口径管预装配连接。

(C) 熔接施工应严格按规定的技术参数操作，在加热和插接过程中不能随意转动管材，允许在管道和接头焊接之后的几秒钟内调节接头位置。正常熔接在结合面应有一均匀的熔接圈。

(D) 熔接操作技术参数见表9-2。施工后须经试压验收后方能封管及使用。

PP－R管道熔接工艺：

管道熔接前，量好安装长度。量长度要准确，别忘记接套的深度，利用专用剪刀或细金属锯切断。把管端各切去4～5cm (因为端部可能受损)。用一个自调式聚熔焊机把管材和管件连接在一起，温度为260℃。把机器接通电源（220V）并等待片刻，当绿灯闪烁说明已达到焊接温度，开始工作。

熔接操作技术参数　　表 9-2

管材外径（mm）	熔接深度（mm）	熔接时间（秒）	接插时间（秒）	冷却时间（分钟）
20	14	5	4	2
25	15	7	4	2
32	16.5	8	6	4
40	18	12	6	4
50	20	18	6	4
63	24	24	8	6
75	30	30	10	8

焊接步骤：

（A）管件和接头的表面要保证平整、清洁、无油。

（B）在管道插入深度处做记号（等于接头的套入深度）。

（C）把整个嵌入深度加热，包括管材和管件，在焊接工具上进行。

（D）当加热时间完成后，把管道平稳而均匀地推入管件中，形成牢固而完美的结合。

（E）由于材料重量轻，有挠曲性，所有焊接可在工作台进行，节省工时。

（F）有时要在墙内进行某些连接，要注意留有足够的操作空间。

安装指南：

（A）暗敷管道：埋嵌到墙壁、楼板等处的管道是能够防止膨胀的。压力和拉伸应力都被吸收而又不损坏各种材料。

（B）在竖井中安装管道：在主管的两个支管的附近各装一个锚接物，主立管就可以在两个楼板之间竖直产生膨胀或收缩。竖井中两个锚接点之间的距离不超过 3m。也可以用其他方法来补偿膨胀现象。如从主管的分管中装设“膨胀支管”。

（C）外装式管网：用膨胀回路补偿膨胀管网方向改变的各处均可利用来补偿膨胀量，在安装锚接物的位置时，要注意把管道分开成各个部分，而膨胀力又能被导向所需的方向。

PP－R 管的焊接步骤和安装指南，可分别见图 9-11 和图 9-12。

切断管材，切断时，必须使用切管器垂直切断，切断后应将切头清除干净。

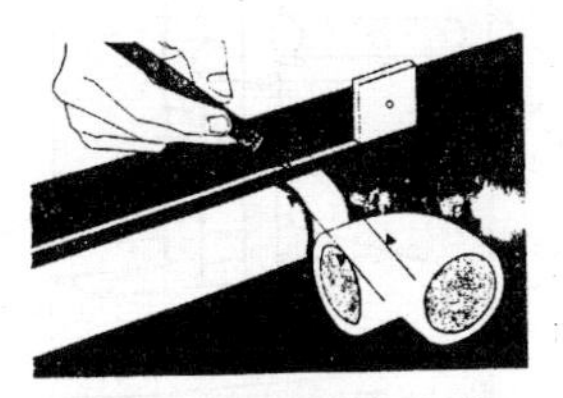

在管道插入深度处做记号(等于接头的套入深度)。

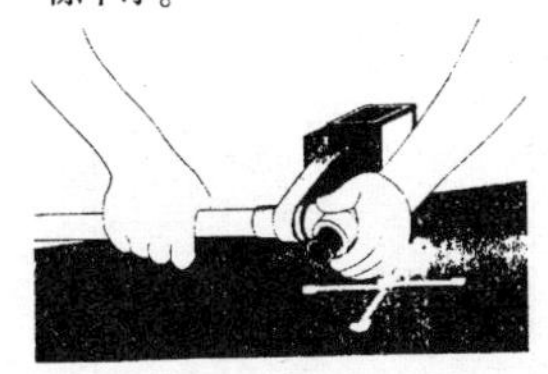

把整个嵌入深度加热，包括管道和接头，在焊接工具上进行。

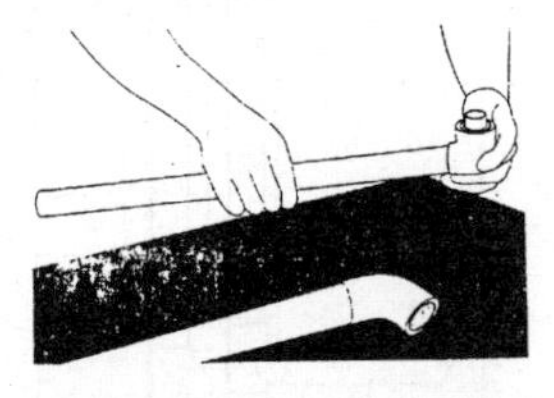

当加热时间完成后，把管道平稳而均匀地推入接头中，形成牢固而完美的结合。

图 9-11　焊接步骤

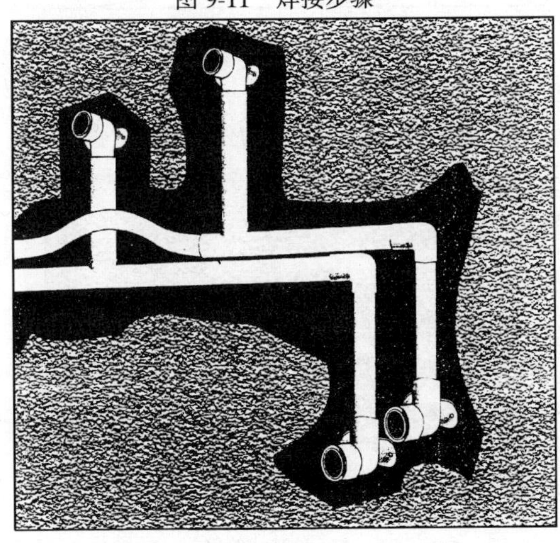

A：暗敷管道

埋嵌到墙壁、楼板、样板等处的管道是能够防止膨胀的。压力和拉伸应力都被吸收而又不损坏各种材料。如果管道有隔离材料（要符合标准），这些隔离材料能允许更多的膨胀。

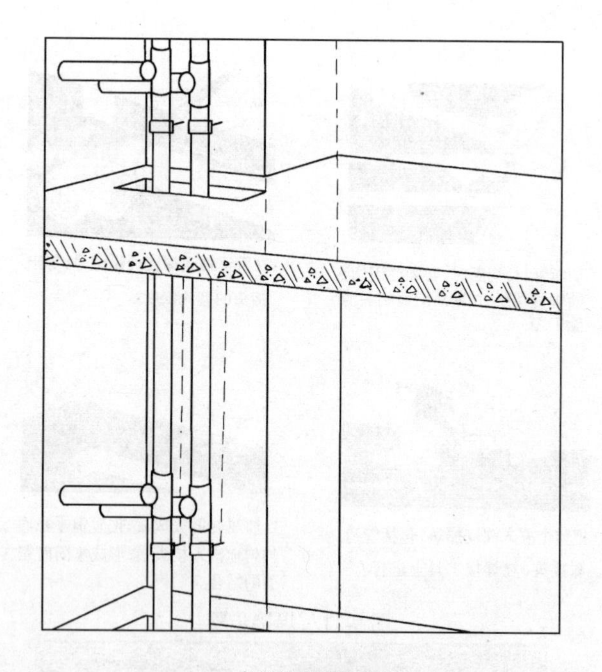

B：在竖进中安装管道

如果在主管的两个支管的附近各装一个锚接物，这样，主立管就可以在两个楼板之间竖直产生膨胀或收缩。竖井中两个锚接点之间的距离不能超过 3 米。也可以用其他方法来补偿膨胀现象。例如从主管的分管中装设“膨胀支管”。

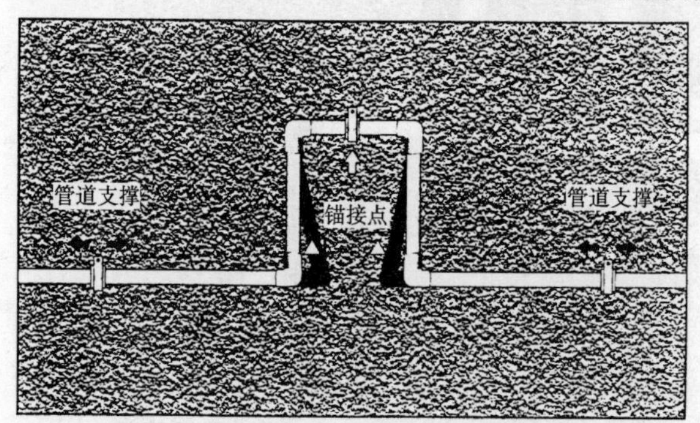

C：外装式管网

用膨胀回路补偿膨胀管网方向改变的各处均可利用来补偿膨胀量，但是，在某些情况下，要用一种膨胀回路（“U”回路），这种方法主要用于 D50 以上的管道。在安装锚接物的位置时，要注意把管道分开成各个部分，而膨胀力又能被导向所需的方向。

图 9-12　安装技术指南

5）水表的安装。水表是用户用水的计量工具，下面详细介绍给水管道中水表的安装。水表是用户用水的计量工具，一定要选购国家认定的合格厂家生产制造的水表，以保证使用上安全，计量上准确。水表设置在用水单位的供水总管、建筑物引入管或居住房屋内。

给水管道中常用的水表有旋翼式和螺翼式两种。旋翼式的翼轮转轴与水流方向垂直，叶片呈水平状；螺翼式的翼轮转轴与水流方向平行，叶片呈螺旋状。旋翼式水表又可分为干式和湿式两种型式。干式水表的传动机构和表盘与水隔开，构造较复杂；湿式水表的传动机构和表盘直接浸在水中，表盘上的厚玻璃要承受水压，水表机件简单。一般情况下，公称直径小于或等于50mm时，应采用旋翼式水表；公称直径大于50mm时，采用螺翼式水表。在干式和湿式水表中应优先选用湿式水表。

水表安装时，应满足下列要求：

（1）应便于查看、维修，不易污染和损坏，不可暴晒，不会冰冻。

（2）安装时应使水流方向与外壳标志的箭头方向一致，不可装反。

（3）对于不允许断水的建筑物，水表后应设止回阀，并设旁通管，旁通管的阀门上要加铅封，不得随意开闭，只有在水表修理或更换时才可开启旁通阀。

（4）为保证水表计量准确，螺翼式水表前直管长度应有8～10倍水表直径，旋翼型水表前应有不小于300mm的直线管段。水表后应设有泄水龙头，以便维修时放空管网中的存水。

（5）水表前后均应设置阀门，并注意方向性，不得将水表直接放在水表井底的垫层上，而应用红砖或混凝土预制块把水表垫起来，如图14-3所示。

（6）对于明装在建筑物内的分户水表，表外壳距墙表面不得大于30mm，水表的后面可以不设阀门和泄水装置，而只在水表前装设一个阀门。为便于维修和更换水表，需在水表前后安装补

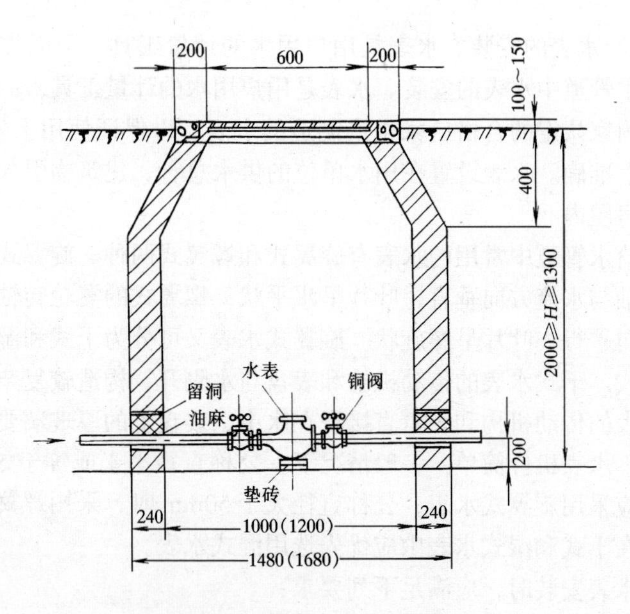

图 9-13　楼房水表节点安装图

心或活接头，如图 14-4 所示。

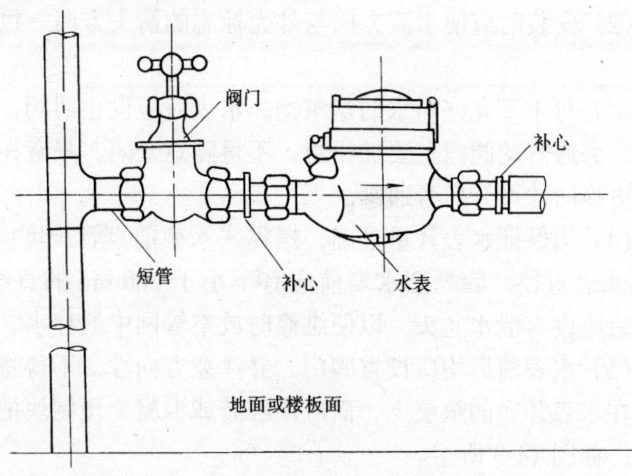

图 9-14　室内水表安装图

（四）室内排水系统的安装

1. 施工前的准备工作

根据施工图及技术交底，配合土建完成管段穿越基础、墙壁和楼板的预留孔洞，并检查、校核预留孔洞的位置和大小尺寸是否准确。

施工现场要有能满足施工需要的材料堆放处。排水铸铁管应码放在平坦的场所，管道下面用木方垫平垫实。硬聚氯乙烯管道应存放于温度不高于40℃的库房内，避免堆放在热源附近。

2. 室内排水系统的安装

室内污水管道一般采用铸铁排水管或硬聚氯乙烯（UPVC）塑料排水管。安装的一般顺序是：

排出管→立管→通气管→横管→支管→卫生器具。

（1）排出管的安装

为便于施工，可对部分排水管材及管件预先捻口，养护后运至施工现场。在房中或挖好的管沟中，将预制好的管道承口作为进水方向，按照施工图所注标高，找好坡度及各预留口的方向和中心，捻好固定口。待铺设好后，灌水检查各接口有无渗漏现象。经检查合格后，临时封堵各预留管口，以免杂物落入，并通知土建填堵孔洞，按规定回填土。

管道穿过房屋基础或地下室墙壁时应预留孔洞，并应做好防水处理，如图9-15所示。预留孔洞尺寸如表9-3所示。

排水管穿基础预留孔洞尺寸（mm） **表9-3**

管　径	50～100	125～150	200～250
孔洞 *A* 尺寸	300×300	400×400	500×500
孔洞 *A* 穿砖墙	240×240	360×360	490×490

为了减小管道的局部阻力和防止污物堵塞管道，通向室外的排出管，穿过墙壁或基础必须下返时，应用两个45°弯头连接，

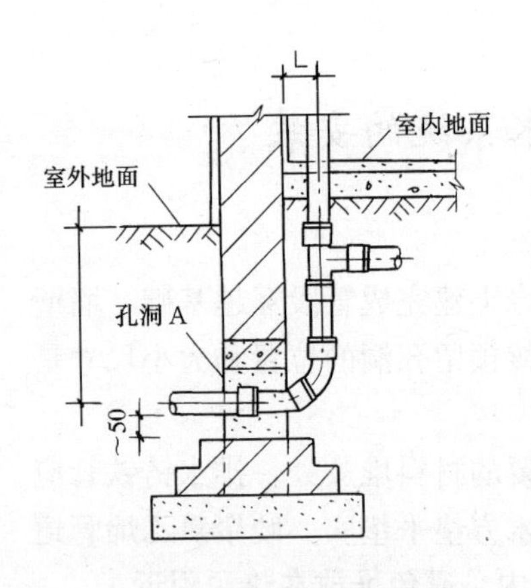

图 9-15　排水管穿墙基础图

见图 9-15。排水管道的横管与横管、横管与立管的连接，应采用 45°三通或 45°四通和 90°斜三通或 90°斜四通。

排出管应与室外排水管道管顶标高相平齐，并且在连接处的排出管的水流转角不应小于 90°。

排出管与室外排水管道连接处应设检查井，检查井中心至建筑物外墙的距离不宜小于 3m。也可设在管井中。

生活污水和地下埋设的雨水排水管的坡度应符合表 9-4 和表 9-5 的规定。

生活污水管道的坡度（括号内为塑料管）　　表 **9-4**

管径（mm）	标准坡度	最小坡度
50	0.035（0.025）	0.025（0.012）
75	0.025（0.015）	0.015（0.008）
100（110）	0.020（0.012）	0.012（0.006）
125	0.015（0.010）	0.010（0.005）
150（160）	0.010（0.007）	0.007（0.004）
200	0.008	0.005

(2) 排水立管的安装

排水立管通常沿卫生间墙角敷设，排水立管穿楼板做法如图 9-16 所示。对于现浇楼板应预留孔洞，预留孔洞位置及尺寸可参照表 9-6。当有卫生器具时，其排水管穿过现浇楼板上的预留孔洞的位置及尺寸可参见表 9-7。

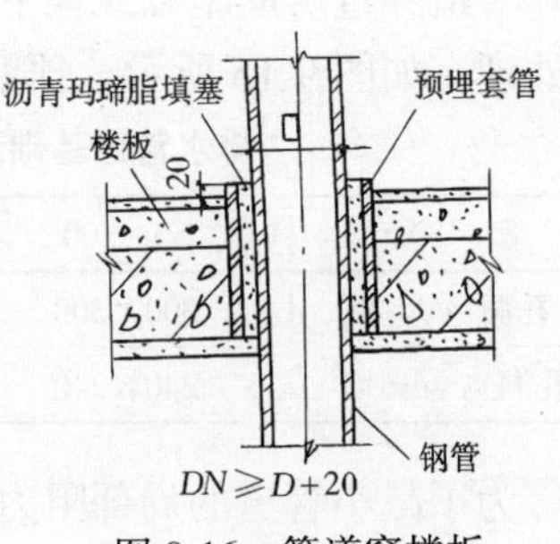

图 9-16　管道穿楼板

地下埋设雨水排水管道的坡度 **表 9-5**

管径（mm）	最小坡度	管径（mm）	最小坡度
50	0.020	125	0.006
75	0.015	150	0.005
100	0.008	200～400	0.004

立管与墙面距离及楼板预留洞尺寸（mm） **表 9-6**

管　　径	50	75	100	150
管轴线与墙面距离	100	110	130	150
楼板预留洞尺寸	100×100	200×200	200×200	200×200

卫生器具排水管预留孔洞位置及尺寸 **表 9-7**

序号	卫生器具名称	平　面　位　置	图　示
1	蹲式大便器	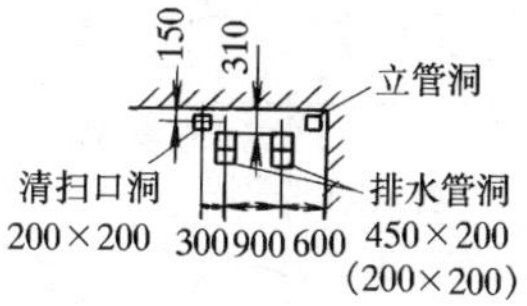 150 310 立管洞 清扫口洞 200×200 300 900 600 排水管洞 450×200（200×200）	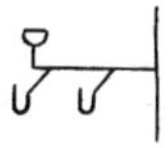
		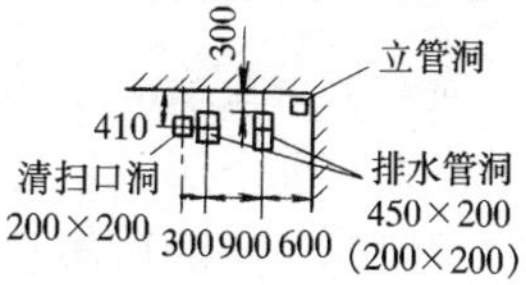 300 立管洞 410 清扫口洞 200×200 300 900 600 排水管洞 450×200（200×200）	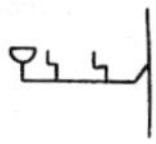
2	小便槽	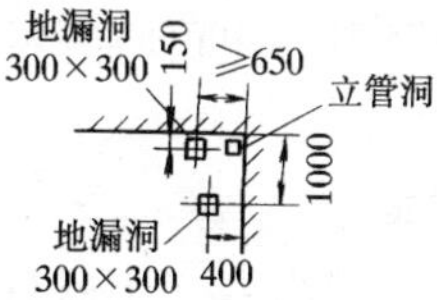 地漏洞 300×300 150 ≥650 立管洞 1000 地漏洞 300×300 400	
		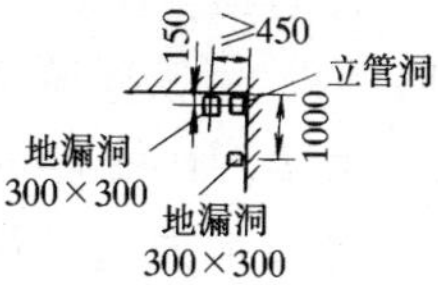 150 ≥450 立管洞 1000 地漏洞 300×300 地漏洞 300×300	

续表

序号	卫生器具名称	平面位置	图示
3	挂式小便器	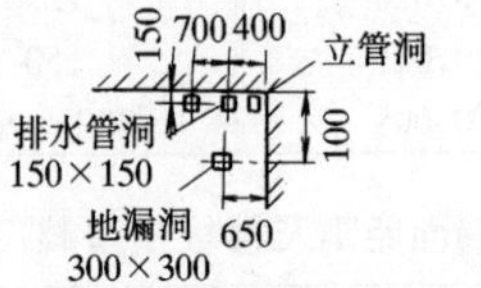 150 700 400 立管洞 排水管洞 150×150 100 地漏洞 300×300 650	
4	洗脸盆	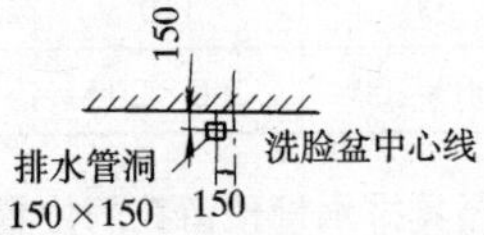 150 排水管洞 150×150 洗脸盆中心线 150	
5	污水盆（池）	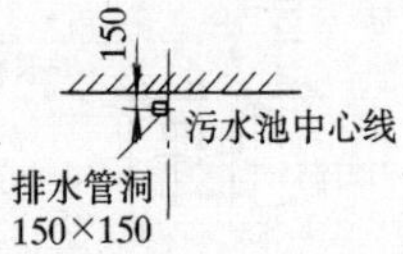 150 污水池中心线 排水管洞 150×150	

立管安装时，应两人上下配合，一人在上层楼板上用绳拉，下面一人托，把管子移到对准下层承口将立管插入，下层的人要把甩口（三通口）的方向找正，随后吊直，这时，上层的人用木楔将管临时卡牢，然后捻口，堵好立管洞口。

现场施工时，可先预制，也可将管材、管件运至各层进行现制。

(3) 排水支管的安装

安装排水支管时，应根据各卫生器具位置排料、断管、捻口养护，然后将预制好的支管运到各层。安装时需两人将管托起，插入立管甩口（三通口）内，用铁丝临时吊牢，找好坡度、找平，即可打麻捻口，配装吊架，其吊架间距不得大于2m。然后安装存水弯，找平找正，并按地面甩口高度量卫生器具短管尺寸，配管捻口、找平找正，再安卫生器具，但要临时堵好预留口，以免杂物落入。

（4）通气管安装

通气管应高出屋面0.3m以上，并且应大于最大积雪厚度，以防止雪掩盖通气管口。对于平屋顶，若经常有人逗留，则通气管应高出屋面2.0m。通气管上应做铁丝球（网罩）或透气帽，以防杂物落入。

通气管的施工应与屋面工程配合好，一般做法如图9-17所示。通气管安装好后，把屋面和管道接触处的防水处理好。

（5）清通设备

排水立管上设置的检查口，如图9-18所示。检查口中心距地面一般为1m，并应高出该层卫生器具上边缘150mm。检查口安装的朝向应以清通时操作方便为准。暗装立管，检查口处应安装检修门。

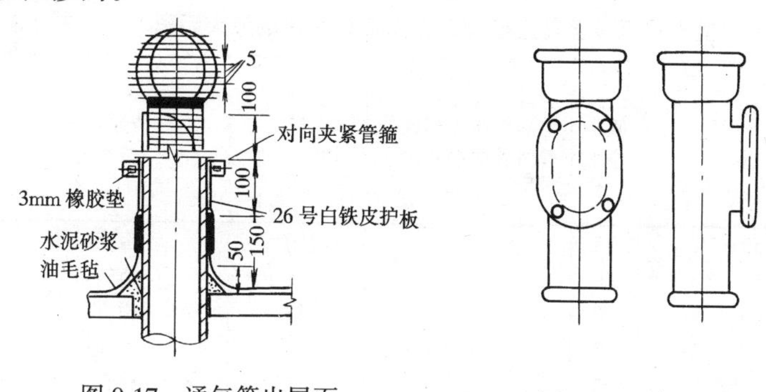

图9-17　通气管出屋面

图9-18　检查口

排水横管上的清扫口，应与地面相平，如图9-19所示。当污水横支管在楼板下悬吊敷设时，可将清扫口设在其上面楼板地面上或楼板下排水横支管的起点处。

为了清通方便，排水横管清扫口与管道相垂直的墙面距离不得小于200mm，若排水横管起点设置堵头代替清扫口，与墙面距离不得小于400mm。当污水横管的直线段较长时，应按表9-8规定设置检查口或清扫口。

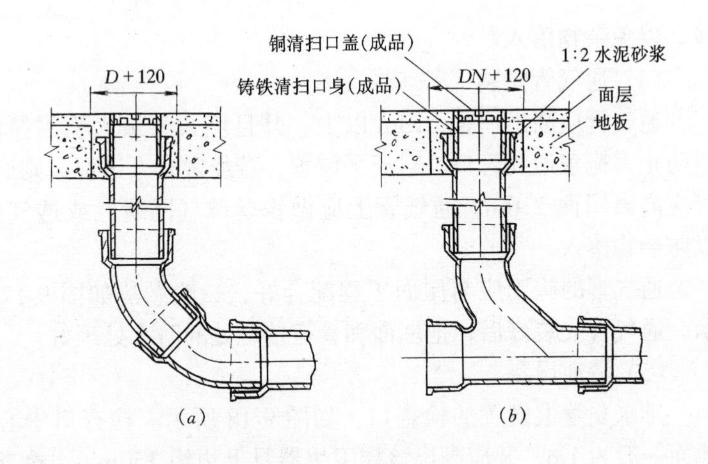

图 9-19　清扫口
(a) 排水管起点清扫口；(b) 排水管中途清扫口

污水横管的直线管段上检查口或清扫口之间的最大距离　　表 9-8

管径(mm)	污水性质			清通装置的种类
	假定净水	生活粪便水和成分近似粪便水的污水	含大量悬浮物的污水	
	间距（m）			
50～75	15	12	10	检查口
50～75	10	8	6	清扫口
100～150	20	15	12	检查口
100～150	15	10	8	清扫口
200	25	20	15	检查口

3. 硬聚氯乙烯排水管道安装

硬聚氯乙烯管道的连接方法有螺纹连接和粘接两种。管道的吊架、管卡可用定型注塑材料，也可用其他材料。

硬聚氯乙烯埋地管道安装时应在管沟底部用 100～150mm 的砂垫层，安放管道后要用细砂回填至管顶上至少 200mm。当埋地管穿越地下室外墙时，应采取防水措施。当采用刚性防水套管时，可按图 9-20 施工。

立管安装：当层高小于或等于 4m 时，应每层设置一个伸缩节；当层高大于4m时，应按计算伸缩量来选伸缩节数量。安装时先将管段扶正，将管子插口插入伸缩节承口底部，并按要求预留出间隙，在管端划出标记，再将管端插口平直插入伸缩节承口橡胶圈内，用力均匀，找直、固定立管，完毕后即可堵洞。住宅内安装伸缩节的高度为距地面1.2m，伸缩节中预留间隙为10～15mm。

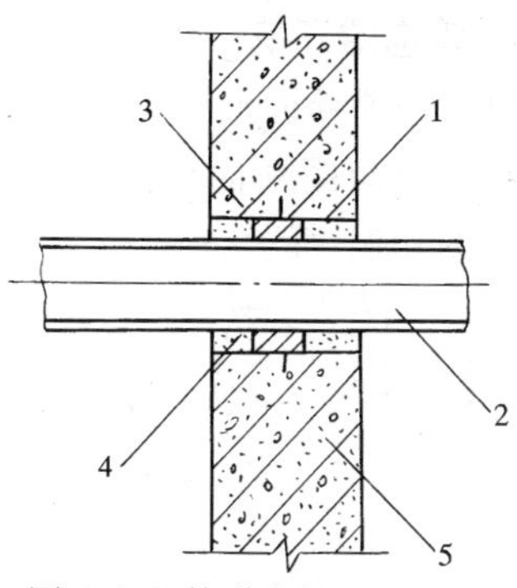

图9-20　管道穿越地下室外墙

1—预埋刚性套管；2—PVC-U管；3—防水胶泥；4—水泥砂浆；5—混凝土外墙

支管安装：将支管水平吊起，涂抹胶粘剂，用力推入预留管口，调整坡度后固定卡架，封闭各预留管口和填洞。

硬聚氯乙烯管道支架允许最大间距，应按表9-9确定。

硬聚氯乙烯塑料管支架间距　　**表9-9**

管径（mm）		50	75	110	125	160
支吊架最大间距（m）	横管	0.5	0.75	1.10	1.30	1.6
	立管	1.2	1.5	2.0	2.0	2.0

注：立管穿楼板和屋面处，应为固定支承点。

排水塑料管与排水铸铁管连接时，捻口前应将塑料管外壁用砂布、锯条打毛，再填以油麻、石棉水泥进行接口。

排水工程结束验收时应做系统通水能力试验。

（五）室外给水管道的安装

室外给水管道一般采取直接埋地敷设。其施工程序：施工准备→测量放线→沟槽开挖→下管稳管→管口连接→砌井→试压及冲洗→回填土方等。

1. 管沟的开挖

(1) 沟槽断面形式

常用的沟槽断面形式有：直槽、梯形槽、混合槽及联合槽等，如图 9-21 所示。

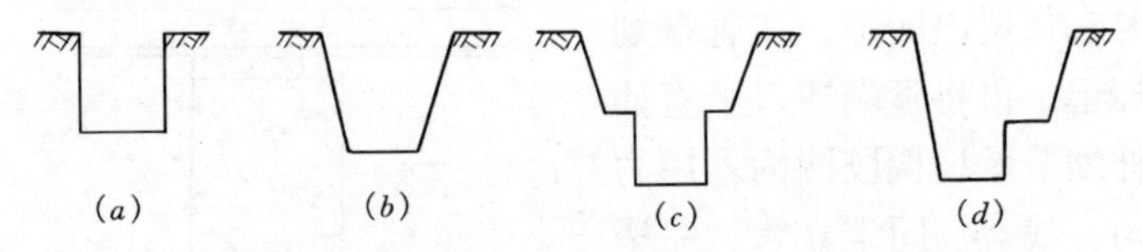

图 9-21　沟槽断面形式

(a) 直槽；(b) 梯形槽；(c) 混合槽；(d) 联合槽

开槽断面形式的选择依据管径大小、埋深、土质和施工条件等因素确定。

(2) 沟槽底宽和边坡值

沟槽底宽以 B 表示，B 值按表 9-10 经验数值选定。

直埋管敷设槽底宽度 *B* 值 (m)　　**表 9-10**

管材种类 \ 管径 (mm)	100～200	250～350	400～450	500～600
金属管、石棉水泥管	0.7	0.8	1.0	1.3
混凝土管	0.9	1.0	1.2	1.5
陶土管	0.8	0.9	—	—

梯形槽放坡值以 M 表示，M 值可参照表 9-11 确定。

梯形槽的放坡值　　**表 9-11**

土质类别	放坡值 (m)	
	槽深 $H<3$	槽深 $H>3$
砂土	0.75H	1.0H
亚粘土	0.50H	0.67H
亚砂土	0.33H	0.50H
粘土	0.25H	0.33H

(3) 沟槽上口宽度 (W) 的确定

已知沟槽土质情况，挖深和放坡值即可按下式计算

$$W = B + 2M \qquad (m)$$

式中　W——梯形槽上口宽度，m；

B——槽底宽度，m；

M——边坡值，查表 9-11。

（4）管道测量定线

根据管线平面图，用经纬仪测定管线中心线，在管道分支、变坡、转弯及井室中心等处设中心桩，同时沿管线每隔 10～15m 处设坡度桩，沟槽开挖前，在管道中心线两侧各量 1/2 沟槽上口宽度，拉线洒白灰，定出管沟开挖边线，俗称放线。

埋设坡度板：沟槽开挖前，由测量人员按照管线设计桩号每隔 10～15m 和管线转弯、分支、变坡等处理设一块木板，木板上钉上管线中心钉和高程钉，标记出桩号和井号，如图 9-22 所示。用以控制沟槽宽度和挖深。

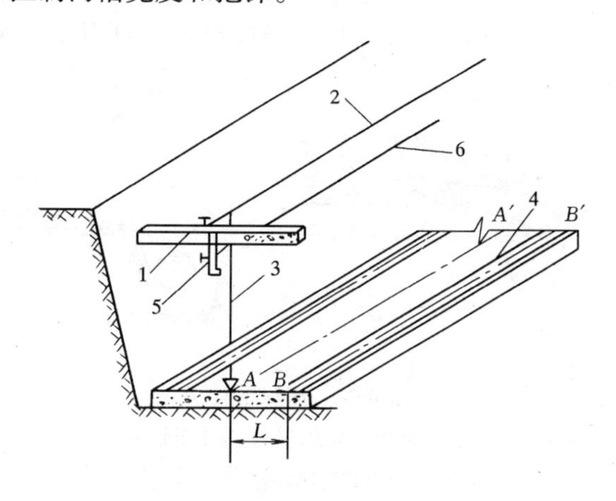

图 9-22　坡度板

1—坡度板；2—中心线；3—中心垂线；
4—管基础；5—高程钉；6—坡度线

沟底找坡：在各坡度板上中心钉挂线，即可确定出管中心线 $A-A'$，用此线控制安管中心位置。

在各坡度板上高程钉挂线，线绳坡度与管道设计坡度相同，挂线高程减去下返常数即为管底设计标高。以此控制沟槽挖深和稳管高程。

沟槽开挖可用人工法和机械法两种。机械法开挖测量分两步测设，第一步粗钉中心桩，放出挖槽边线，挖深只给距管底设计标高少挖20～30cm，待第二步再测设坡度板时，用人工清槽至设计标高。

2. 室外给水管道的安装

由于采用管材和接口形式的不同，其安装程序不尽相同。现将常见给水管安装简介如下：

(1) 承插式刚性接口

1) 普通铸铁管承插式石棉水泥接口

其施工程序：挖槽→下管对口→挖工作坑→打麻及填打石棉水泥灰→试压→冲洗→回填土方。

(A) 下管　在挖好沟槽后，经验槽合格即开始下管。下管方法有人工压绳法（如图9-23）和机械下管法。

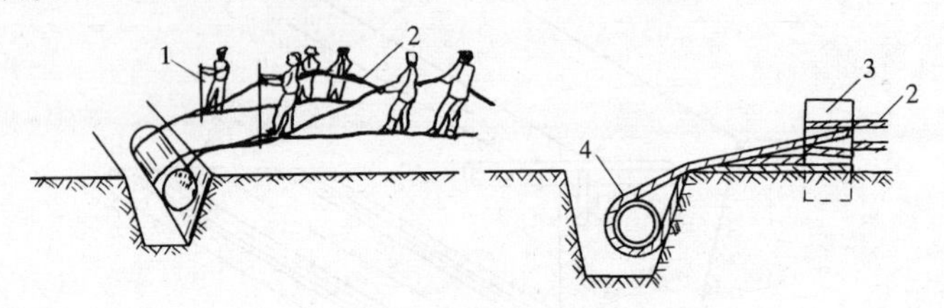

图9-23　压绳下管法

(*a*) 撬棍压绳法；(*b*) 集中下管法

1—撬棍；2—下管大绳；3—埋立管；4—下管

(B) 对口　一般采用人工用撬棍撞口，听到顶撞声，而有回弹留有间隙，其间隙值见表9-12。可用塞尺插入承口检查对口间隙大小。同时注意对中和对高程的要求。

(C) 打口和养护　打口前，先检查管子安装的位置和坡度是否符合设计要求，用铁牙将承口环形间隙找匀。再用麻錾打麻（或橡胶圈）至紧密状态，再分层填打石棉水泥灰，直至灰口凹进承口 2mm 左右为止。然后用湿土覆盖养护 48 小时以上，可进行水压试验。

承插铸铁管对口最大间隙（mm）　　表 9-12

公称直径	直线敷设	曲线敷设
75	4	5
100～250	5	7～13
300～500	6	14～22

（D）管道上的管件、阀门与管道安装同时进行，而消火栓、排气门等附件在水压试验后再进行安装。各类井室在回填土前完成砌筑。

（E）沟槽回填土　水压试验合格后即可开始土方回填，应从管子两侧同时回填，每层摊铺厚度 20～30cm，边回填边夯实，同时进行干密重测试，直至回填至地面。

2）承插铸铁管膨胀水泥砂浆接口

接口密封填料改用膨胀水泥砂浆、避免用锤打击石棉水泥灰繁重体力劳动。只需分层填入膨胀水泥砂浆，分层捣实即可。

膨胀水泥砂浆配比为：膨胀水泥∶砂∶水＝1∶1∶0.3。随用随拌，半小时内用完。

3）青铅接口　内填油麻，外填青铅。在打好油麻后，将铅熔化，灌入承口内，凝固后，卸下卡箍，用铅錾捻打，直至铅表面平滑。

（2）承插式柔性接口。

1）承插式球墨铸铁管接口

准备工作：

（A）检查管材有无损坏，承插口工作面尺寸是否在允许范围内。

（B）对承插口工作面的毛刺和污物清除干净。

（C）橡胶圈形体完整，表面无裂缝。

（D）检查安装机具是否配套齐全、良好。

安装步骤：

(A) 清理承、插管口，刷一层润滑剂。

(B) 上胶圈，把胶圈上到承口槽内，用手轻压一遍，使其均匀一致卡在槽内。

(C) 将插口中心对准承口中心，安装好手动葫芦，均匀地使插口推入承口内，如图 9-24 所示。

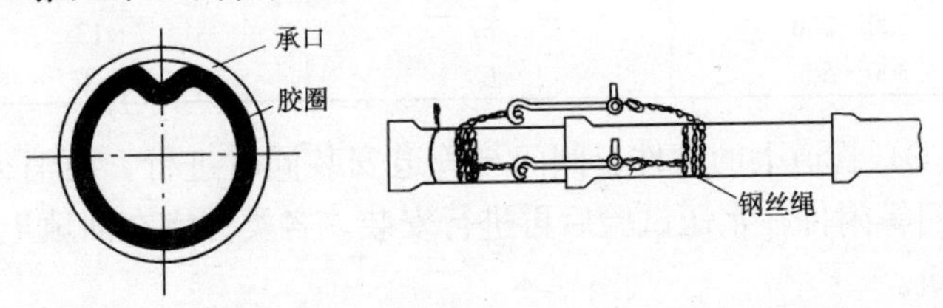

图 9-24

2）预应力钢筋混凝土管接口

一般管径在 400mm 以上，采用承插式接口、橡胶圈为密封材料。其安装方法基本与球墨铸铁管相同，其接口大样如图9-25所示。

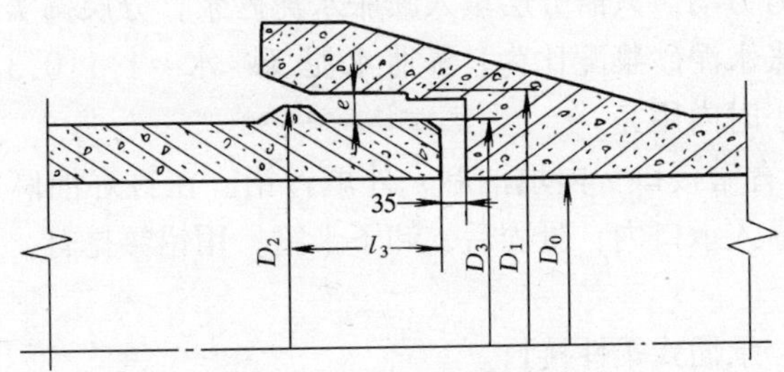

图 9-25　预应力钢筋混凝土管口大样

其安装程序：清洗管口和胶圈→上胶圈→对口找中心和高程→装顶推机具→顶进插口→检查胶圈位置直至就位→移动顶推机具。

顶推机具可采用千斤顶法、倒链（手动葫芦）法及其他顶进设备。

（六）室内采暖系统的安装

室内采暖系统安装在土建主体结构完成，墙面抹灰后开始安装。但其中预留孔洞、预埋件可配合土建施工进行。

室内采暖管道主要是指热力入口、主立管、横干管、立管和连接散热器的支管。

室内采暖管道的安装程序：安装准备→卡架安装→干管安装→立管安装→支管安装→试压→冲洗→防腐和保温→调试等过程。

1. 安装前的准备工作

（1）识读施工图：施工前，熟悉图纸，配合土建施工做好预留孔洞和预埋件工作。

（2）备料：按施工图的要求，提出采暖工程所需的管材、散热器、阀门及其他设备和材料的种类、规格和数量。

（3）预制加工：按照施工图进行管件、支吊架、管段预制等项加工、预制。

2. 室内采暖管道的安装

（1）热力入口：对于热水采暖系统，在热力入口的供回水管上应设置阀门、温度计、压力表、除污器等，供水管和回水管之间设连通管，并设有阀门，如图 9-26 所示。

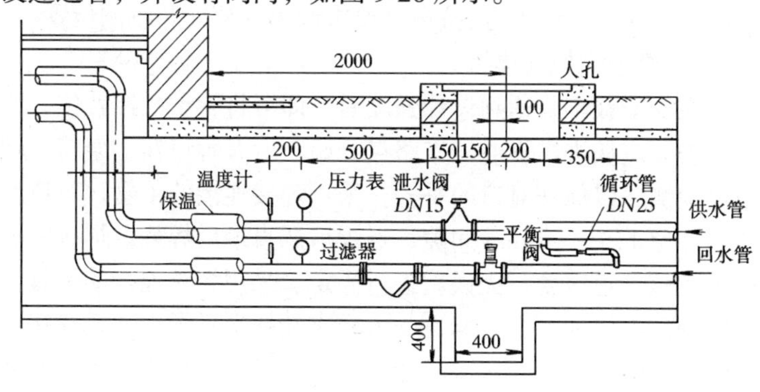

图 9-26　热力入口

蒸汽采暖系统，当室外蒸汽压力高于室内蒸汽系统的工作压力时，应在热力入口的供汽管上设置减压阀、安全阀等。

（2）干管的安装：采暖干管分为保温干管和非保温干管，安装必须明确。室内干管的定位是以建筑物纵、横轴线控制走向，通常确定安装平面的位置见表 9-13。在立面高度上，一般设计图上标注的标高为管中心的标高，根据管径、壁厚推算出支架横梁面标高，来控制干管的立面安装位置和坡度。

预留孔洞尺寸及管道与墙净距（mm） **表 9-13**

管道名称及规格		管外壁与墙面最小净距	明装留孔尺寸长×宽	暗装墙槽尺寸宽×深
供热主干管	$DN \leqslant 80$	—	300×250	—
	$DN = 100 \sim 125$		350×300	
供热立管	$DN \leqslant 25$	25～30	100×100	130×130
	$DN = 32 \sim 50$	35～50	150×150	150×130
	$DN = 70 \sim 100$	55	200×200	200×200
	$DN = 125 \sim 150$	60	300×300	—
散热器支管	$DN \leqslant 25$	15～25	100×100	60×60
	$DN = 32 \sim 40$	30～40	150×130	150×100

干管安装具体方法如下：

1）定位放线及支架安装

根据施工图的干管位置、走向、标高和坡度，挂通管子安装的坡度线，如未留孔洞时，应打通干管穿越的隔墙洞，弹出管子安装坡度线。在坡度线下方，按设计要求画出支架安装剔洞位置。

2）管子上架与连接

在支架栽牢并达到设计强度后，即可将管子上架就位，通常干管安装应从进户管或分支路点开始。所有管口在上架前，均用角尺检测，以保证对口的平齐。采用焊接连接的干管，对口应不错口并留 1.5～2.0mm 间隙，点焊后调直最后焊死。焊接完成后即可校核管道坡度，无误后进行固定。采用螺纹连接的干管，在丝头处涂上铅油、缠好麻，一人在末端扶平管子，一人在接口处把管对准丝扣，慢慢转动入扣，用管钳拧紧适度。装好支架 U 型卡，再安装下节管，以后照此进行连接。

3）干管过墙安装分路作法见图 9-27。

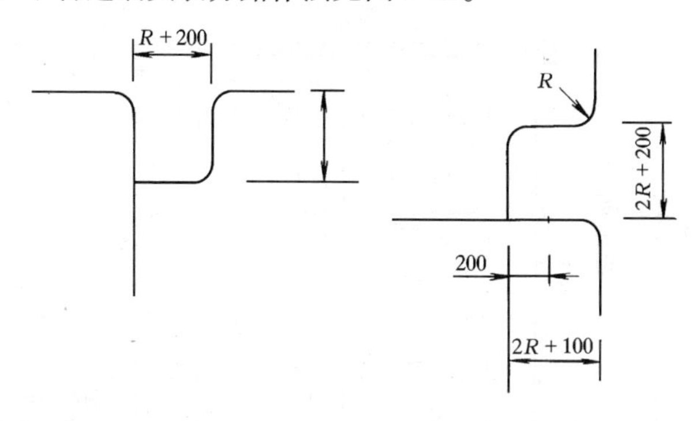

图 9-27　干管与分支管连接

4）分路阀门距分路点不宜过长。集气罐位于系统末端，进、出水口，应开在偏下约为罐高的 1/3 处，其放风管应稳固。

5）干管过门的安装方法如图 9-28 所示。

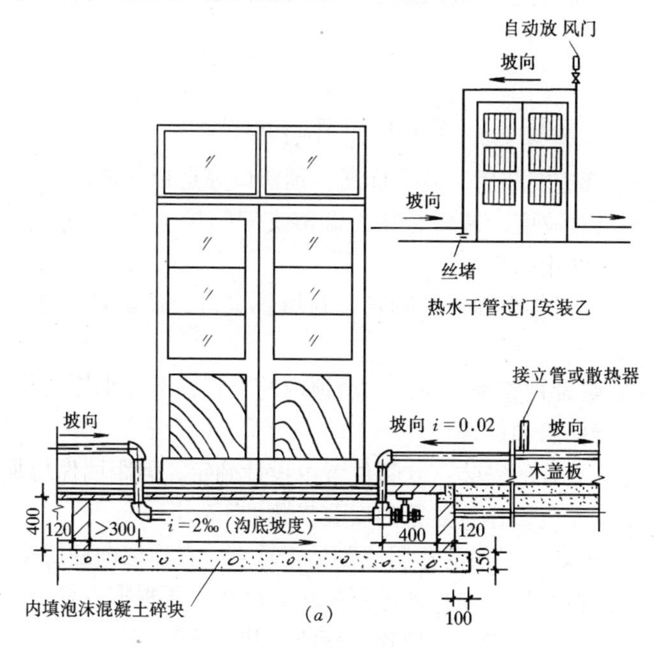

（a）热水干管过门的安装

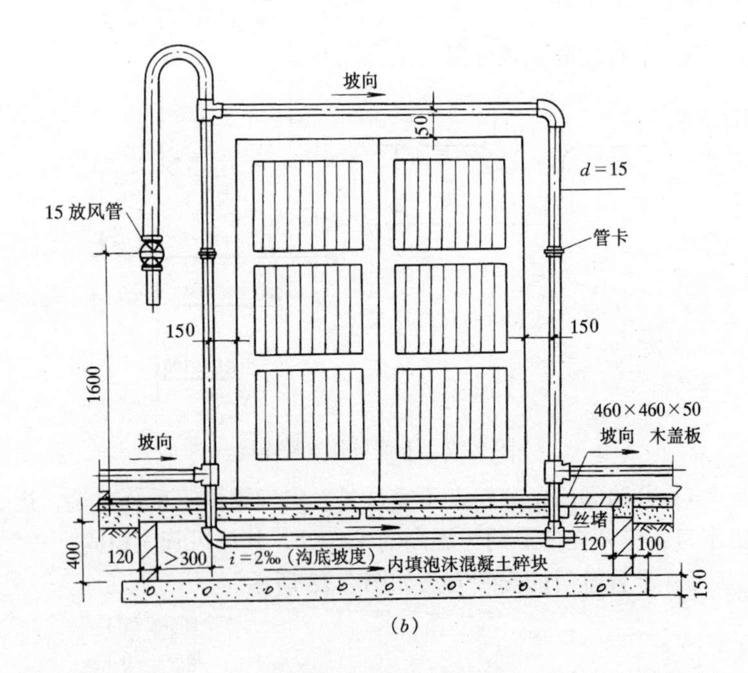

（b）蒸汽干管过门的安装

图 9-28　干管过门的安装

6）管道安装后，检查标高、预留口等是否正确，然后调直，用水平尺对坡度，调整合格，调整支架螺栓 U 型卡，最后焊牢固定支架的止动板。

7）放正各穿墙处的套管，封填管洞口，预留管口加好临时管堵。

8）敷设在管沟、屋顶、吊顶内的干管，不经水压试验合格，不得进行保温和覆盖。

（3）立管的安装：立管位置由设计确定，但距墙保持最小净距，易于安装操作。立管的安装步骤如下：

1）校对各层预留孔洞位置是否垂直，自顶层向底层吊通线，若未留预留孔洞，先打通各层楼板，吊线。再根据立管与墙面的净距，确定立管卡子的位置，剔眼，栽埋好管卡。

2）立管的预制与安装，所有立管均应在量测楼层管段长度后，采用楼层管段预制法进行，将预制好的管段按编号顺序运至安装位置。安装可从底层向顶层逐层进行（或由顶层向底层进行）预制管段连接。涂铅油缠麻，对准管口转动入扣，用管钳拧紧适度，丝扣外露 2～3 扣，清除麻头。

每安装一层管段时，先穿入套管，对于无跨越管的单管串联式系统，应和散热器支管同时安装。

3）检查立管的每个预留口标高、方向、半圆弯等是否准确、平正。将事先栽好的管卡子松开，把管放入卡内拧紧螺栓，找好

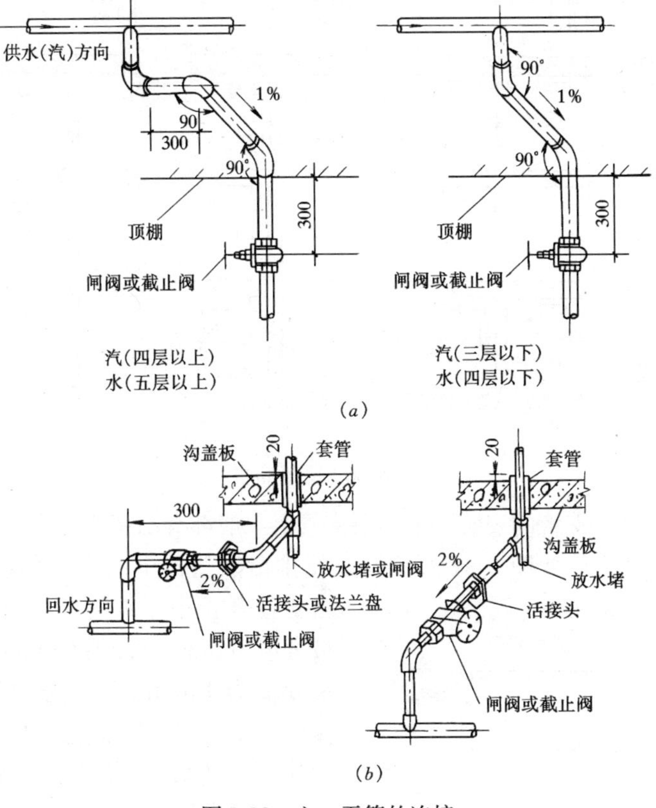

图 9-29　立、干管的连接

（*a*）干管与立管离墙不同的连接方法；（*b*）地沟内立干管的连接方法

垂直度，扶正钢套管，填塞孔洞使其套管固定。

4）立管与干管连接，具体连接做法见图 9-29 所示。采用在干管上焊上短丝管头，以便于立管的螺纹连接。

立管一般明装，布置在外墙墙角及窗间墙处。立管距墙面的距离如图 9-30 所示。立管的管卡当层高小于或等于 5m 时，每层须安 1 个，管卡距地面 1.5～1.8m。层高大于 5m 时，每层不少于 2 个，两管卡匀称安装。

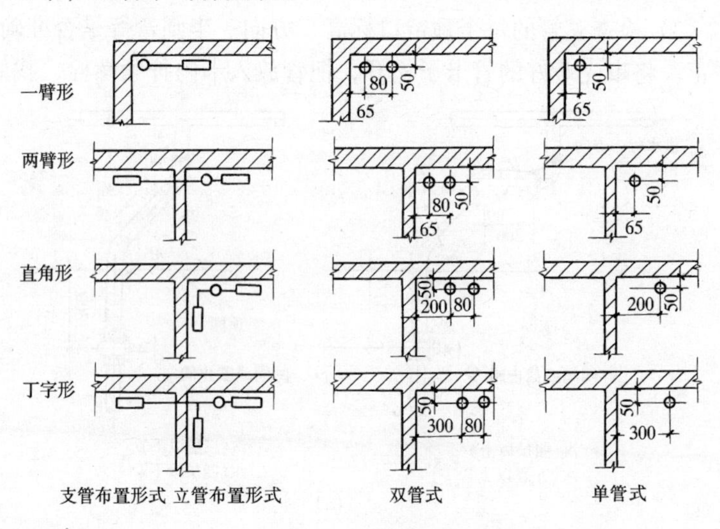

图 9-30　立管布置

（4）支管的安装：散热器支管上一般都有乙字弯。安装时均应有坡度，如图 9-31 所示，以便排出散热器中的空气和放水。

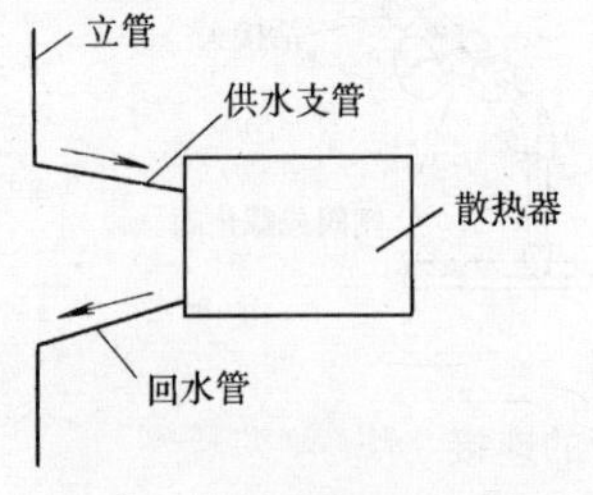

图 9-31　散热器支管的坡度

当支管全长小于或等于 500mm，坡度值为 5mm；大于 500mm 时，坡度值为 10mm。当一根立管连接两根支管时，其中任一根超过 500mm，其坡度值均为 10mm。当散热器支管长度大于 1.5m 时，应在中间安装管卡或托钩。

安装步骤如下：

1）检查散热器安装位置及立管预留口是否准确。量出支管尺寸，即散热器中心距墙与立管预留口中心距离之差。

2）配支管，按量出支管的尺寸，减去灯叉弯的量，加工和调直管段，将灯叉弯两端头抹上铅油麻丝，装好活接头，连接散热器。

3）检查安装后的支管的坡度和距墙的尺寸，复查立管及散热器有无移位。

上述管道系统全部安装之后，即可按规定进行系统试压、防腐、保温等项的施工。

室内采暖管道安装允许偏差见表 9-14。

室内采暖管道安装允许偏差（mm）　　表 9-14

<table>
<tr><th>项次</th><th colspan="4">项　目</th><th>允许偏差</th><th>检验方法</th></tr>
<tr><td rowspan="4">1</td><td colspan="2" rowspan="4">横管道纵、横方向弯曲（mm）</td><td rowspan="2">每 1m</td><td>$DN\leqslant100$</td><td>1</td><td rowspan="4">用水平尺、直尺、拉线和尺量检查</td></tr>
<tr><td>$DN>100$</td><td>1.5</td></tr>
<tr><td rowspan="2">全长（25m 以上）</td><td>$DN\leqslant100$</td><td>$\ngtr13$</td></tr>
<tr><td>$DN>100$</td><td>$\ngtr25$</td></tr>
<tr><td rowspan="2">2</td><td colspan="2" rowspan="2">立管垂直度（mm）</td><td colspan="2">每 1m</td><td>2</td><td rowspan="2">吊线和尺量检查</td></tr>
<tr><td colspan="2">全长（5m 以上）</td><td>$\ngtr10$</td></tr>
<tr><td rowspan="4">3</td><td rowspan="4">弯管</td><td rowspan="2">椭圆率 $\left(\frac{D_{max}-D_{min}}{D_{max}}\right)$</td><td colspan="2">$DN\leqslant100$</td><td>10/100</td><td rowspan="4">用外卡钳和尺量检查</td></tr>
<tr><td colspan="2">$DN>100$</td><td>8/100</td></tr>
<tr><td rowspan="2">折皱不平度（mm）</td><td colspan="2">$DN\leqslant100$</td><td>4</td></tr>
<tr><td colspan="2">$DN>100$</td><td>5</td></tr>
</table>

3. 主要辅助设备的安装

为了保证采暖系统的正常运行，调节维修方便，必须设置一些附属设备，如集气罐、膨胀水箱、阀门、除污器、疏水器等。其中阀门、疏水器等器具的安装另述，下面主要介绍集气罐、膨胀水箱、除污器等的安装。

(1) 集气罐：集气罐有两种，一种是自动排气阀，靠阀体内的启闭机构达到自动排气的作用。常用的几种如图 9-32 所示。性能见表 9-15，安装时应在自动排气阀和管路接点之间装个阀门，以便维修更换。另一种是用 4.5mm 的钢板卷成或用管径 100～250mm 钢管焊成的集气罐，如图 9-33 所示。在放气管的末端装有阀门，其位置要便于使用。集气罐配管见表 9-16。

自动排气阀的性能　　表 9-15

型号名称	接管规格 DN (mm)	使用范围	外形尺寸 $L \times B \times H$ (mm)
ZP-Ⅰ、Ⅱ型 ZPT-C 自动排气阀	20 (15，25)	Ⅰ型 $t \leqslant 110℃$ $P \leqslant 0.7$MPa Ⅱ型 $t \leqslant 130℃$ $P \leqslant 1.2$MPa 的热水、冷水系统、冷暖风机、风机盘管、表冷器、加热器	158×90×125
P21T-4 型立式自动排气阀	20	$t \leqslant 120℃$ 热水、冷水系统 $P \leqslant 0.4$MPa	
PQ-R-S 型自动排气阀	15	$P \leqslant 0.4$MPa，$t \leqslant 110℃$ 的热水、冷水系统	$\phi 70 \times 115$
ZP88-1 型立式自动排气阀	15，20	$t \leqslant 110℃$ $P \leqslant 0.8$MPa 的热水、冷水系统	$\phi 34 \times 65$

集气罐配管尺寸（mm）　　表 9-16

尺寸 型号 / 项目	1	2	3	4
D	100	150	200	250
H（L）	300	300	320	430
δ_1	4.5	4.5	6	8
δ_2	6	6	8	10

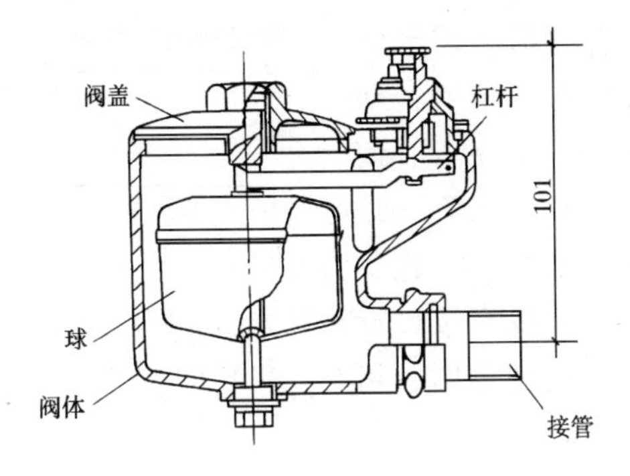

P21T-4 型立式自动排气阀

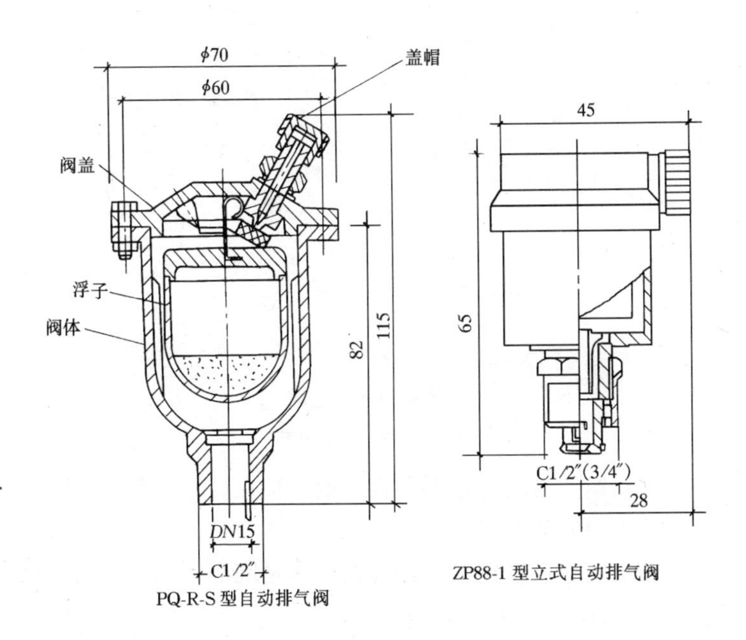

PQ-R-S 型自动排气阀

ZP88-1 型立式自动排气阀

图 9-32　自动排气阀

(2) 膨胀水箱：膨胀水箱的作用是容纳热水采暖系统中水受热膨胀而增加的体积。膨胀水箱和系统的连接点，在循环水泵无论运行与否时都处于不变的静水压力下，该点称为供暖系统的恒压点。恒压点对系统安全运行起着很重要的作用。

膨胀水箱有方形和圆形两种。膨胀水箱上有5根管，即膨胀管、循环管、溢流管、信号管（检查管）及泄水管（排水管），如图9-34所示。施工安装时，各管子的规格按设计要求施工，设计无规定时，可参照表9-17施工。

接管管径尺寸表（mm）表9-17

编号	名　　称	型　　号	
		1～8号	9～12号
5	溢流管	*DN*50	*DN*70
6	排水管	*DN*32	*DN*32
7	循环管	*DN*20	*DN*25
8	膨胀管	*DN*40	*DN*50
9	信号管	*DN*20	*DN*20

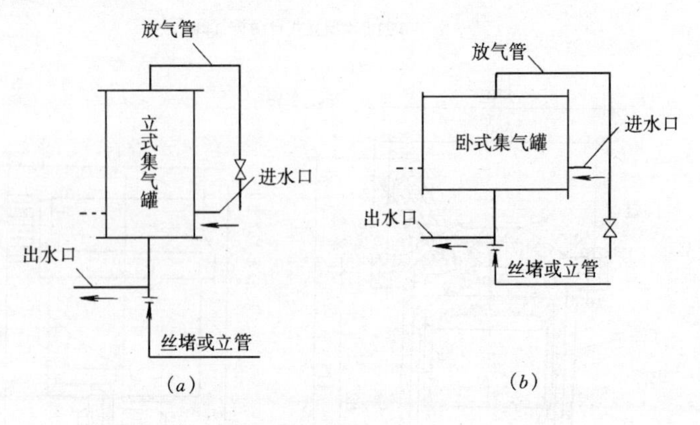

图9-33　集气罐

（*a*）立式；（*b*）卧式

膨胀水箱的膨胀管和循环管一般连接在循环水泵前的回水总管上，并不得安装阀门。

膨胀水箱应设置在系统最高处，水箱底部距系统的最高点应不小于600mm。

水箱内外表面除锈后应刷红丹防锈漆两道，在采暖房间，外壁刷银粉两道，若设在不采暖房间，膨胀水箱应做保温。

（3）除污器：除污器常设在用户引入口和循环水泵进口处。除污器可自制，上部设排气阀，底部装有排污丝堵（排污阀），定期排除污物。安装时要注意方向，并设旁通管，在除污器及旁通管上，都应装截止阀，除污器一般用法兰与管路连接，如图

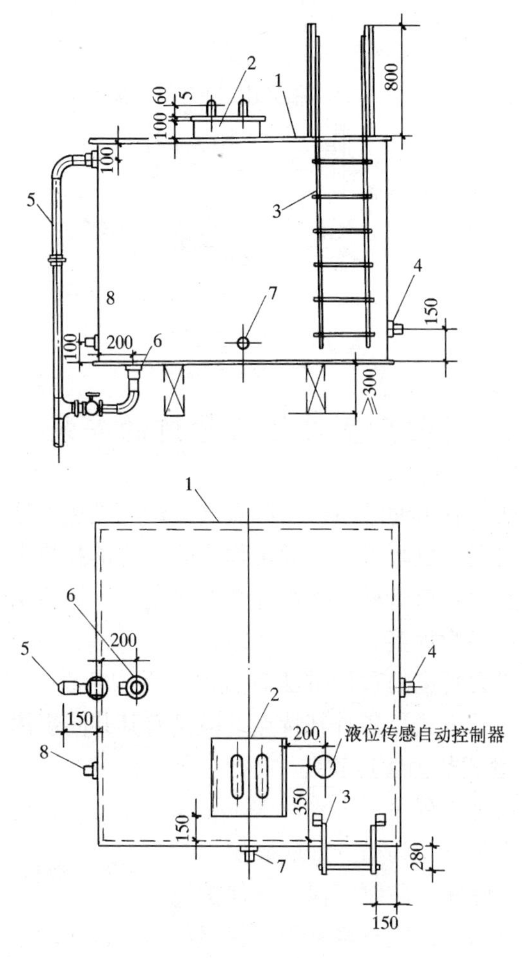

图 9-34　方形膨胀水箱

1—箱体；2—人孔；3—外人梯；4—信号管；5—溢流管；6—排水管；7—循环管；8—膨胀管

9-35 所示。

除污器的型式有立式和卧式两种。由筒体、过滤网、排气管及阀门、排污管或丝堵构成。其中过滤网脏了可以取出，清洗后再用。

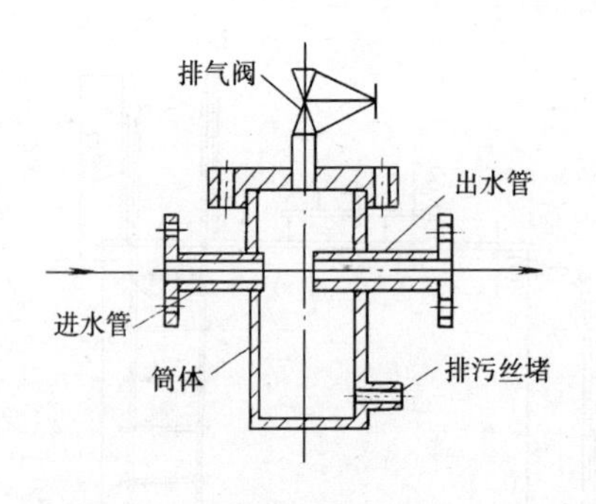

图 9-35　除污器

（七）室外热力管道的安装

室外热力管道通常指由热源点（锅炉房或热力站）至各建筑物引入口之间的供暖管道，通常称为热力管道和热力管网。

室外热力管道管材多采用螺纹焊缝钢管、焊缝钢管和无缝钢管，其接口多为焊接。

室外热力管道的敷设方法有直埋（无沟敷设）、管沟敷设和架空敷设三种方式，各有其特点，但又有其共同规律。

1. 直埋式热力管道安装

直埋法施工程序：

放线定位→挖沟槽→铺底砂层
直埋管除锈、防腐、保温→保护壳]→管道敷设→安装伸缩器、阀门→水压试验→修补防腐保温层→填盖细砂→砌井室→沟槽回填土。

直埋供暖管道一般由三部分组成，即钢管、保温层、保护层。这三部分是紧密地粘在一起的整体。保温材料要求导热系数小，有一定机械强度，吸水率低和一定的干容重。国内多用聚氨酯硬质泡沫塑料做保温材料。

直埋管的敷设可按图 9-36 所示回填，使管身、落在均匀基层上。

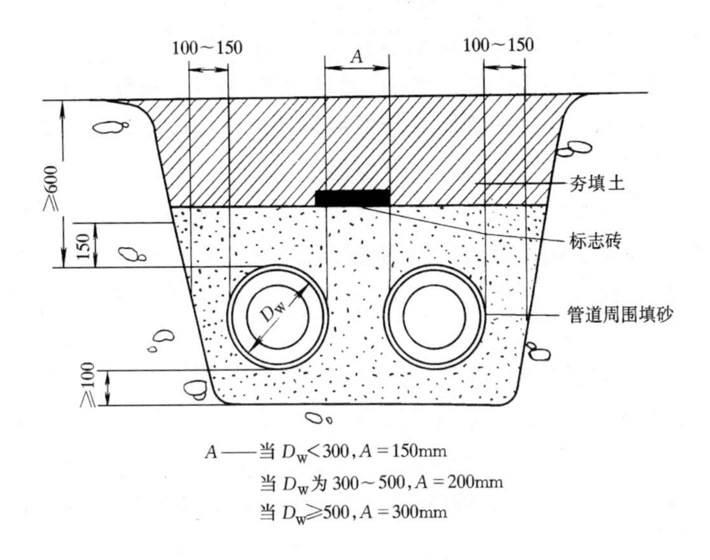

图 9-36　直埋供暖管道埋设要求示意图

2. 管沟内敷设热力管道

其施工程序：放线定位→挖槽→管沟施工→支架定位及安装→管道安装→附件安装→水压试验→防腐保温→管道冲洗→回填土等。

其施工过程有许多工序与直埋法和室内采暖管道相类似，不再详述。

管沟内敷设可分为通行地沟敷设、半通行地沟敷设和不通行地沟敷设三种。

地沟应能保护管道不受外力作用和水的侵袭，保护管道的保温结构，允许管道自由伸缩。地沟盖板覆土深度不宜小于 0.2m，盖板应有 0.01～0.02 的横向坡度。地沟底部宜设不小于 0.002 的纵向坡度。

3. 架空管道安装

室外采暖管道架空敷设，就是将管道架设在地面的支架上或敷设在墙壁的支架上。

架空敷设的支架按其制作材料可分为砖砌支架、钢筋混凝土支架、钢支架等，一般用钢筋混凝土支架较多。

架空敷设多用于工厂区内，其特点管路露于室外。其安装程序：放线定位→支架安装→管道吊装就位→挂坡度线安装高支座→附件安装→水压试验→防腐保温等。

按照支架的高低可分为低支架，中支架和高支架三种型式。

管道安装前，要对支架的稳固性、标高以及在地面上的坐标位置进行检查，严格保证管路的设计坡度，决不允许由于支架的施工安装错误而出现倒坡。

4. 室外采暖管道安装的一般要求

(1) 室外采暖管道应设坡度，目的在于排水、放气和排凝结水。在管段的相对低位点设泄水阀，在管段的相对高位点设放气阀。如图 9-37 所示。蒸汽管进行水压试验的临时放气孔，在试压完毕后焊死。

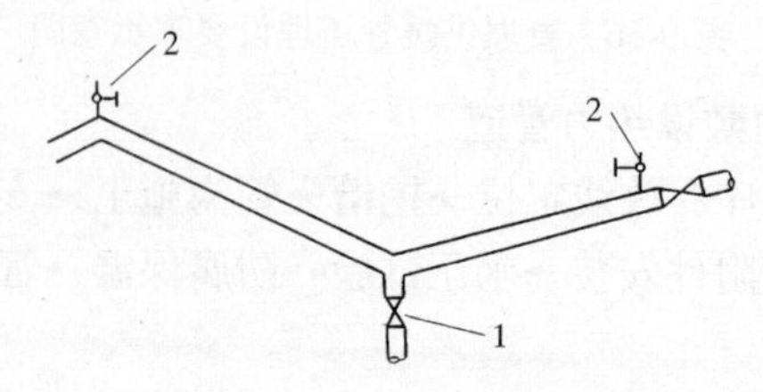

图 9-37 放气和排水装置

1—排水阀；2—放气阀

热水管道、凝结水管道、汽水同向流动的蒸汽管道应有 0.002～0.003 的坡度，汽水逆向流动的蒸汽管道至少有 0.005 的坡度，靠重力回水的凝结水管道应有 0.005 的坡度。

(2) 在管道安装施工中，一般遵循下列原则：小口径管道让大口径管道，无压管道让有压管道，低压管道让高压管道。

(3) 热水管道一般把供水管敷设在其前进方向的右侧，回水管设在左侧；蒸汽管敷设在其前进方向的右侧，凝结水管设在左侧。

(4) 水平管道的变径宜采用偏心异径管（偏心大小头）。对蒸汽管道大小头的下侧取平，以利排水；对热水管道，大小头的上侧应取平，以利排气。

（5）蒸汽支管从主管上接出时，支管应从主管的上方或两侧接出，以免凝结水流入支管。

（6）在采暖管道上的适当位置应设置阀门、检查井与检查平台，以便于维修管理。

（7）采暖管道安装完毕后，必须进行强度和严密性试验，合格后，进行保温处理。

5. 伸缩器的安装

为减少并释放管道受热膨胀时所产生的应力，需在管路上每隔一定的距离设置一个热膨胀的补偿装置，这样就使管子有伸缩余地而减小热应力。

管道的补偿器可分为自然补偿器和专用补偿器两大类。自然补偿器常见的有 L 形和 Z 形弯管。

在管道施工中，首先应考虑利用管道弯曲的自然补偿，当管内介质温度不超过 80℃ 时，如管线不长且支吊架配置正确，那么管道长度的热变化可以其自身的弹性予以补偿，这是自行补偿的最好办法。专用补偿器有方形补偿器、套筒补偿器、波形补偿器等。

（1）方形补偿器

方形补偿器又称 U 形补偿器，也叫方胀力，广泛用于碳钢、不锈钢、有色金属和塑料管道，适应于各种压力和温度。方形补偿器由四个 90°弯管组成，其常用的四种类型如图 9-38 所示。其安装要点如下：

1）安装前，先检查伸缩器加工是否符合设计尺寸，伸缩器的三个臂是否在一个水平面，用水平尺检查、调整支架，使伸缩器位置、标高、坡度符合设计要求；

2）安装时，应将伸缩器预拉伸。预拉伸量为热伸长量的 1/2，拉伸方法可用拉管器或用千斤顶撑开伸缩器两臂；

3）预拉伸的焊口，应选在距伸缩器弯曲起点 2～2.5m 处为

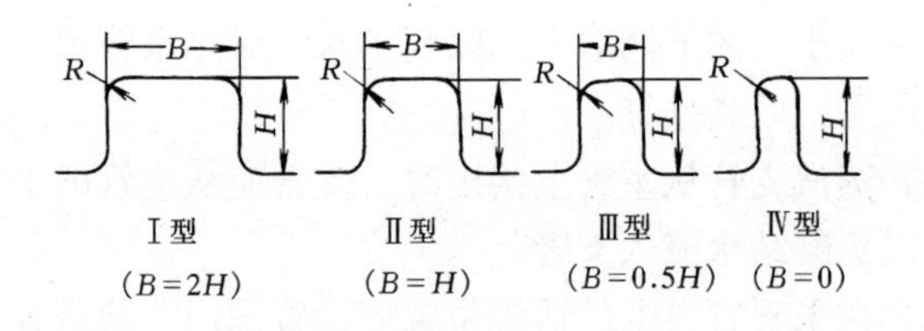

图 9-38 方形补偿器类型

宜，不得过于靠近伸缩器，冷拉前应检查冷拉焊口间隙是否符合冷拉值；

4）水平安装时应与管道坡向一致。垂直安装时，高点设排气阀，低点设泄水阀；

5）弯制方形伸缩器，应用整根管弯制而成。如需设接口，其接口应设在直臂中间。

6）补偿器两侧的第一个支架宜设在距补偿器弯头的弯曲起点 0.5～1m 处，支架应为活动支架。

安装补偿器应当在两个固定支架之间的其他管道安装完毕时进行。

(2) 波形补偿器

波形补偿器是一种新型伸缩器，靠波形管壁的弹性变形来吸收热胀或冷缩达到补偿目的，如图 9-39 所示。波形补偿器多用于工作压力不超过 0.7MPa、温度为 -30～450℃、公称通径大于 100mm 的管道上。

波形补偿器按波节结构可分为带套筒和不带套筒两种形式，因此，安装时要注意方向。伸缩节内的衬套与管外壳焊接的一端，应朝向坡度的上方，以防冷凝水大量流到波形皱褶的凹槽里。安装前先了解出厂时是否已做预拉伸，若未做应在现场做预拉伸。安装时，应设临时固定，待管道安装固定后再拆除。吊装波形补偿器要注意不能把吊索绑在波节上。水平安装时，应在每个波节的下方边缘安装放水阀。

在管道进行水压试验时，要将波形补偿器夹牢，不让其有拉长的可能，试压时不得超压。

(3) 套管式补偿器

套管式补偿器又名填料式补偿器，有铸铁和钢质两种，常用的套管式补偿器的补偿量为150～300mm。

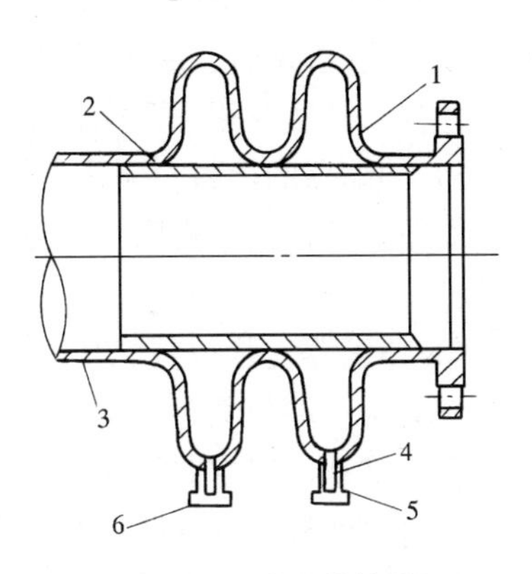

图 9-39 波形补偿器

1—波形节；2—套筒；3—管子

4—疏水管；5—垫片；6—螺母

铸铁套管式补偿器用法兰与管道连接，只能用于公称压力不超过1.3MPa、公称通径不超过300mm的管道。钢质套管式补偿器有单向和双向两种型式，如图9-40所示。它是由外套管、导管、压盖和填料组成。工作时，由导管和套管之间产生相对滑动来达到补偿管道热胀冷缩的目的。钢质套管式补偿器可用于工作压力不超过1.6MPa的蒸汽管道和其他管道。

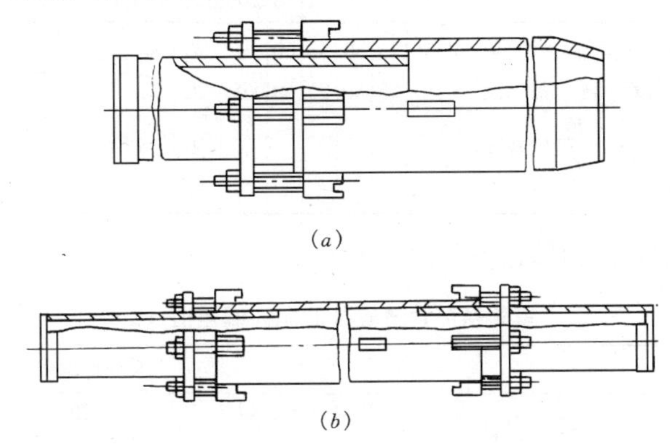

图 9-40 钢质填料式补偿器

(a) 单向填料式补偿器；(b) 双向填料式补偿器

套管式伸缩器安装要点：

1) 安装前，先将伸缩器的填料压盖松开，将内套管（导管）拉出预拉伸的长度，然后再将填料压盖拧紧。

2）安装管道时，应预留出伸缩器长度，并在管道端口处焊接法兰盘，其法兰相互匹配，接触面相互平行垂直。

3）伸缩器的填料，应采用涂有石墨粉的石棉绳或浸过机油的石棉绳。压盖松紧程度在试运行时进行调整。使用中经常更换填料，以保证封口严密。

4）伸缩器安装位置，应遵照产品说明书放置，若无规定，一般将套管一端与固定支架管端连接，导管和另一端管道连接。

套管式补偿器主要用在安装方形补偿器有困难的地方，对于不能随时停产检修的管路不能使用。直线管路较长，须设置多个补偿器时，最好采用双向补偿器。

两个固定支架之间必须要有一个补偿器，固定支架的设置不得超过其最大间距的要求，见表9-18。

固定支座（支架）最大间距表（m） **表9-18**

补偿器类型	敷设方式	公称直径 *DN*													
		25	32	40	50	65	80	100	125	150	200	250	300	350	400
方形补偿器	地沟与架空敷设	30	35	45	50	55	60	65	70	80	90	100	115	130	145
	直埋敷设			45	50	55	60	65	70	70	90	90	110	110	110
套管型补偿器	地沟与架空敷设								50	55	60	70	80	90	100
	直埋敷设								30	35	50	60	65	65	70

室外热力管道安装允许偏差见表9-19。

室外供热管道安装的允许偏差值（mm） **表9-19**

<table>
<tr><th colspan="3">项目</th><th>允许偏差</th><th>检验方法</th></tr>
<tr><td colspan="2" rowspan="2">坐标</td><td>敷设在沟槽内及架空</td><td>20</td><td rowspan="8">用水准仪（水平尺）、直尺、拉线和尺量检查</td></tr>
<tr><td>埋地</td><td>50</td></tr>
<tr><td colspan="2" rowspan="2">标高</td><td>敷设在沟槽内及架空</td><td>±10</td></tr>
<tr><td>埋地</td><td>±15</td></tr>
<tr><td rowspan="4">水平管道纵、横方向弯曲</td><td rowspan="2">每1m</td><td>管径小于或等于100</td><td>1</td></tr>
<tr><td>管径大于100</td><td>1.5</td></tr>
<tr><td rowspan="2">全长（25m以上）</td><td>管径小于或等于100</td><td>不大于13</td></tr>
<tr><td>管径大于100</td><td>不大于25</td></tr>
</table>

续表

<table>
<tr><th colspan="3">项　　目</th><th>允许偏差</th><th>检验方法</th></tr>
<tr><td rowspan="5">弯
管</td><td>椭圆率
$\frac{D_{max}-D_{min}}{D_{max}}$</td><td>管径小于或等于 100
管径大于 100</td><td>8/100
5/100</td><td rowspan="5">用外卡钳和尺量检查</td></tr>
<tr><td rowspan="3">折皱不平度</td><td>管径小于或等于 100</td><td>4</td></tr>
<tr><td>管径 125～200</td><td>5</td></tr>
<tr><td>管径 250～400</td><td>7</td></tr>
</table>

复　习　题

1. 室内给水系统由哪几部分组成?

2. 室内排水系统由哪几部分组成?

3. 机械循环热水采暖系统由哪些部分组成?

4. 试述低压蒸汽采暖系统的组成。

5. 热水供应系统由哪几部分组成?

6. 室内给水管道如何安装? 有何质量要求?

7. 引入管穿墙、穿基础如何施工? 干管如遇伸缩缝、沉降缝如何处置?

8. PP-R 给水管如何安装?

9. 如何安装给水管道的水表?

10. 室内排水管道如何安装?

11. 管道穿楼板如何施工? 通气管伸出屋面如何处置?

12. 硬聚氯乙烯排水管道如何安装?

13. 室外给水管道如何安装?

14. 室内采暖管道如何安装? 质量要求如何?

15. 采暖干管过门如何安装?

16. 室外热力管道如何安装? 其质量要求如何?

17. 直埋供暖管道的埋设有什么要求?

18. 伸缩器分哪几种? 如何安装?

十、消 防 管 道

（一）消防管道的组成

建筑消防工程关系到国家利益、人民生命及财产安全，政策性和技术性强，涉及面广。我国的消防方针是“预防为主，防消结合”。因此，在消防管网和设施安装时，必须严格按设计要求进行，不得违反国家有关技术规定，特别是强制性标准，必须严格执行。

1．消防灭火系统分类

按所采用的介质不同，消防灭火系统有四大类型。各类型系统适用特点如表 10-1。

消防灭火系统分类及特点　　　　表 10-1

类型	灭火系统	特点或适用范围
水灭火系统	消火栓系统	适合工业建筑、民用建筑、地下工程等，应用广泛。按国家规范、标准要求进行
	自动喷水灭火系统	在一些功能齐全、火灾危险大、高度较高、标准高的民用建筑，以及一些火灾危险性大的工业建筑、库房内设置，国家有强制性标准，必须保证施工质量
	水喷雾灭火系统	用于扑救固体火灾，闪点高于 60℃的液体火灾和电气火灾，以及可燃气体和甲、乙、丙类液体的生产、储存装置或装卸设施的防护冷却。如液化石油气储罐站等
	水幕系统	建筑物采用水幕分隔，如防火间距过小处或舞台常用。与自动喷水系统一样，要求施工质量高
	蒸汽灭火系统	用于石化企业、及有蒸汽源的燃油锅炉房、油泵房、重油储罐区、火灾危险性较大的石油化工露天生产装置等场合

续表

类型	灭火系统	特点或适用范围
建筑灭火器	清水型、酸碱型	适用A类火灾，水能冷却并能通过燃烧物而灭火，可有效防止复燃。不适用B、C、E类火灾
	磷酸铵盐干粉	适用A、B、C、E四类火灾
	化学泡沫型	适用A、B、C、E四类火灾
	卤代烷型	适用A、B、C、E四类火灾
气体灭火系统	FM-200灭火系统	可防护贵重物品，无价珍宝，资料档案及计算机软硬件等。如数据处理中心、电信通信设施、图书馆、博物馆等
	二氧化碳灭火系统	最适宜扑救生产作业火灾危险场所的火灾。如：浸渍槽、熔化槽、油浸变压器、油开关、大型发电机、炊事炉灶等场所
	氮气固定灭火系统	适用于10MVA以上的油浸电力变压器、大型高层建筑变压器
泡沫和干粉灭火系统	低倍数泡沫灭火系统	适用于加工、储存、装卸、使用甲、乙、丙类液体场所如化工、石油、化纤、油漆、酒精生产厂和仓库
	高倍数泡沫灭火系统	有发泡倍数高，灭火速度快，水渍损失小的特点。可扑灭A类、B类火灾，有效控制液化石油气、天然气的流淌火灾
	中倍数泡沫灭火系统	有局部应用式和移动式两类，用于小面积B类火灾场所等
	干粉灭火系统	灭火迅速可靠，特别适用于火焰蔓延快的易燃液体，且有造价低、占地小，不冻结等优点，应用广泛
	轻水泡沫灭火系统	是扑灭甲类、乙类、丙类液体火灾普遍使用的系统，可与淡水、海水、矿物质及弱碱水配合使用，故应用广泛

对于气体、泡沫与干粉灭火系统，在安装、使用、管理与维护中，应特别注意各自的安全性方面特点，并且具有一定的行业、专业等要求，在此只作类别分析，其具体安装等方面不作介绍。主要阐述常用的消火栓和自动喷淋灭火系统。

2. 普通消火栓系统

(1) 室外消防给水管道和室外消火栓

室外消防给水管道布置应符合下列要求：一是管网应布置成环状，但在建设初期或室外消防用水量不超过15L/s时，可布置成枝状；二是环状管网的输水干管及向环状管网输水的输水管均不应少于两条，保证其中一条发生故障时，其余的干管应仍能通过消防用水总量；三是环状管网应用阀门分成若干独立段，每段内消火栓的数量不宜超过5个；四是室外消防给水管道的最小直径不应小于100mm。

室外消火栓的布置应合乎下列要求：一是消火栓应沿道路设置，道路宽度超过60m时，宜在道路两边设消火栓，并靠十字路口；二是甲、乙、丙类液化储罐区和液化石油气罐罐区的消火栓，应设在防火堤外，但距罐壁15m内的消火栓，不应计算在该罐可使用的数量内，且消火栓距路边不应超过2m，距房屋外墙不宜小于5m；三是室外消火栓的间距不应超过120m，其保护半径不应超过150m，若在市政消火栓保护半径150m内，且消防用水量不超过15L/s时，可不设室外消火栓；四是每个室外消火栓用水量按10～15L/s计算，室外地上式消火栓应有一个直径为150mm或100mm和两个直径为65mm的栓口，室外地下式消火栓应有直径为100mm和65mm的栓口各一个，并有明显标志。

室外消火栓类型分为地上式和地下式两种。消火栓的型号及规格见表10-2。

室外消火栓型号和规格 **表10-2**

参数/类别	型号	公称压力 MPa	进水口		出水口		备　注
			口径(mm)	数量(个)	口径(mm)	数量(个)	
地上式消火栓	SS100-1.0	1.0	100	1	65	2	1.0MPa=10kg/cm²
					100	1	1.6MPa=16kg/cm²
	SS100-1.6	1.6	100	1	65	2	
					100	1	

续表

类别＼参数	型号	公称压力 MPa	进水口		出水口		备 注
			口径 (mm)	数量 (个)	口径 (mm)	数量 (个)	
地上式消火栓	SS150-1.0	1.0	150	1	65	2	
					150	1	
	SS150-1.6	1.6	150	1	65	2	
					150	1	
地下式消火栓	SX65-1.0	1.0	100	1	65	2	
	SX65-1.6	1.6	100	1	65	2	
	SX100-1.0	1.0	100	1	100	1	自配消火栓连接器，见 GB4453—84
	SX100-1.6	1.6	100	1	100	1	

地下、地上消火栓一般由栓体、法兰接管、阀体、弯管底座或三通四部分组成。栓体与阀体之间可加法兰接管，以适应不同埋深的需要。阀上设有排水口，可将消火栓内存留余水自动放空，以免消火栓被冻坏。

（2）室内消防给水管道、室内消火栓和消防水泵接合器

室内消防管道的布置应合乎下列要求：一是室内消火栓超过10个且室内消防用水量大于15L/s时，室内消防给水管道至少应有两条进水管与室外环状管网连接，并应将室内管道连成环状或将进水管与室外管道连成环状；二是超过六层的塔式（采用双出口消火栓除外）和通廊式住宅、超过五层或体积超过10000m^{3}的其他民用建筑、超过四层厂房和库房，如室内消防竖管为两条或两条以上时，应至少每两根竖管相连成环状；三是高层工业建筑室内消防竖管应成环状，且管径应大于100mm；四是超过四层的厂房和库房、高层工业建筑、设有消防管网的住宅及超过五层的其他民用建筑，其室内消防管网应设消防水泵接合器；五是室内消防给水管道应用阀门分成若干独立段，当某段损坏时，停止使用的消火栓在一层中不应超过5个，高层工业建筑室内消防

给水管道上阀门布置，应保证检修管道时关闭的竖管不超过一条，超过三条竖管时，可关闭两条，阀门应经常开启，并有明显启闭标志；六是室内消火栓与自动喷淋灭火设备的管网，宜分开设置，若有困难，应在报警阀前分开设置。

室内消火栓给水系统常有下列四种形式：

一是常压室内消防给水系统，如图 10-1 所示。特点是室外管网给水系统能满足室内最不利点的消防用水量和压力要求。

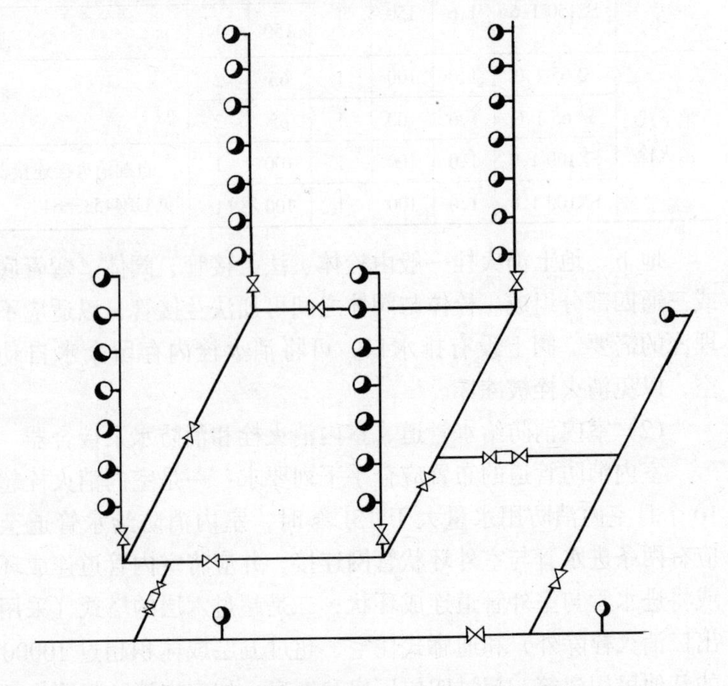

图 10-1　常高压室内消火栓给水系统示意图

二是设有高位水箱的临时高压室内消防给水系统，如图 10-2 所示。其特点是室外管网在最大时不能满足室内最不利点的消防用水要求。

三是设有水池、水泵、水箱的临时高压室内消防给水系统，如图 10-3 所示。常用于高层建筑或消防水量、水压均不能由外

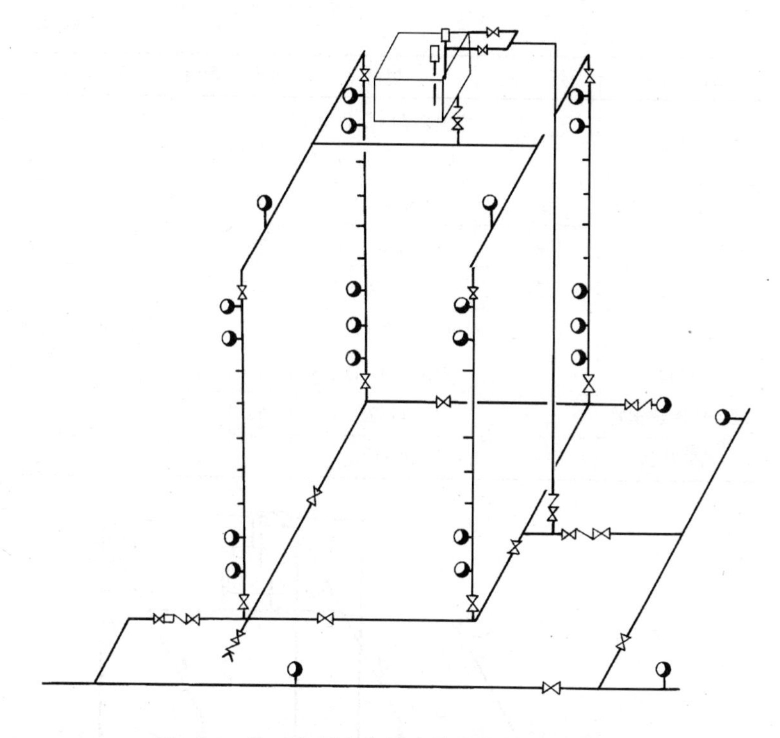

图 10-2 临时高压室内消火栓给水系统示意图

网保证的场合。

四是分区消防临时高压给水系统，如图 10-4 所示，适于高层建筑中，且消火栓的静压超过 80mH_2O 时选用。

室内消火栓成套灭火设备包括水枪、水龙带、消火栓、消防软管卷盘、消火栓箱、消防按钮。如表 10-3 示。

消火栓（箱）配套材料表 **表 10-3**

名称	材料	规格	单位	数量	备注
消火栓箱	铝合金—钢 钢	1100×700×240 1100×700×320	个	1	
消火栓	铸铁	SN50 或 SN65	个	1	

续表

名　称	材　料	规格	单位	数量	备　注
水枪	铝或钢	QZ16/ϕ13，ϕ16 或 QZ19/ϕ16，ϕ19	个	1	
水龙带	麻质	DN50 或 DN65	条	1	
水龙带接口	铝	KD50 或 KD65	个	2	
挂架	钢	345×30×4	套	1	
消防软管卷盘		由设计定	套	1	含软管和灭火喉
闸阀		Z15T-10，DN25	个	1	
软管或镀锌钢管		DN25	米		
消防按钮		由设计定	个	1	

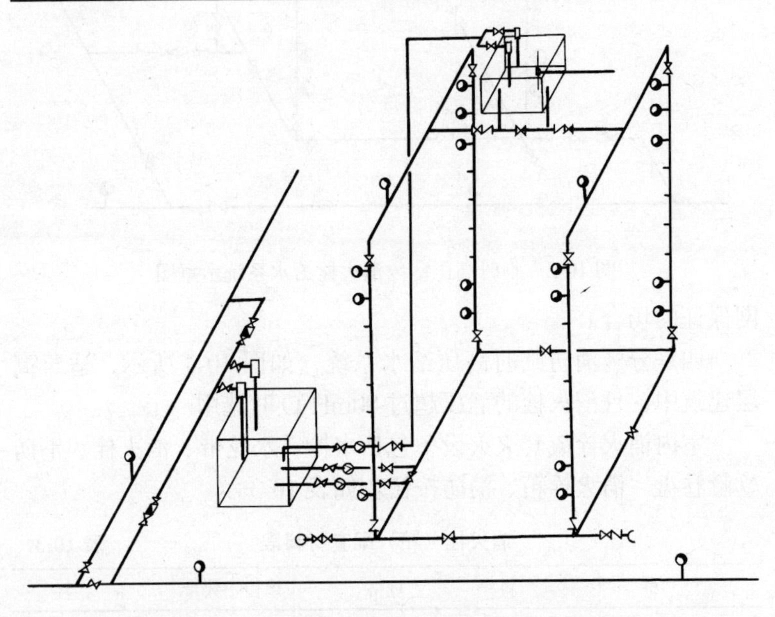

图 10-3　设有水池、水箱、消防泵的临时高压室内消防给水系统示意图

水枪的作用是产生一定的充实水柱以灭火，水枪与水龙带配备为：13mm 水枪配 50mm 水龙带，16mm 水枪配 50 或 65mm

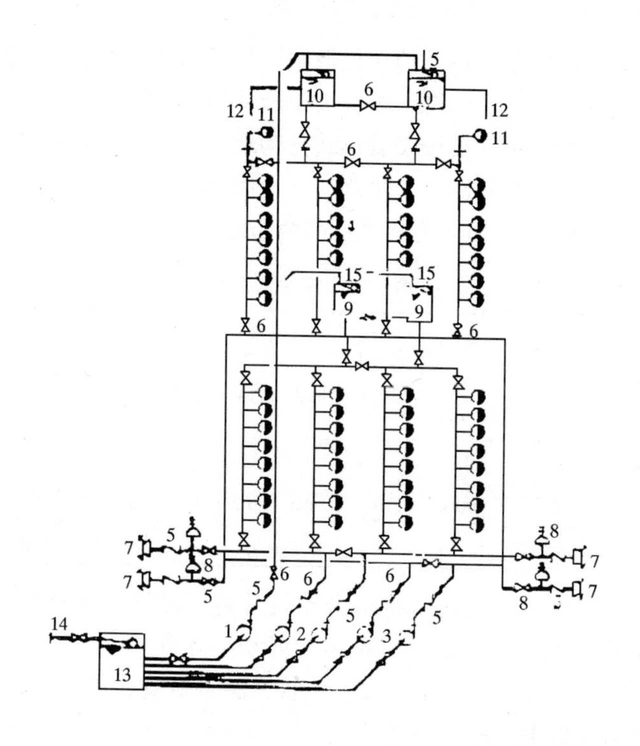

图 10-4　分区给水方式

1—生活、生产水泵；2——区消防水泵；3—二区消防水泵；4—室内消火栓及远距离启动消防水泵的按钮；5—止回阀；6—闸阀；7—水泵接合器；8—安全阀；9——区水箱；10—二区水箱；11—屋顶消火栓；12—至生活、生产输水管网；13—贮水池；14—进户管；15—浮球阀

水龙带，19mm 水枪配 65mm 水龙带。水龙带和消火栓有 50mm 和 65mm 两种口径，均应配套。

消火栓应布置在建筑物各层中，且应设有明显的、常有人出入、使用方便的地方，如楼梯间、走廊及大厅的出入口处。消火栓之间间距要保证所要求的水柱股数能同时射到建筑物内的任何地方，且不允许有任何死角。

消防水泵接合器是在室内消防水泵发生故障或室内消防用水

不足时，消防车从室外消火栓取水，加压后通过水泵接合器将水送至室内消防给水管网，供灭火设施使用。

消防水泵接合器按安装形式分为地上式、地下式和墙壁式三种，主要部件有闸阀、安全阀、止回阀、弯管、接管、集水管和接口等组成。表10-4为常规产品消防水泵接合器。

消防水泵接合器规格　　　　表10-4

<table>
<tr><th rowspan="2">型号</th><th rowspan="2">型式</th><th rowspan="2">公称直径（mm）</th><th rowspan="2">公称压力（MPa）</th><th colspan="2">进水口</th><th rowspan="2">外形尺寸 长×宽×高（mm）</th><th rowspan="2">重量 kg</th></tr>
<tr><th>形式</th><th>口径（mm）</th></tr>
<tr><td>SQ100</td><td>地上式</td><td rowspan="3">100</td><td rowspan="3">1.0</td><td rowspan="3">内扣式</td><td rowspan="3">65×2</td><td>980×300×1500</td><td></td></tr>
<tr><td>SQX100</td><td>地下式</td><td>980×300×930</td><td></td></tr>
<tr><td>SQB100</td><td>墙壁式</td><td>980×450×1780</td><td></td></tr>
</table>

另一种A型消防水泵接合器较常规产品比，在轴向尺寸上减少了50%以上，从而节省用地面积，降低了投资，且安装方便。主要由弯管、本体、法兰接管、法兰弯管、蝶阀、止回阀、安全阀等组成。表10-5为公称压力1.6MPa的A型水泵接合器型号规格。

A型消防水泵接合器规格　　　　表10-5

<table>
<tr><th>序号</th><th>型号</th><th>型式</th><th>公称直径（mm）</th><th>消防接口</th></tr>
<tr><td>1</td><td>SQB-A100</td><td rowspan="2">墙壁式</td><td>100</td><td>KWS65</td></tr>
<tr><td>2</td><td>SQB-A150</td><td>150</td><td>KWS80</td></tr>
<tr><td>3</td><td>SQS-A100</td><td rowspan="2">地上式</td><td>100</td><td>KWS65</td></tr>
<tr><td>4</td><td>SQS-A150</td><td>150</td><td>KWS80</td></tr>
<tr><td>5</td><td>SQ-A100</td><td rowspan="2">地下式</td><td>100</td><td>KWS65</td></tr>
<tr><td>6</td><td>SQ-A150</td><td>150</td><td>KWS80</td></tr>
</table>

此外，当设有自动喷水灭火系统的高层建筑、地下工程以及采用高位水箱或水塔难于满足消防设备的水压要求时，常采用全自动气压给水设备来保证扑救初期火灾的水量和水压。

全自动气压给水设备有四种：变压式、恒压式、自动补气式和隔膜式。其特点是气压水罐设置灵活，且实现机电一体化，施工安装方便，占地面积小，设备密封好，水质不易污染，又便于集中管理。

（二）消防管道的安装

1. 消防管道安装

（1）供水干管若设在地下时，应检查挖好的地沟或砌好的管沟须满足施工安装的要求。

（2）按不同管径的规定，设置好需用的支座或支架，依设计埋深和坡度要求，确定各点支座（架）的安装标高。

（3）由供水管入口处起，自前而后逐段安装，并留出各立管的接头。

（4）管子在隐蔽前应先做好试压，再进行防腐与隔热施工。

（5）对于管设在顶层吊顶内时，施工顺序与前述相同，只是安装时由上而下逐层进行。

（6）各分支立管安装是由下而上或由上而下逐层进行，并按设计要求的位置与标高，留出各层水平支管的接头。

（7）各层消防设施与各层水平支管连接。

（8）各层消防管道施工安装后，应按设计要求或施工验收规范的规定，进行水压试验和气密性试验，并填写试验记录，存入工程技术档案。

2. 消防设施安装

普通消火栓给水系统中的室内外消火栓、消防水泵接合器的安装，可按国家标准图 87S163、88S162、86S164 进行。

室内消火栓有明装、暗装、半暗装三种。明装消火栓是将消火栓箱设在墙面上，暗装或半暗装是将消火栓箱置于预留的墙洞内。

（1）先将消火栓箱按设计要求的标高，固定在墙面上或墙洞内，要求横平竖直固定牢靠，对暗装的消火栓，应将消火栓箱门预留在装饰墙面的外部。

(2) 对单出口的消火栓、水平支管，应从箱的端部经箱底由下而上引入，其安装位置尺寸按87S163所示。消火栓中心距地面1.1m，栓口朝外与墙成90°角（乙型）或出水方向向下（甲型)。

(3) 对双出口消火栓，有甲、乙、丙型三种安装方式，其安装尺寸按国标进行。

(4) 将按设计长度截好的水龙带与水枪、水龙带接扣组装好，并将其整齐地折挂或盘卷在消火栓箱的挂架上。

(5) 消防卷盘包括小口径室内消火栓(*DN*25或*DN*32)、输水胶卷、小口径开关水枪和转盘整套消防卷盘可单独放置，一般与普通消火栓组合成套配置，其安装按87S163的相应图号进行。

消防水泵接合器与室外消火栓的安装工艺基本相同，简述如下：

(1) 开箱检查水泵接合器、室外消火栓的各处开关是否灵活、严密、吻合，所配附属设备配件是否齐全。

(2) 室外地下消火栓、地下接合器应砌筑消火栓和接合器井，地上消火栓和接合器应砌筑闸门井。在路面上，井盖上表面同路面相平，允许±5mm偏差，无正规路面时，井盖高出室外设计标高50mm，并应在井口周围以0.02的坡度向外做护坡。

(3) 消火栓、接合器与主管连接的三通或弯头均应先稳固在混凝土支墩上，管下皮距井底不应小于0.2m，消火栓顶部距井盖底面，不应大于0.4m，若超过0.4m应加设短管。

(4) 按标准图要求，进行法兰阀、双法兰短管及水龙带接口安装，接出直管高于1m时，应加固定卡子一道，井盖上应铸有明显的“消火栓”和“接合器”字样。

(5) 室外地上消火栓和接合器安装，接口（栓口）中心距地高为700mm，安装时应先将接合器和消火栓下部的弯头安装在混凝土支墩上，安装应牢固；对墙壁式消火栓和接合器，如设计未要求，进出口栓口的中心安装高度距地面应为1.10m，其上方应设有防坠落物打击的措施。

（6）安装开、闭阀门，两者距离不应超过2.5m。

（7）地下式安装若设阀门井，须将消火栓、接合器自身放水口堵死，在井内另设放水门。且阀门井盖上标有消火栓、接合器字样。

（8）水泵接合器的安全阀、止回阀安装位置和方向应正确、阀门启闭应灵活。

（9）各零部件连接及与地下管道连接均应严密，以防漏水、渗水。管道穿过井壁处，应严密不漏水。

（10）安装完后，应按设计要求或国家验收规范规定进行试压。

（11）在码头、油田、仓库等场所安装室外地下消火栓时，除应有明显标志外，还应考虑在其附近配有专用开井、开枪等工具，消火栓连接器和消防水带等器材的室外消火栓箱，以便使用方便。

3. 消防增压设施安装

用于水消防灭火系统的加压设施主要有水泵和气压罐，消防水泵与水泵安装类同。下面主要介绍隔膜自动气压水罐安装方法。

（1）隔膜式自动气压给水设备在出厂前，已进行水压和气密性试验，现场安装时不得随意拆卸罐体，以防气密性降低。

（2）给水设备在调试前，先将电器设备和水泵进行手动空载试运行，待设备运转正确时，方可进行正式调试工作。

（3）气压水罐的试调程序，应本着先流水后充氮的原则进行。充水可利用市政管阀充水。当气室压力达到最高压力值时，充气完毕，关闭气阀。一般情况下，充水时将排气阀打开，当水室空气排净时即停止充水关闭排气阀，开始充气。充气前将电接点压力表上下指针转至需要最高和最低压力位置上，再充气。

（4）气压给水设备调试后，开始自动运转，管理人员应定期检查维修，保证正常使用。

(5) 经生产厂家调试正常运转后，不准乱动。如需充气可由厂方帮助，若自行充气时，应严格按此操作程序进行。

(三) 自动喷淋系统的安装与调试

1. 自动喷淋系统的分类及组成

(1) 闭式自动喷水灭火系统

该系统特点是采用闭式喷头，当发生火灾时，由于温度升高，使喷头的玻璃球破裂或易熔金属脱落，从而自动喷水灭火。

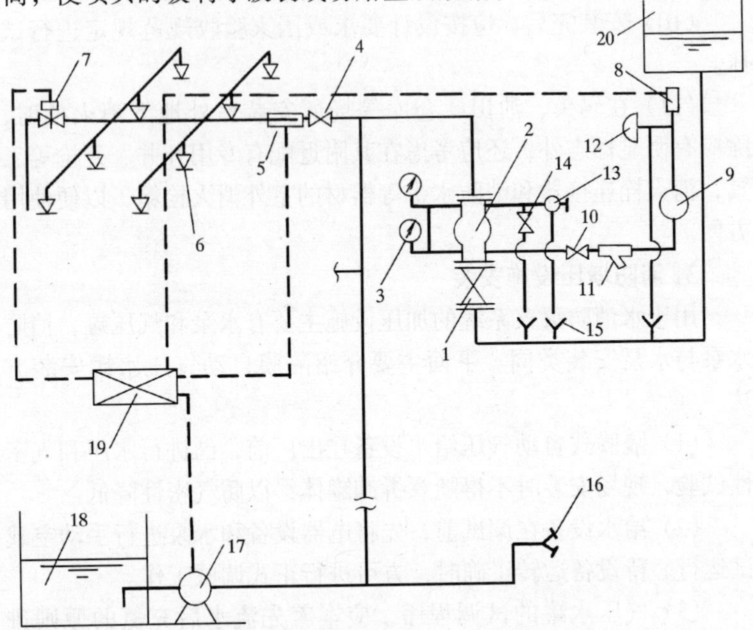

图 10-5　高位湿式喷水灭火系统示意图

1—供水闸门；2—高位湿式报警阀；3—压力表；4—检修闸门；5—水流指示器；6—闭式喷头；7—电磁阀；8—压力开关；9—延迟器；10—警铃管闸门(常开)；11—滤网总成；12—水力警铃；13—放余水阀；14—试警铃阀(常闭)；15—地漏；16—水泵接合器；17—消防水泵；18—消防水池；19—电控箱；20—高位水箱

按其管道内是否充水分为湿式、干式和预作用喷水灭火系统三种。

湿式喷水系统在报警阀的上下管道内均充满压力水，适用温度不低于 4℃，且不高于 70℃ 的建筑物、构筑物内。其组成如图 10-5 所示。

干式喷水系统则在报警阀的上部管道内不充压力水，而是有压气体。适用于温度低于 4℃ 或高于 70℃ 的建筑物、构筑物内。其系统组成如图 10-6 所示。

预作用喷水灭火系统是在管内充以有压或无压气体，平时管

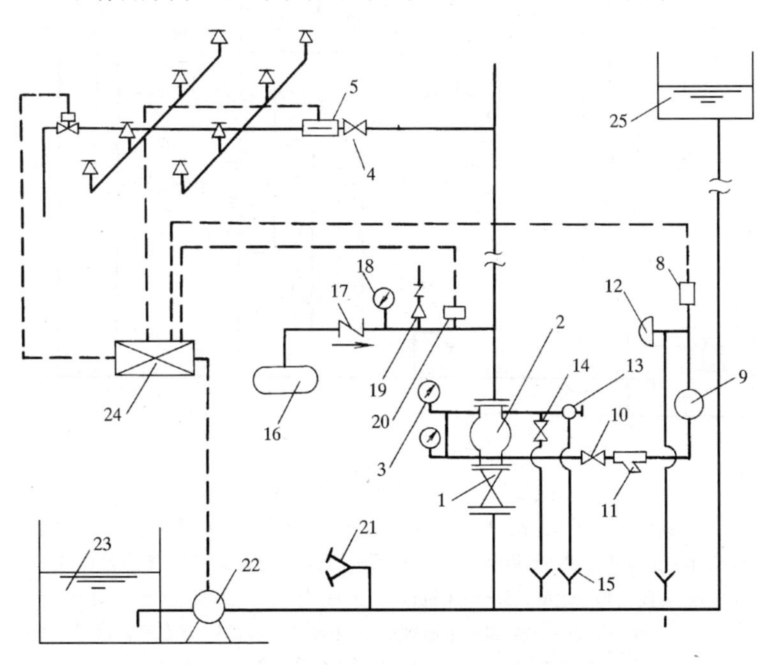

图 10-6 干式喷水灭火系统示意图

1—供水闸门；2—干式报警阀；3—压力表；4—检修闸门；5—水流指示器；6—闭式喷头；7—电磁阀；8—压力开关；9—延迟器；10—警铃管闸门（常开）；11—过滤器；12—水力警铃；13—放余水阀；14—试警铃阀（常闭）；15—地漏；16—空压机；17—止回阀；18—压力表；19—安全阀；20—压力开关；21—水泵接合器；22—消防水泵；23—消防水池；24—电控箱；25—高位水箱

内无水，火灾时，是通过火灾探测系统来控制预作用阀开启，向管内供水，再由闭式喷头开启喷水灭火。无手动开启装置，用于不允许有水渍损失的建筑物、构筑物内。系统组成如图 10-7。

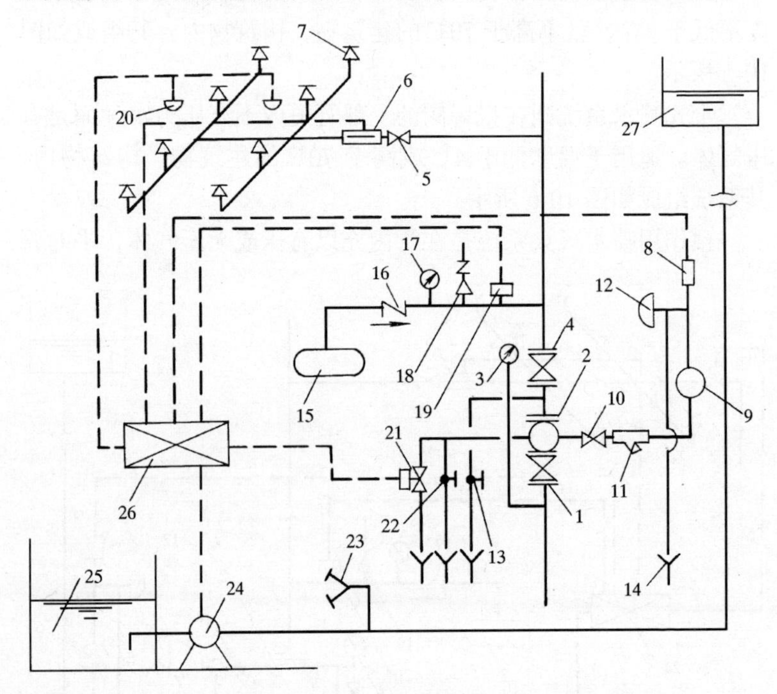

图 10-7　预作用喷水灭火系统示意图

1—供水阀门；2—预作用阀；3—压力表；4、5—检修闸门；6—水流指示器；7—闭式喷头；8—压力开关；9—延迟器；10—警铃管闸门；11—过滤器；12—水力警铃；13—试水阀（常闭）；14—地漏；15—空压机；16—止回阀；17—压力表；18—安全阀；19—压力开关；20—火灾探测器；21—电磁阀；22—手动截止阀；23—水泵接合器；24—消防水泵；25—消防水池；26—电控箱；27—高位水箱

（2）雨淋自动喷水灭火系统

它是一种开式喷水灭火系统。其特点是发生火灾时，所有喷头均同时喷水。用于严重危险级的建筑物和构筑物内。其组成如图 10-8 所示。

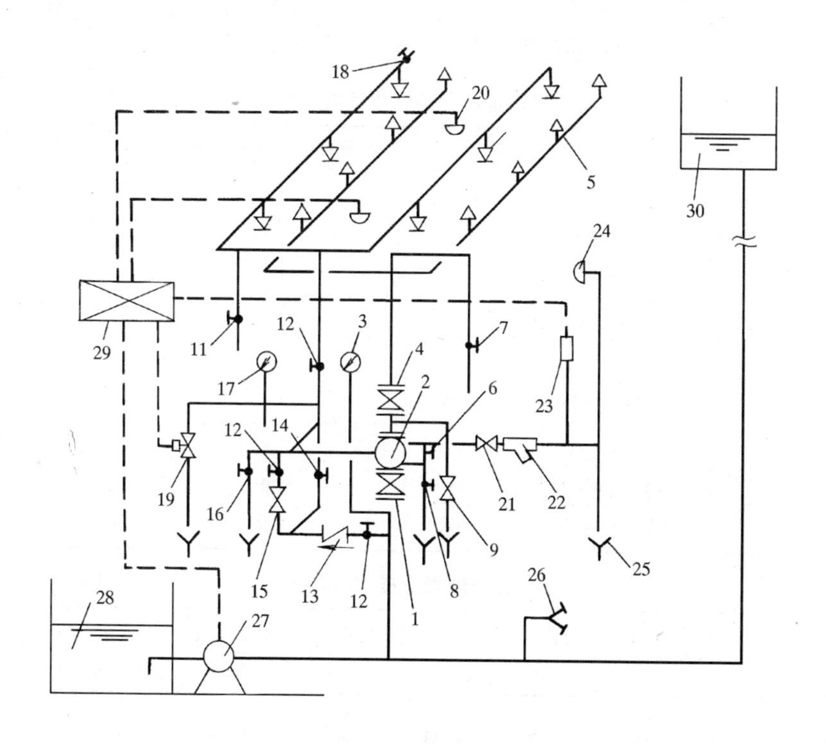

图 10-8　雨淋喷水灭火系统示意图
（闭式喷头控制方式）

1—供水闸门；2—雨淋阀；3—压力表；4—检修闸门；5—开式喷头；6—雨淋管网充水阀；7—系统溢流水阀；8—系统放水阀；9—系统试水阀；10—闭式喷头；11—手动泄压旋塞；12—检修阀；13—传动系统稳压止回阀；14—传动管注水阀；15—传动管补水阀；16—试水阀；17—压力表；18—放气阀；19—电磁阀；20—火灾探测器；21—警铃管闸门；22—过滤器；23—压力开关；24—水力警铃；25—地漏；26—水泵接合器；27—消防水泵；28—消防水池；29—电控箱；30—高位水箱

2．自动喷水系统的设备

（1）喷头

喷头有闭式和开式喷头。易熔金属元件闭式喷头主要技术参数见表 10-6；玻璃球闭式喷头技术参数见表 10-7 和表 10-8；开式喷头技术参数同玻璃球喷头，两者区别在于有无玻璃球。

易熔金属元件闭式喷头参数表 **表 10-6**

类型	喷头型号	额定温度（℃）	最高环境温度（℃）	框架温级色标
下垂洒水喷水	ZST×15/72Y	72	42	本色
	ZST×15/98Y	98	68	白色
	ZST×15/142Y	142	112	蓝色
直立洒水喷头	ZSTZ15/72Y	72	42	本色
	ZSTZ15/98Y	98	68	白色
	ZSTZ15/142Y	142	112	蓝色
边墙洒水喷头	ZSTB15/72Y	72	42	本色
	ZSTB15/98Y	98	68	白色
	ZSTB15/142Y	142	112	蓝色

玻璃球喷头技术参数表 **表 10-7**

型号及名称	公称口径（mm）	通水口径（mm）	接管螺纹（in）	流量系数 K	外形尺寸（mm）长×宽×高
ZSTX-15 下垂型	15	$\phi11$	ZG $\frac{1}{2}''$	80±4	33×33×58
ZSTZ-15 直立型	15	$\phi11$	ZG $\frac{1}{2}''$	80±4	37×37×58
ZSTD-15 吊顶型	15	$\phi11$	ZG $\frac{1}{2}''$	80±4	78×78×60
ZSTB-15 边墙型	15	$\phi11$	ZG $\frac{1}{2}''$	80±4	35×35×80
ZST15-XX 下垂型	15	$\phi11$	ZG $\frac{1}{2}''$	80	32×23×56
ZST15-XX 直立型	15	$\phi11$	ZG $\frac{1}{2}''$	80	32×23×56
ZST15-XX 边墙型	15	$\phi11$	ZG $\frac{1}{2}''$	80	32×23×56

续表

型号及名称	公称口径 (mm)	通水口径 (mm)	接管螺纹 (in)	流量系数 K	外形尺寸（mm）长×宽×高
ZST15-XX 固定装饰吊顶型	15	$\phi 11$	ZG $\frac{1}{2}''$	80	32×23×56
ZST15-XX 可调装饰吊顶型	15	$\phi 11$	ZG $\frac{1}{2}''$	80	32×23×56
ZST15/5-XX　XX	15		ZG $\frac{1}{2}''$	80	26×53
ZST15/3-XX　XX	15		ZG $\frac{1}{2}''$	80	26×53
ZST-15/XX　F	15		ZG $\frac{1}{2}''$	80	28×55

玻璃球喷头温度级别数据　　表 10-8

温度级别（℃）	玻璃球色标	动作温度范围	使用环境温度（℃）	额定工作压力（MPa）	保护面积（m^2）
57	橙色	标温－3℃～标温×115%℃	27	1.2MPa	9～12
68	红色		38		
79	黄色		49		
93	绿色		63		
141	蓝色		111		
182	淡黄色		152		
227	黑色		197		

如图 10-9 所示，为易熔金属元件闭式喷头。

（2）报警阀

报警阀有湿式报警阀、干湿两用阀、预作用阀及雨淋阀四大类。

如图 10-10 所示，为湿式报警阀示意图，其规格型号见表 10-9，水力曲线如图 10-11 所示。

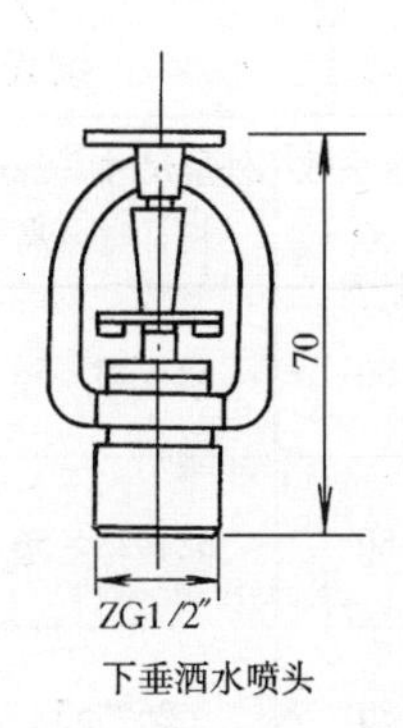

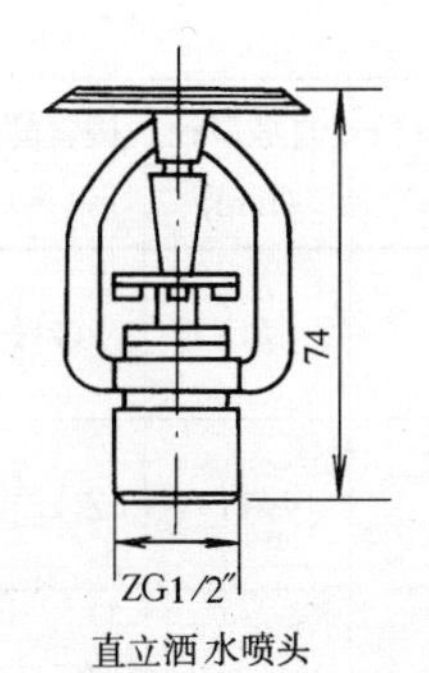

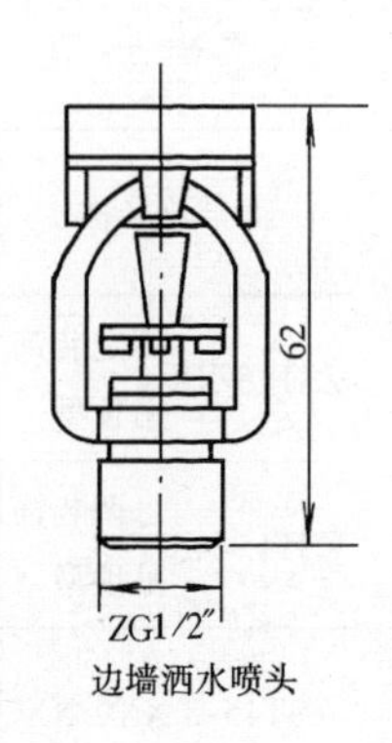

图 10-9　喷头类型（系数 $K=80$）

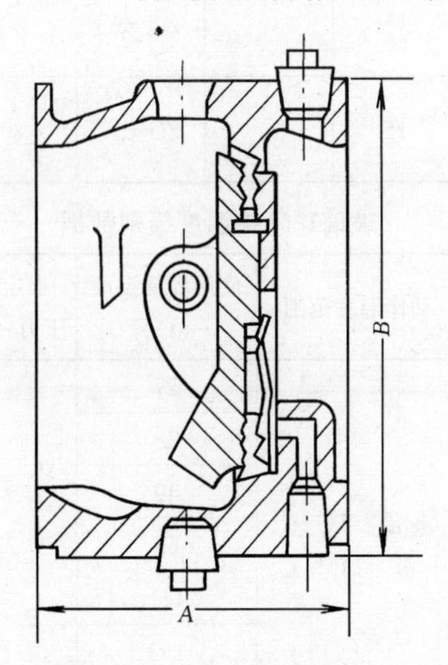

图 10-10　湿式报警阀示意图

湿式报警阀规格表　　**表 10-9**

型号	公称直径（mm）	A	B	重量（kg）	最大工作压力（MPa）
ZSFS100/D	100	115	153	9	1.2
ZSFS150/D	150	127	219	15	1.2
ZSFS200/D	200	160	274	27	1.2

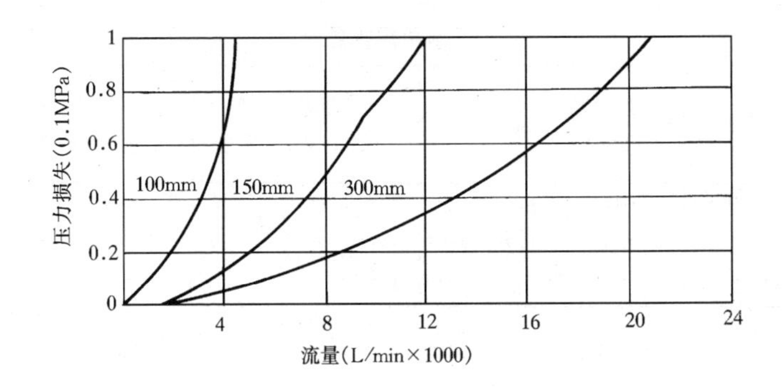

图 10-11　水力曲线图

干湿两用报警阀如图 10-12，其规格尺寸见表 10-10，水力曲线如图 10-13。

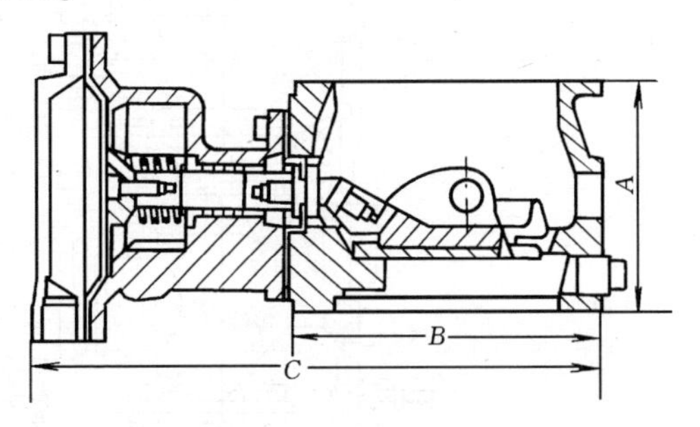

图 10-12　ZSV 干湿两用阀图

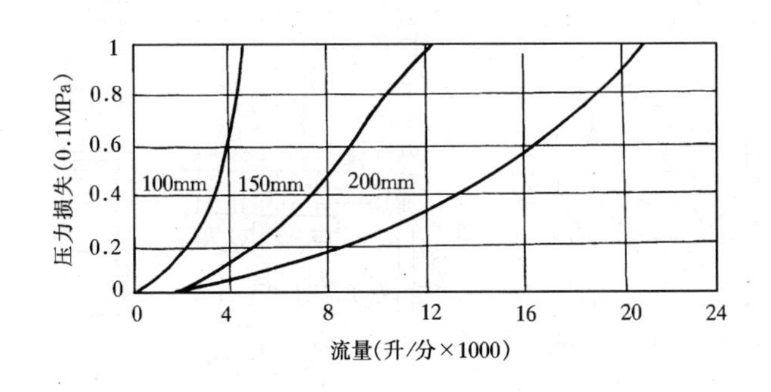

图 10-13　水力曲线图

干湿两用报警阀 表 10-10

型号	公称直径（mm）	*A*	*B*	*C*	重量（kg）	最大充气压力（MPa）	最大工作压力（MPa）
ZSFL100/D	100	115	158	296	14	0.4	1.2
ZSFL150/D	150	127	219	347	22	0.4	1.2
ZSFL200/D	200	160	274	427	38	0.4	1.2

预作用阀用于预作用系统，火灾时，探测器首先动作，发出

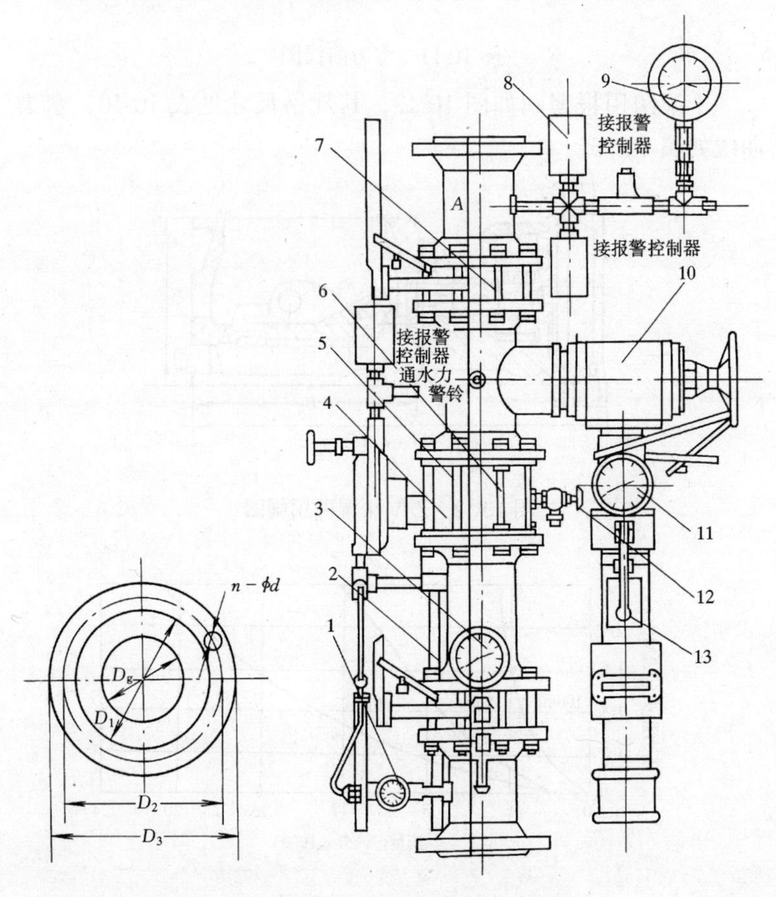

图 10-14 ZSU 型预作用阀装置图

声响报警信号，同时打开预作用阀，使系统充水，并从已动作喷头处喷水灭火。如图 10-14 所示，其规格尺寸见表 10-11。

预作用阀尺寸（mm） **表 10-11**

型号	公称直径（mm）	高度 A	D_1	D_2	D_3	n-ϕd	最大工作压力（MPa）
ZSU100	100	1167	155	180	215	8ϕ18	1.2
ZSU150	150	1288	210	240	280	8ϕ23	
ZSU200	200	1465	265	295	335	12ϕ23	

雨淋阀如图 10-15 所示，规格尺寸见表 10-12。

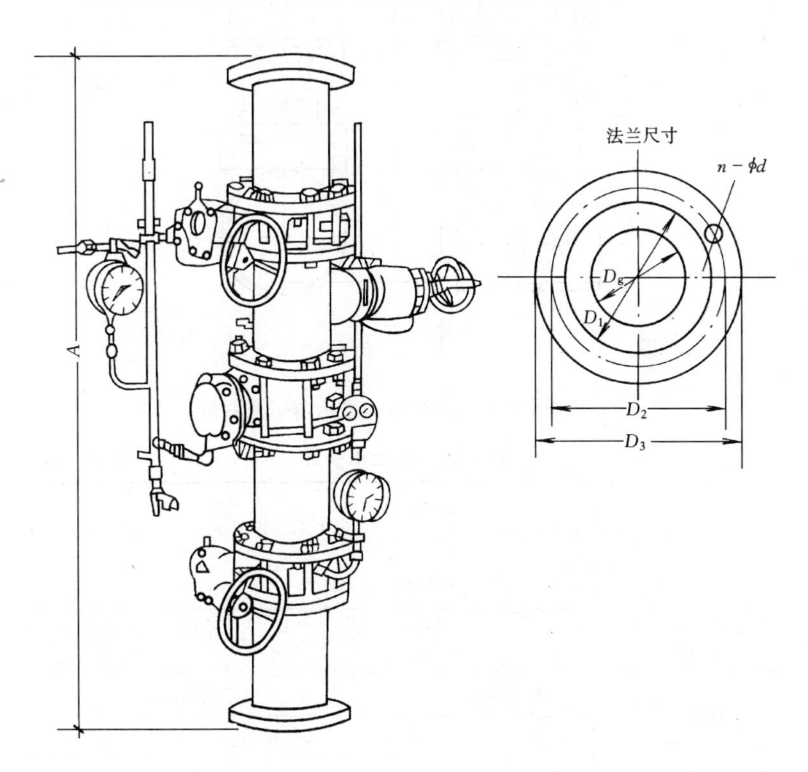

图 10-15　ZSY 型雨淋阀装置示意图

雨淋阀规格尺寸（mm）　　表 10-12

型号	公称直径（mm）	高度 A	D_1	D_2	D_3	n-ϕd	最大工作压力（MPa）
ZSY100	100	1167	155	180	215	8ϕ18	1.2
ZSY150	150	1288	210	240	280	8ϕ23	
ZSY200	200	1465	265	295	335	12ϕ23	

（3）水流指示器

如图 10-16 为水流指示器示意图，其技术参数见表 10-13。

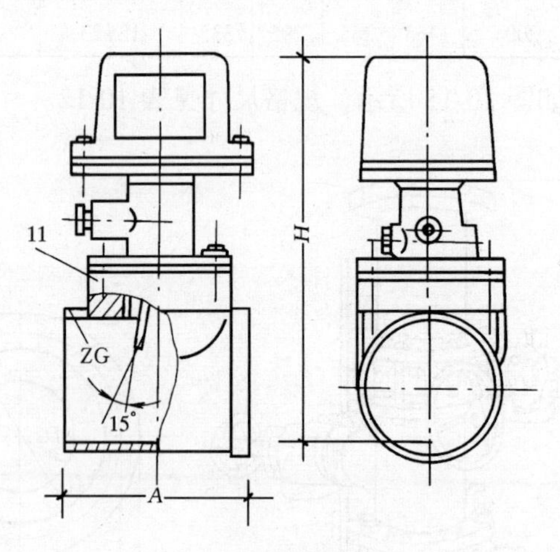

图 10-16　ZSJZ 型水流指示器示意图

水流指示器技术参数　　表 10-13

型号	额定工作压力（MPa）	最小调节动作流量（L/min）	最大不动作流量（L/min）	延时范围（s）
ZSJZ 型	1.2	37.5	15	2～29
ZSJZ 型	1.2	40	15	15～20

型号	继电器参数		电流强度（mA）	
	触点形式	触点负载	监视状态	工作状态
ZSJZ 型	常开 常闭	24VDC 3A	4.5	38

续表

型号	继电器参数		电流强度（mA）	
	触点形式	触点负载	监视状态	工作状态
ZSJZ 型	常开 常闭	24VDC 1A	40	85

3. 自动喷水系统安装

（1）管网安装

自动喷水系统管道安装工艺同消火栓管道。此外，施工中还应满足下列要求：

首先管道安装位置应符合设计要求，若设计无需求时，管道中心线与梁、柱、楼板等的最小距离应符合表 10-14 规定。

管中心线与梁、柱、楼板最小距离　　表 10-14

公称直径（mm）	25	32	40	50	65	80	100	125	150	200
距离（mm）	40	40	50	60	70	80	100	125	150	200

其次管道支架、吊架、防晃支架的安装应符合以下要求：一是支吊架距离应不大于表 10-15 的规定；二是支吊架、防晃支架的型式、材质、加工尺寸及焊接质量等符合设计要求和国家现行有关标准的规定；三是支吊架的位置不应妨碍喷头的喷水效果，且与喷头的间距不宜小于 300mm，与末端喷头之间距离不宜大于 750mm；四是配水支管上每一直管段、相邻两喷头间的管段上设置吊架均不宜少于 1 个，若两喷头相距小于 1.8m 时，可隔段设吊架，但吊架间距不宜大于 3.6m；五是公称直径等于或大于 50mm 时，每段配水干管或配水管设防晃支架不应小于 1 个，当管道改变方向时，应增设防晃支架；六是竖直安装的配水干管应在其始端和终端设防晃支架或采用管卡固定，安装位置距地面或楼面的距离宜为 1.5～1.8m。

第三，管道变径宜用异径接头；弯头处不得采用补芯；当采用补芯时，三通上可用 1 个，四通上不应超过 2 个；公称直径大于 50mm 的管道上不宜用活接头。

第四，管道穿变形缝时，应设柔性短管。穿过墙体或楼板时应加设套管，套管不得小于墙厚，或应高出楼面或地面 50mm；管道焊接环缝不得在套管内，套管与管道间隙应采用不燃烧材料填塞密实。

第五，管道横向安装宜设 2‰～5‰的坡度，且应坡向排水管。

管道支吊架间距　　表 10-15

公称直径（mm）	25	32	40	50	65	80	100	125	150	200	250	300
距离（m）	3.5	4.0	4.5	5.0	6.0	8.0	8.5	7.0	8.0	9.5	11.0	12.0

（2）喷头安装

喷头安装应在系统试压、冲洗合格后进行，并宜采用专用的弯头和三通，安装时，不得对喷头进行拆装、改动，并严禁给喷头附加任何装饰性涂层；应使用专用扳手安装，严禁利用喷头的框架施拧；喷头框架、溅水盘产生变形或释放原件损伤时，应采用规格型号相同的喷头更换；当喷头公称直径小于 10mm 时，应在配水干管或支管上加设过滤器；安装在易受机械损伤处的喷头应设防护罩；喷头溅水盘与吊顶、门、窗、洞口或墙面的距离应符合设计要求，当溅水盘高于附近梁底或高于宽度小于 1.2m 的通风管道腹面时，溅水盘高于梁底、通风管腹面的最大垂直距离应符合表 10-16 规定。

喷头溅水盘高于梁底、通风管道腹面的最大垂直距离　　表 10-16

喷头与梁、通风管道的水平距离（mm）	喷头溅水盘高于梁底、通风管道腹面的最大垂直距离（mm）
300～600	25
600～750	75
750～900	75
900～1050	100
1050～1200	150

续表

喷头与梁、通风管道的水平距离（mm）	喷头溅水盘高于梁底、通风管道腹面的最大垂直距离（mm）
1200～1350	180
1350～1500	230
1500～1680	280
1680～1830	360

若通风管宽大于1.2m时，喷头应安装在其腹面以下部位，喷头安装在不到顶的隔断附近时，喷头与隔断的水平距离和最小垂直距离应符合表10-17规定。

喷头与隔断的水平距离和最小垂直距离　　表10-17

水平距离（mm）	150	225	300	375	450	600	750	>900
最小垂直距离（mm）	75	100	150	200	236	313	336	450

（3）报警阀组安装

报警阀组的安装应先安装水源控制阀、报警阀，然后再进行报警阀辅助管道的安装。水源控制阀、报警阀与配水干管的连接，应使水流方向一致。报警阀组安装的位置应符合设计要求；当设计无要求时，报警阀组应安装在便于操作的明显位置，距室内地面高度宜为1.2m；两侧与墙的距离不应小于0.5m；正面与墙的距离不应小于1.2m。安装报警阀组的室内地面应有排水设施。

报警阀组附件的安装应符合下列要求：压力表应安装在报警阀上便于观测的位置；排水管和试验阀应安装在便于操作的位置；水源控制阀安装应便于操作，且应有明显开闭标志和可靠的锁定设施。

湿式报警阀组安装应符合下列要求：应使报警阀前后的管道中能顺利充满水，压力波动时水力警铃不应发生误报警；报警水流通路上的过滤器应安装在延迟器前，而且是便于排渣操作的位置。

干式报警阀组的安装应符合下列要求：应装于不发生冰冻的场所；安装完后应向报警阀气室注入高度为50～100mm的清水；充气连接管接口应在报警阀气室充注水位以上部位，且连接管直径不小于15mm，并装止回阀和截止阀；安全排气阀安在气源与报警阀之间，且靠近报警阀；加速排气装置装在靠报警阀处，并有防水进入加速排气装置的措施；低气压预报警装置装在配水干管一侧；压力表应安装于报警阀充水侧、充气侧、空气压缩机气泵、储气罐和加速排气装置上。

雨淋阀组安装应符合下列要求：电动开启、传导管开启或手动开启的雨淋阀组，其传导管安装应按湿式系统有关要求进行；开启控制装置的安装应安全可靠。预作用系统雨淋阀组后的管道若要充气，其安装要求按干式报警阀组有关要求进行。雨淋阀组的观测仪表和操作阀门安装位置应符合设计要求，并应便于观测和操作。手动开启装置的位置应符合设计要求，并在发生火灾时能安全开启和便于操作。压力表应装于雨淋阀的水源一侧。

(4) 其他组件安装

水力警铃应装在公共通道或值班室附近的外墙上，并装有检修、测试用阀门，与报警阀的连接用镀锌钢管，若直径为15mm时，长度不大于6m；若直径为20mm时，长度不大于20m，安装后的水力警铃启动压力不小于0.05MPa。

安装水流指示器应满足下列要求：应在管道试压和冲洗合格后安装，其规格、型号应符合设计要求；应竖直安装在水平管道上侧，动作方向应与水流方向一致，安装后其浆片、膜片应动作灵活，且不与管壁碰擦。

信号阀应装在指示器前的管道上，与指示器相距在300mm以上。

排气阀在管网试压和冲洗合格后安装，位于配水干管顶部、配水管的末端，并确保无渗漏。

控制阀规格、型号和所装位置应符合设计要求，且方向正确，阀内清洁、无堵塞、无渗漏；主控阀应加设启闭标志；隐蔽处的控制阀应在明处设有指示其位置的标志。

节流装置应设在直径在50mm以上水平管上；减压孔板应装在管内水流转弯处下游侧的直管上，且与转弯处的距离不小于管径的2倍。

压力开关要竖直装在通往水力警铃的管路上，且在安装中不应拆装改动。

末端试水装置宜装在系统管网末端或分区管网末端。

4. 系统调试

(1) 调试条件

系统调试应在施工完毕后进行，并应具备以下条件：消防水池、水箱储水量符合设计要求；供电正常；消防气压给水设备水位、气压满足设计要求；湿式喷水系统管网已注满水，干式、预作用喷水系统管网内气压符合设计要求，阀门均无泄漏；与系统配套的火灾自动报警系统已处于工作状态。

(2) 调试内容

调试内容按系统正常工作条件、关键组件性能、系统性能等确定。具体包括以下内容：

水源调试：水源应充足可靠。

消防水泵调试：是临时高压管网扑救火灾时的主要供水设施；稳压水泵调试。

报警阀调试：是系统的关键组成部件，其动作的准确、灵敏，直接影响灭火的成功率。

排水装置调试：是确保系统运行和试验时不产生水害的设施。

联动试验：即系统与火灾自动报警系统的联锁动作试验，它反映了系统各组成部件间是否协调和配套。

(3) 水源测试要求

首先按设计要求全面核实消防水箱的容积、设置高度及保证消防储水量不作它用的技术措施。

其次按设计要求核实消防水泵接合器的数量和供水能力，并做供水试验进行验证。

（4）消防水泵调试要求

以自动或手动方式启动消防水泵时，消防水泵应在5min内投入正常运行；以备用电源切换时，消防水泵应在90s内投入正常运行；并对水泵主要性能进行调试检查，能满足设计要求。

稳压泵调试时，模拟设计启动条件，稳压泵应立即启动，当达到系统设计压力时，稳压泵应自动停止运行。

（5）报警阀调试

报警阀功能是接通水源、启动水力警铃报警、防止系统管网的水倒流。

湿式报警阀调试时，在其试水装置处放水，报警阀应及时动作；水力警铃应发出报警信号，水流指示器应输出报警电信号，压力开关应接通电路报警，并应启动消防水泵。

干式报警阀调试时，开启系统试验阀，报警阀的启动时间、启动点压力、水流到试验装置出口所需时间，均应符合设计要求。

干湿式报警阀调试时，当差动型报警阀上室和管网的空气压力降至供水压力的1/8以下时，试水装置应能连续出水，水力警铃应发出报警信号。

（6）排水装置调试

开启排水装置主排水阀，应按系统最大设计灭火水量做排水试验，并使压力达到稳定。

试验过程中，从系统排出的水应全部从室内排水系统排走。

（7）联动试验

采用专用测试仪表或其他方式，对火灾自动报警系统的各种探测器输入模拟火灾信号，火灾自动报警控制器应发出声光报警信号并启动自动喷水灭火系统。

启动一只喷头或以0.94～1.5L/s的流量从末端试水装置处放水，水流指示器、压力开关、水力警铃和消防水泵等应及时动作并发出相应的信号。

联动试验时，应按表10-18做好记录并存入工程档案。

自动喷水灭火系统联动试验记录表　　　　表10-18

No：

工程名称：　　　　　　　　　　　　　　　　　　年　月　日

输入信号类别	报警和启动执行信号时间（s）		启动消防泵时间（min）		启动稳压泵时间（min）	
	要求时间	实际时间	要求时间	实际时间	要求时间	实际时间
烟信号						
温度信号						

施工单位：　　　　部门负责人：　　　　技术负责人：　　　　质量检查员：

复　习　题

1. 简述各类消防管道的特点及其适用范围？
2. 普通消火栓系统由哪几部分组成？
3. 室外消防管有何布置要求？
4. 室外消火栓有哪几种？由哪几部分组成？
5. 室内消防管布置有何要求？
6. 常见的室内消火栓系统有哪几种形式？
7. 消防水枪有何作用？水枪、水龙带、消火栓应如何配套配备？
8. 消防水泵接合器有哪几种？主要部件有哪些？
9. 消防管道安装时，应注意哪些要求？
10. 室内消火栓安装有哪几种形式，其安装有何要求？
11. 消防水泵接合器安装工艺有何要求？
12. 隔膜式自动气压水罐装置安装要点有哪些？
13. 自动喷淋系统有哪几类？各有何特点？各系统主要由哪几部分组成？各组成部分有何作用？
14. 自动喷水管网与其他管道相比，在安装中，有何特别要求？
15. 在进行喷头安装中，应特别注意哪些问题？
16. 报警阀在安装中应注意哪些基本要求？不同类型报警阀，其各自安装要求又有哪些？

17. 水力警铃、水流指示器安装应满足哪些要求？

18. 自动喷水系统调试条件和内容有哪些？

19. 自动喷水系统联动试验的基本要求是什么？

十一、卫 生 器 具

（一）卫生器具一般知识

卫生器具是用来洗涤、收集和排除生产及生活中的污水、废水的设备，是室内排水系统的重要组成部分。

对卫生器具的基本要求是：卫生器具的材质应耐磨、耐腐蚀、耐老化，具有一定的强度，不含对人体有害的成分；表面光滑，不易积污纳垢，沾污后易清洗；要便于安装和维修，用水量小和噪声小；存水弯要保持有足够的水封深度。

常用的卫生器具按其作用可分为三类：

1. 便溺用卫生器具。如大便器、小便器等；

2. 盥洗、淋浴用卫生器具。如洗脸盆、盥洗槽、浴盆、淋浴器等；

3. 洗涤用卫生器具。如洗涤盆、化验盆、污水池、地漏等。

各种卫生器具的结构、形式及材料各不相同，根据卫生器具的用途、装设地点、维护条件、安装等要求而定。目前所安装的卫生器具多是陶瓷或不锈钢制品。

各类建筑卫生器具数量的设置标准应符合《工业企业设计卫生标准》和建筑设计要求。

在卫生间内，卫生器具布置的最小间距如图 11-1 所示。

1. 大便器至对面墙壁的最小净距应不小于 460mm。

2. 大便器与洗脸盆并列，从大便器的中心至洗脸盆的边缘应不小于 350mm，距边墙面不小于 380mm。

3. 洗脸盆设在大便器对面，两者净距不小于 760mm。洗脸

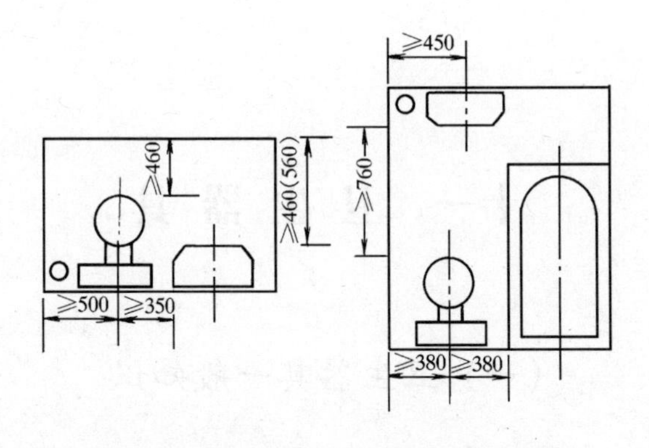

图 11-1　卫生间内卫生器具布置最小间距

盆边缘至对面墙壁应不小于 460mm。

4. 洗脸盆距镜子底部的距离为 200mm。

5. 几种卫生间的布置形式及尺寸如图 11-2 所示。

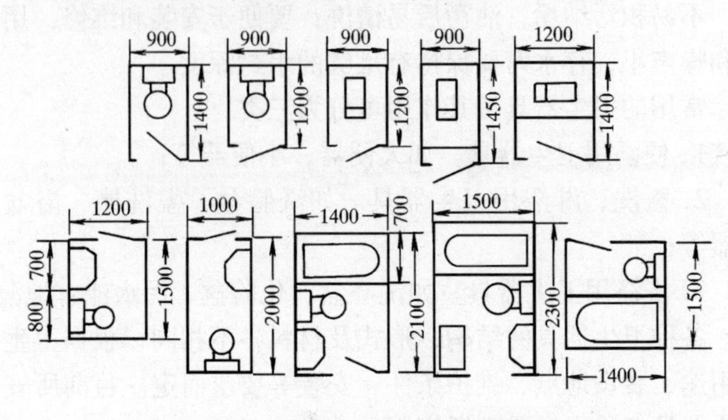

图 11-2　几种卫生间布置形式及尺寸

(1) 便溺用卫生器具

1) 大便器

大便器是排除粪便的卫生器具，其作用是将大便时的粪便及冲洗水快速地排入下水道，同时又要防止臭气外逸。大便器按其形式可分为坐式大便器和蹲式大便器两种。

(A) 坐式大便器：坐式大便器构造本身包括存水弯。按水力冲洗的原理来分有冲洗式坐便器和虹吸式坐便器。冲洗设备一般为低水箱。

冲洗式坐便器如图 11-3 所示。虹吸式坐便器如图 11-4 所示。

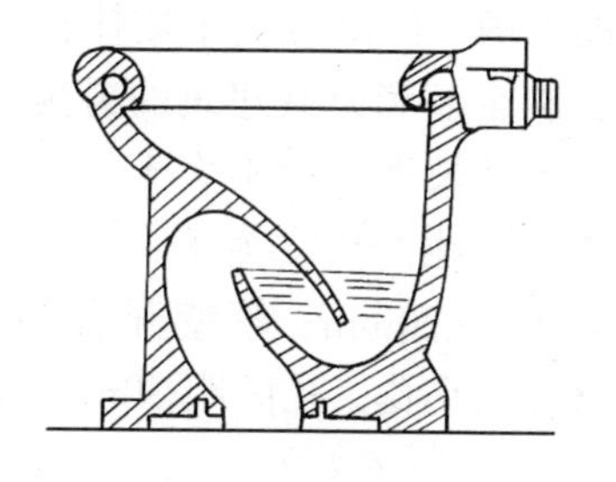

图 11-3 冲洗式坐便器

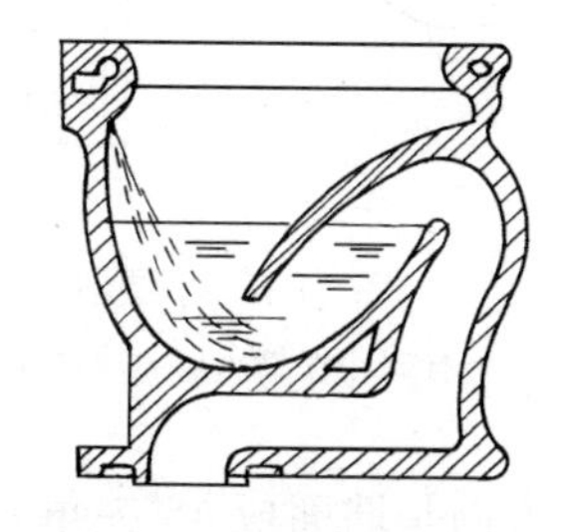

图 11-4 虹吸式坐便器

坐式大便器多装在家庭、宾馆等建筑内。

(B) 蹲式大便器：蹲式大便器如图 11-5 所示，它本身不带存水弯，需另外装设。一般用于公共卫生间、家庭、旅店等建筑内。

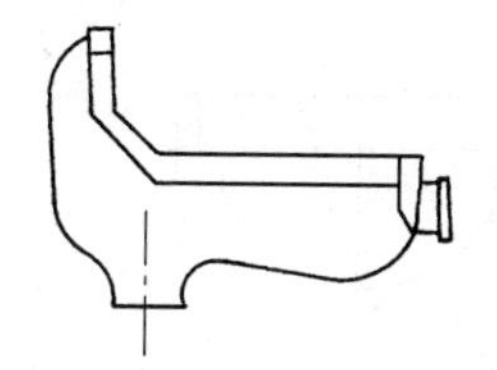

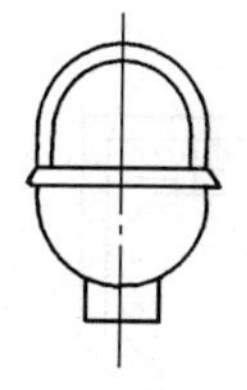

图 11-5 蹲式大便器

除大便器外，在公共厕所或建筑标准不高的公共建筑的厕所内，常设置大便槽。大便槽是一个狭长的开口槽，用水磨石或瓷砖制造。大便槽受污面积大，有恶臭，且耗水量大。但设备简单，造价低。

2）小便器

小便器设于公共建筑的男厕所内，有挂式、立式和小便槽三种。

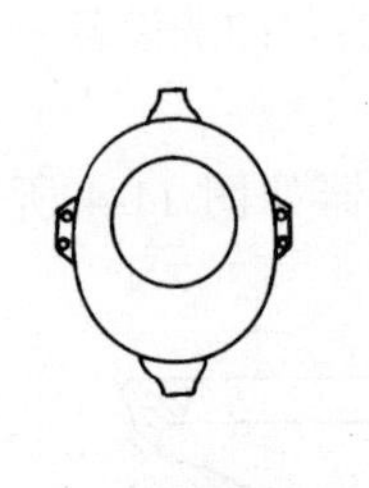
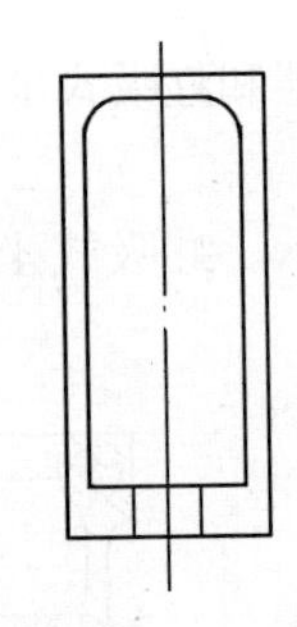

图 11-6 小便器
（*a*）挂式小便器；（*b*）立式小便器

挂式小便器如图 11-6（*a*）所示。立式小便器如图 11-6（*b*）所示。

小便槽是用瓷砖沿墙砌筑的浅槽，广泛应用于集体宿舍、工矿企业和公共建筑的男厕所。小便槽长度一般不大于 6m。冲洗管距地面高度为 1.1m，管径为 15～20mm，管壁开有 2mm 直径的小孔，孔间距 30mm，喷水方向与墙面成 45°夹角。

3）洗脸盆

洗脸盆广泛用于各种卫生间、盥洗室、浴室中。洗脸盆形式很多，有墙架式、立式和台式等，盆形有长方形、圆形或椭圆形、三角形等。

墙架式洗脸盆使用较广。有双眼、单眼之分，如图 11-7 所示。

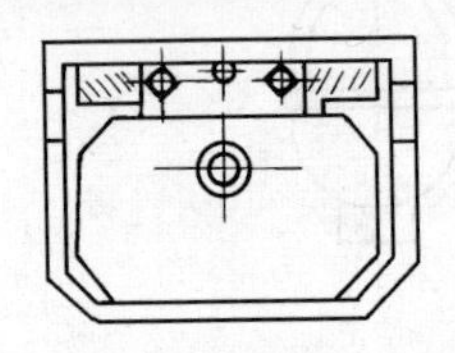
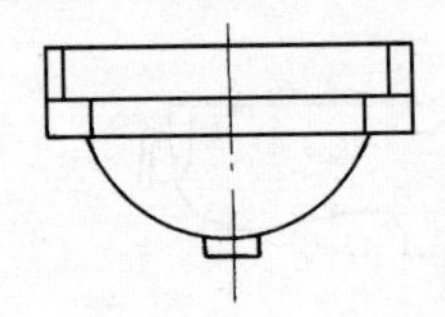
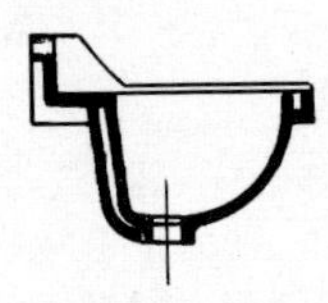

图 11-7 墙架式洗脸盆

立柱式洗脸盆亦称柱脚式洗脸盆，排水存水弯暗装在立柱内，外表美观，如图 11-8 所示。

台式洗脸盆一般为圆形或椭圆形，嵌装在大理石或瓷砖贴面的台板上，如图 11-9 所示。

4）冲洗设备

冲洗设备是便溺用卫生器具的重要配套设备，一般有冲洗水箱和冲洗阀。冲洗水箱按冲洗水力原理分为水力冲洗式和虹吸

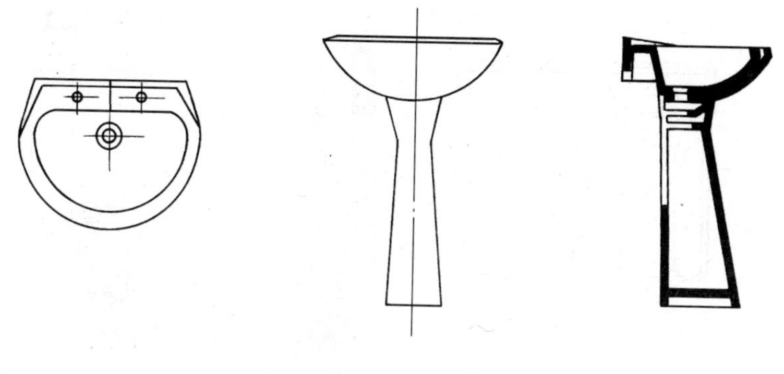

图 11-8　立柱式洗脸盆

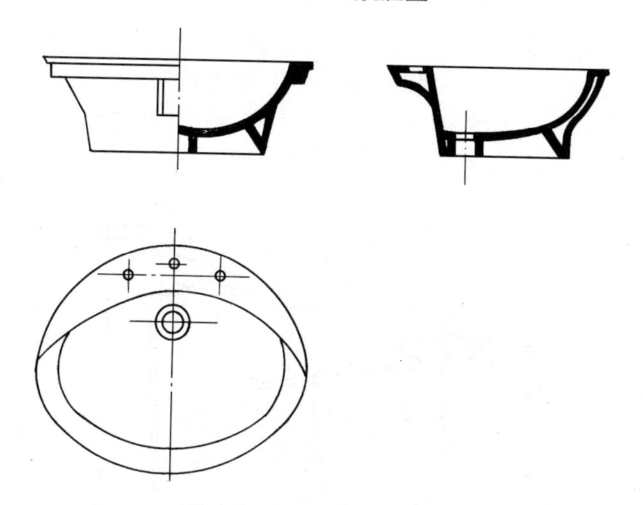

图 11-9　台式洗脸盆

式；按启动方式分手动和自动；按安装位置分高水箱和低水箱。

(A) 水力冲洗式水箱：如图 11-10（a）为低水箱，它由扳动扳手启动冲洗。目前有翻板式低水箱排水阀，可避免漏水现象，如图 11-10（b）所示。

(B) 虹吸式冲洗水箱：利用虹吸原理进行冲洗，可分为手动和自动虹吸冲洗水箱两种。图 11-11 所示为套筒式虹吸冲洗水箱，图 11-12 所示为皮膜式自动虹吸冲洗水箱。

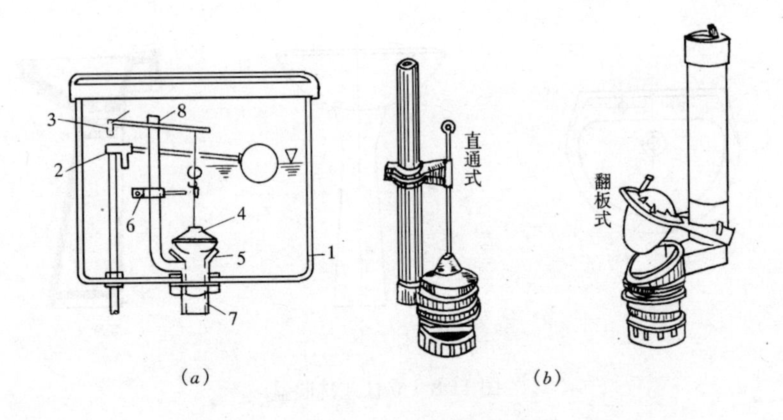

图 11-10　水力冲洗水箱

1—水箱；2—浮球阀；3—扳手；4—橡胶球阀；
5—阀座；6—导向装置；7—冲洗管；8—溢流

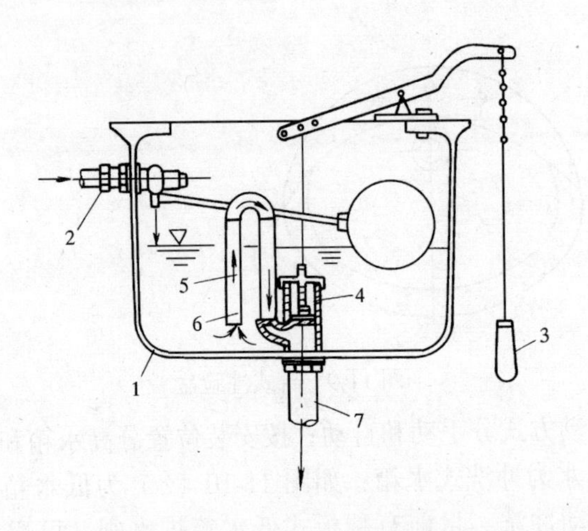

图 11-11　手动虹吸冲洗水箱

1—水箱；2—浮球阀；3—拉链；4—弹簧阀；
5—虹吸管；6—ϕ5 小孔；7—冲洗管

(C) 冲洗阀：冲洗阀是直接安装在大便器冲洗管上的一种

冲洗设备，体积小，可取代高、低水箱。

图 11-13 所示为一种延时自闭式大便器冲洗阀。这种冲洗阀可延时自动关闭，使用方便；设有真空断路器（防污器），可防止污染水质。一般用于公共建筑内大便器的冲洗。

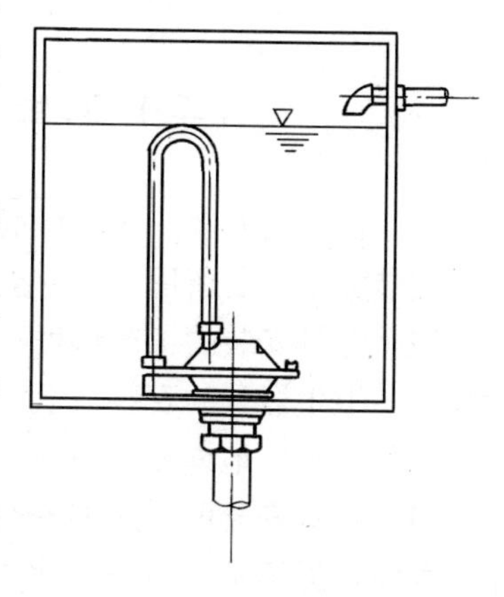

图 11-12　自动虹吸冲洗水箱

卫生器具的品种和质量，随着科技进步和人们需要呈型式多样化、设置装饰化、功用智能化方面发展。如常用的地

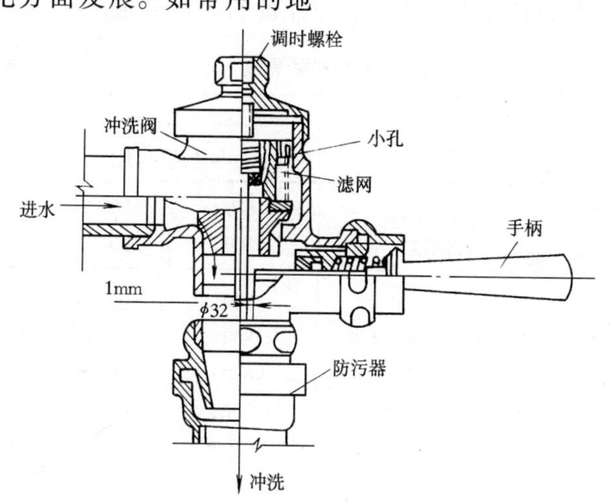

图 11-13　延时自闭式大便器冲洗阀

漏由单一的圆形尺寸出现了方形铸铁地漏(有 50 和 75 型两种)，解决了圆形地漏给地砖裁割不便的矛盾，也改进了地面的观感效果。国外的便器冲洗水箱已与卫生间墙体合一，不仅装饰美观而且操作也很方便。此外，许多便器的冲洗都采用了光控、声控甚至电脑程序操作，方便了使用者，节约了人类所依赖生存的水资源。

（二）卫生器具的安装

卫生器具的安装一般是在室内装修工程施工之后，室内排水管道安装完毕、所留甩口位置正确时进行的。

卫生器具安装的工艺流程一般为：安装准备→卫生器具及配件检验→卫生器具的安装→卫生器具配件预装→卫生器具稳装→卫生器具与墙、地缝隙处理→卫生器具外观检查→通水试验。

卫生器具安装前，应检查外观，其安装高度应符合设计要求，如设计无要求，应符合表 11-1 的要求。允许偏差：单独器具±10mm，成排器具±5mm。连接卫生器具的排水管管径和最小坡度，如设计无要求时，应符合表 11-2 的要求。

卫生器具的安装高度（mm） **表 11-1**

序号	卫生器具的名称			卫生器具安装高度		备　　注
				居住和公共建筑	幼儿园	
1	污水盆（池）	架空式		800	800	
		落地式		500	500	
2	洗涤盆（池）			800	800	自地面至器具上边缘
3	洗脸盆和洗手盆（有塞、无塞）			800	500	
4	盥洗槽			800	500	
5	浴盆			≯520	—	
6	蹲　式大便器	高水箱		1800	1800	自台阶面至高水箱底
		低水箱		900	900	自台阶面至低水箱底
7	坐　式大便器	高水箱		1800	1800	自地面至高水箱底
		低水箱	外露排出管式	510	—	自地面至低水箱底
			虹吸喷射式	470	370	

续表

序号	卫生器具的名称	卫生器具安装高度		备　注
		居住和公共建筑	幼儿园	
8	小便器　挂　式	600	450	自地面至下边缘
9	小便槽	200	150	自地面至台阶面
10	大便槽冲洗水箱	≮2000	—	自台阶面至水箱底
11	妇女卫生盆	360	—	自地面至器具上边缘
12	化验盆	800	—	

连接卫生器具的排水管管径和最小坡度（mm）　**表 11-2**

序号	卫生器具名称	排水管管径（mm）	管道的最小坡度
1	污水盆（池）	50	0.025
2	单双格洗涤盆（池）	50	0.025
3	洗手盆、洗脸盆	32～50	0.020
4	浴盆	50	0.020
5	淋浴器	50	0.020
6	大便器		
	高低水箱	100	0.012
	自闭式冲洗阀	100	0.012
	拉管式冲洗阀	100	0.012
7	小便器		
	手动冲洗阀	40～50	0.020
	自动冲洗水箱	40～50	0.020
8	妇女卫生盆	40～50	0.020
9	饮水器	25～50	0.01～0.02

注：成组洗脸盆接至共用水封的排水管的坡度为 0.01。

1. 坐式大便器安装

图 11-14 所示为一陶瓷坐便器安装图，其安装程序：

在墙面和地面工程完工后，根据已安装好的下水管口中心和坐便器位置，在地板上和墙面上画出低水箱和坐便器的中心线及

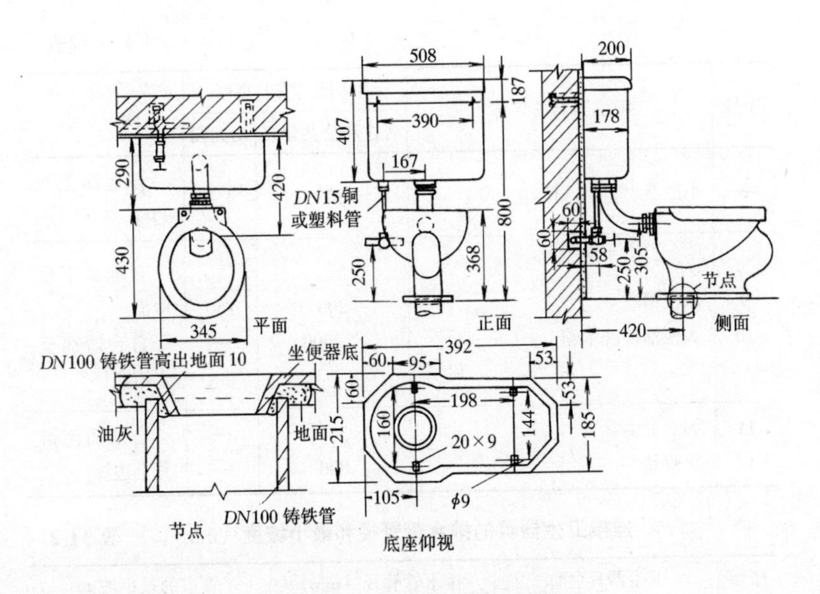

图 11-14　坐式大便器安装图

箱底水平线（水箱距地面 480mm），然后用膨胀螺栓法将水箱拧固在墙上。

低水箱安装后，先将坐便器对准地板的十字线和水箱中心线试装并找正找平后，在地板上画出坐便器的轮廓线和四个孔眼的十字中心线，移开后在地板上打入膨胀螺栓，并注意做好防水处理，然后将坐便器下水口抹油灰对准排水短管，稳装在地板上，找正找平后加垫圈拧固。此后向水箱内组装铜活零件，连接水箱进水支管和水箱底至坐便器进水口之间的 DN50mm 冲洗管，待试水合格后再将坐便器圈、盖安好。

2. 蹲式大便器安装

蹲式大便器安装时需另加存水弯。在地板上稳装蹲式大便器时，至少需设高为 180mm 的平台。

配用于蹲式大便器的高水箱，一般为陶瓷制品。

图 11-15、图 11-16 所示为蹲式大便器安装图，其安装程序：首先配合土建蹲台砌筑时稳装大便器，先清理好排水短管的

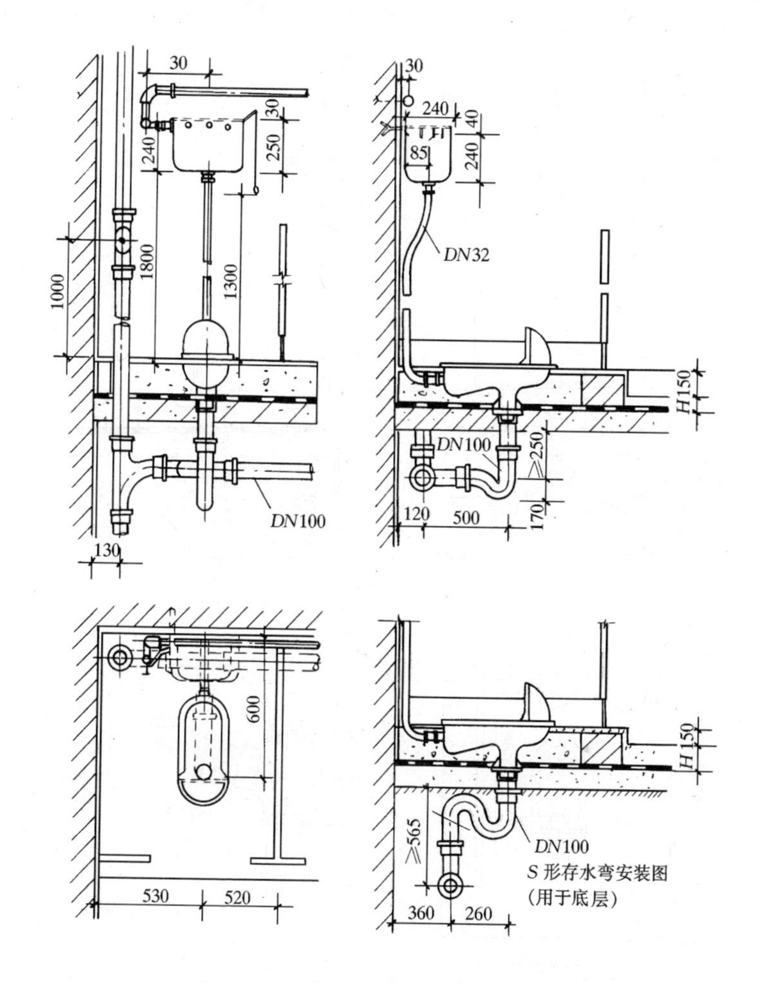

图 11-15　高水箱蹲式大便器安装图

承口。并将承口中心引至墙上作为确定水箱安装中心线。在大便器的出水口上抹油灰，承口内也抹少许，然后把大便器的出口挤压在承口内，找正找平，稳装严密，将挤出的油灰抹光，并使大便器进水口的中心对准墙上中心线。

根据水箱安装高度，在墙上中心线处划出横线，将水箱内的铜活或洁具预装好，用木螺丝或膨胀螺栓加垫把水箱拧固在墙

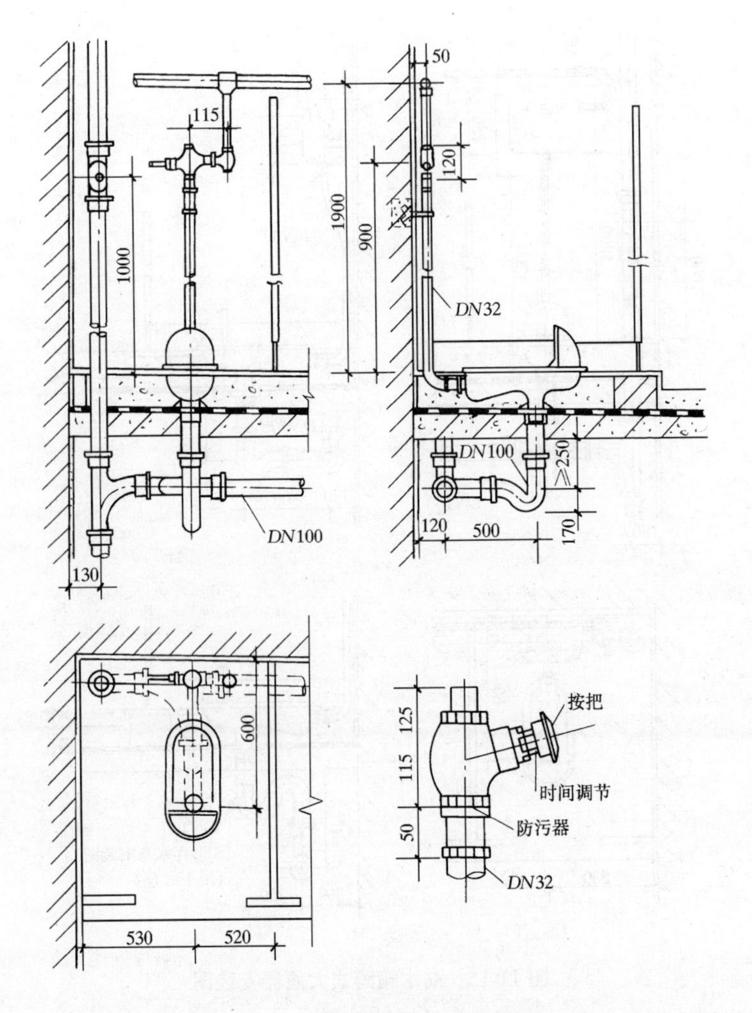

图 11-16　冲洗阀蹲式大便器安装图

上，把浮球阀加胶皮垫从水箱中穿出来，再加胶皮垫用螺母紧固，将水箱排水栓加胶垫从水箱中穿出，套上胶垫和铁皮垫圈后用螺母紧固，以防漏水。

水箱和大便器安装固定后，再安装冲洗管，将已做好乙字弯的冲洗管上端套上锁母，管头缠麻丝抹铅油插入水箱排水栓后用锁母锁紧，下端套上胶皮碗，并将其另一端套在大便器的进水口上，然后用 14 号铜丝把胶皮碗绑扎牢固，如图 11-15、图 11-16 所示。

用小管连接水箱的浮球阀和给水管的角型阀，做水箱冲洗试验，冲洗管与大便器软接头部位不漏后，按图 11-15、图 11-16 要求封闭，埋干砂是为日后更换胶皮碗。

3. 挂式小便器安装

挂式小便器悬挂在墙上，其安装如图 11-17 所示。

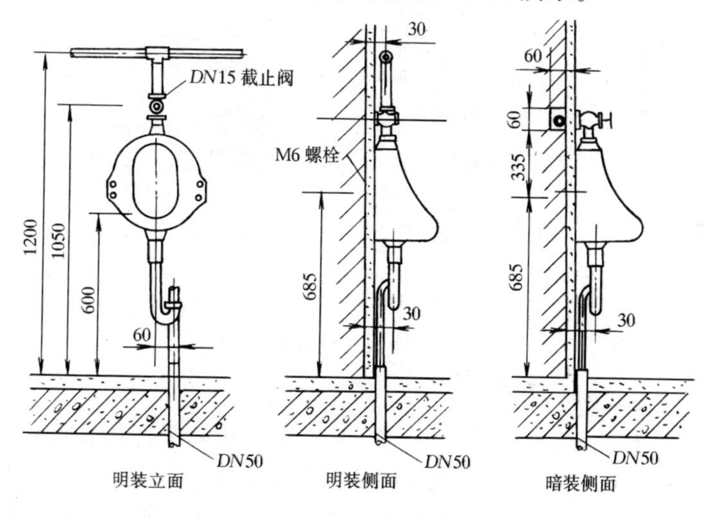

图 11-17　普通挂式小便器安装

安装时，将安好的排水管中心偏离 60mm 向墙上引小便斗竖中心线，再由地坪向上量 600mm 划出水平线，找出小便器两耳孔中心，用膨胀螺栓或预埋木砖用木螺丝将小便斗拧固在墙上，然后连接给水支管和冲洗阀门及小便器存水弯，待试水不漏即可。

此外，还有立式小便器和小便槽。立式小便器安装方法与挂式小便器类似。

4. 洗脸盆的安装

洗脸盆安装如图 11-18 所示。安装时，根据洗脸盆排水短管口中心和安装高度在墙上划出中心线和水平线，找出盆架位置，用木螺丝和膨胀螺栓将盆架固定。脸盆固定前，预先将冷热水嘴和排水栓加热，用螺母锁紧装好。脸盆固定后，连接冷热水（左热右冷）支管，然后将存水弯和排水栓连接，存水弯下端套上护口盘插入地面排水短管内，其间隙用铅油缠麻丝塞紧，盖好护口盘。脸盆的堵、链用螺丝系于脸盆上。

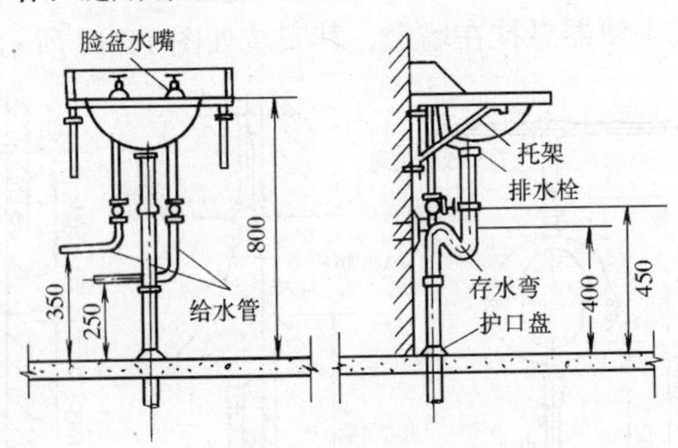

图 11-18　洗脸盆安装图

5．浴盆安装

浴盆多设在住宅、宾馆、医院等卫生间及公共浴池内，卫生间设置的浴盆常布置在房间一角，供给浴盆用冷热水支管均在墙内暗装。安装时，根据排水短管口中心和安装高度在墙上划中心线和高度线，按要求的位置将浴盆稳固，找正找平，如图 11-19 所示。将溢水管、弯头、三通等进行预装配，在浴盆上组装排水栓，排水栓零件与浴盆内外接触处均应加胶垫。将弯头安装在已紧固好的排水栓上，在溢水口处安装弯头，然后利用短管、三通将溢水口、排水栓连接，并使三通下部的短管插入预留的浴盆排水短管口内，其间隙要用油麻丝堵塞、抹光，最后从预留的冷、热水管上装引水管，用弯头、短节伸出墙面，装上水嘴（左热右冷）。

6．淋浴器的安装

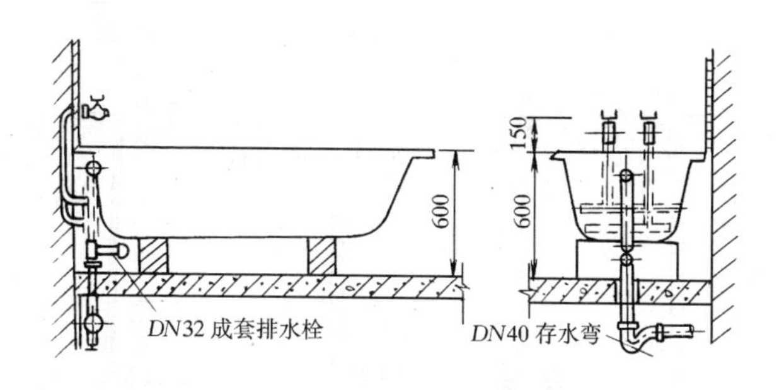

图 11-19　浴盆安装图

淋浴器与浴盆相比占地少、造价低，应用很广泛。淋浴器有成套供应的成品和现场管件组装两类。

管件淋浴器的安装如图 11-20 所示。安装时先将冷、热水水平支管及其配件用丝扣连接安装好，在热水管上安装短节和阀门，在冷水管上配抱弯再安装阀门，混合管的半圆弯用活接头与冷、热水的阀门连接，最后装上混合管和喷头，混合管上端应设一单管卡。

成品淋浴器的安装，如图 11-21 所示。

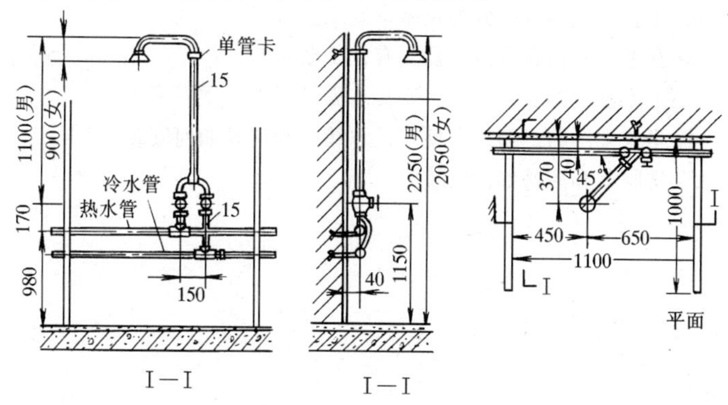

图 11-20　管件淋浴器安装

除以上介绍的卫生器具外，还有大便槽、立式小便器、小便槽、盥洗槽、洗涤盆、污水池、地漏等，可参考国家及地区标准图集施工。

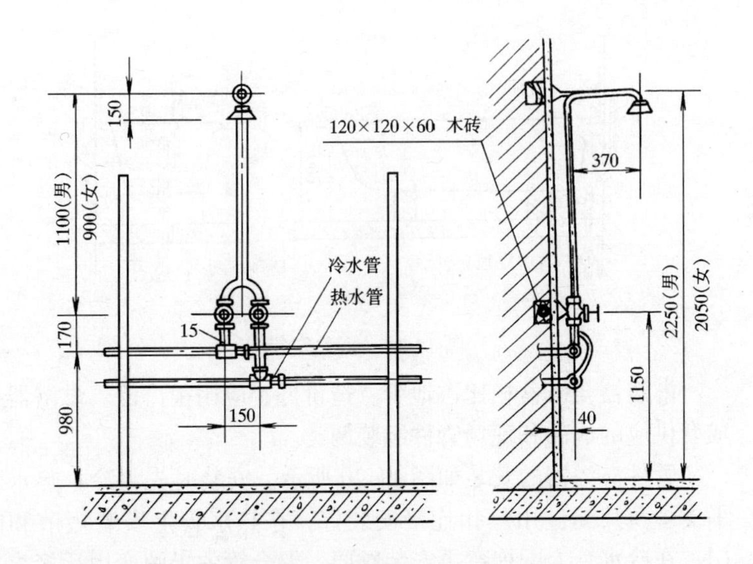

图 11-21 成品淋浴器安装

复 习 题

1. 试叙卫生器具的分类及基本要求。
2. 在卫生间内布置卫生器具有什么要求?
3. 卫生器具的安装前提、安装步骤及注意事项有哪些?
4. 坐式大便器、蹲式大便器及水箱、冲洗管如何安装?
5. 洗脸盆和浴盆如何安装?

十二、散　热　器

散热器是将采暖管道中流动的热水或蒸汽的热量传递给房间室内空气的一种设备。它使室内温度升高，从而满足人们工作和生活的需要。

（一）散热器的种类

散热器的种类很多，常用的散热器有铸铁散热器和钢制散热器两种。

铸铁散热器结构简单，耐腐蚀，使用寿命长，造价低，但承压能力低，金属耗量大，安装运输不方便。而钢制散热器金属耗量小，占地面积小，承压能力高，但容易腐蚀，使用寿命短。

下面介绍各种散热器：

1. 铸铁散热器

（1）柱型散热器　散热器是单片的柱状连通体。每片各有几个中空的立柱，有二柱、四柱和五柱，如图 12-1、图 12-2 所示。散热器有带柱脚和不带柱脚之分，可以组对成组落地安装和在墙上挂式安装。

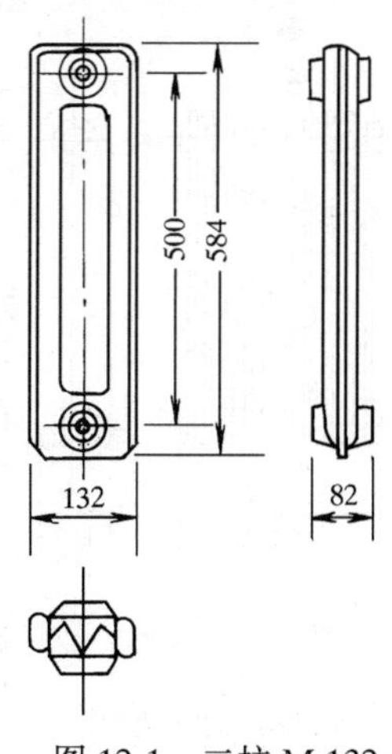

图 12-1　二柱 M-132 型散热器

（2）翼型散热器　有圆翼型和长翼型两种。圆翼型散热器为管型，外表面有许多圆形肋片，如图 12-3 所示。长翼型散热器为长方形箱体，外表面带有肋片。如图 12-4 所示。这种散热器，

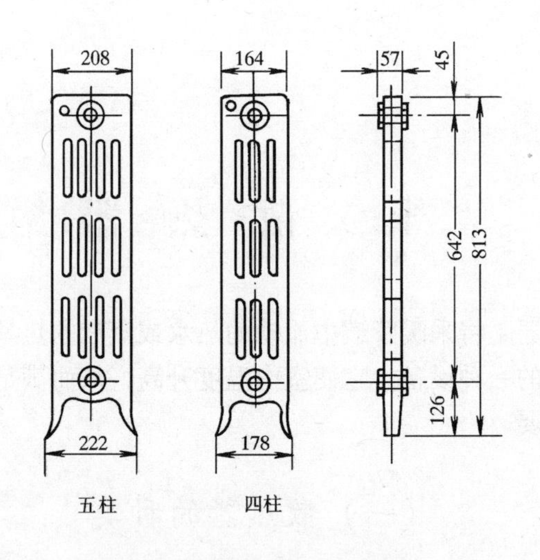

图 12-2　四柱和五柱型散热器

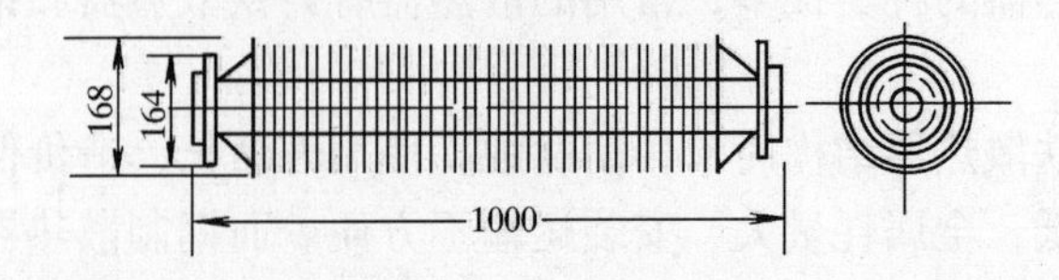

图 12-3　圆翼型散热器

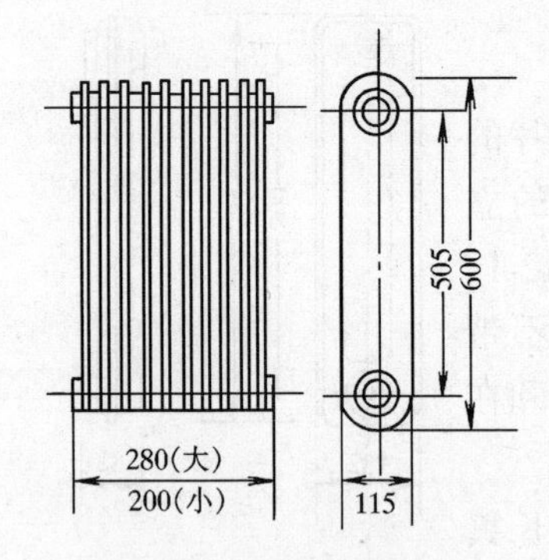

图 12-4　长翼型散热器

很难像柱型散热器那样，组合成所需要的散热面积。

(3) 灰铸铁散热器　灰铸铁散热器的主要优点是耐压强度高，单片试验压力为 1.5MPa，组装试验压力为 1.2MPa（一般铸铁散热器不超过 0.4MPa)，单位散热面积的质量略轻，但是价格较高。图 12-5 所示为灰铸铁柱型和细柱型散热器。

2. 钢制散热器

(1) 钢柱型散热器　钢柱型散热器的构造和铸铁柱型散热器

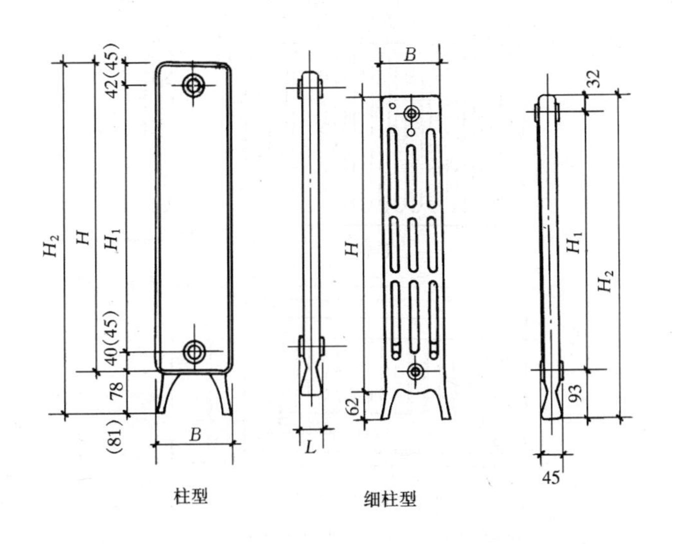

图 12-5　灰铸铁柱型和细柱型散热器

相似，如图 12-6 所示。这种散热器是采用 1.5～2.0mm 厚普通冷轧钢板经过冲压形成半片柱状，再经压力滚焊复合成单片，单片之间通过气体弧焊联成所需要的散热器段。每组片数可根据设计而定，一般不宜超过 20 片。北京生产的多柱（2、3、4 柱）钢管散热器色彩和造型多样，表面喷塑，易于清洁；散热性能好，热辐射比例高；重量轻，耐腐蚀，寿命长；承压能力达 1MPa，适用各种高层建筑。

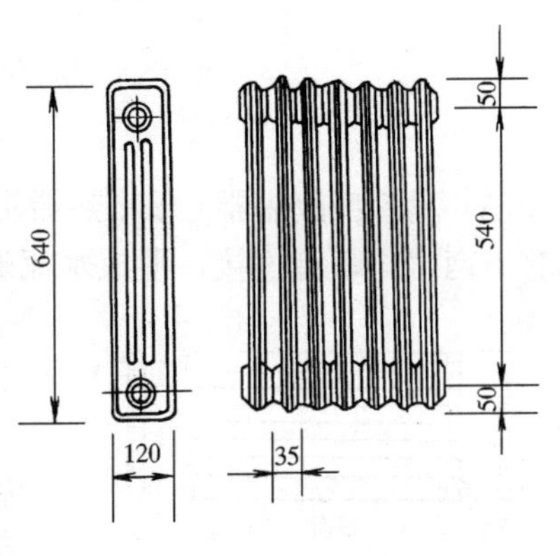

图 12-6　钢制柱型散热器

（2）板型散热器　该散热器也是由冷轧钢板冲压、焊制而成。主要由面板、背板、进出口接头等组成，对流片多采用 0.5mm 的冷轧钢板冲压成型，点焊在背板后面，如图 12-7 所

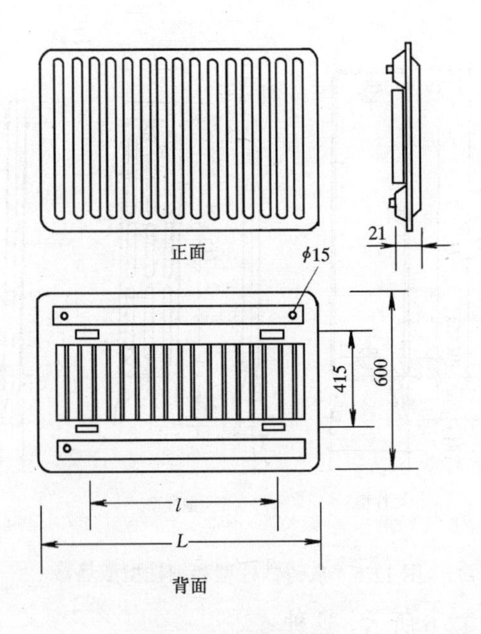

图 12-7　板型散热器

示。

(3) 扁管型散热器　该散热器是由数根矩形扁管叠加焊制成排管，两端与联箱连接，形成水流通路，如图 12-8 所示。扁管型散热器的板型有单板、双板、单板带对流片和双板带对流片四种结构形式。单、双板扁管型散热器两面均为光板，板面温度高，有较大辐射热。带对流片的板型散热器，背面主要以对流方式进行传热。

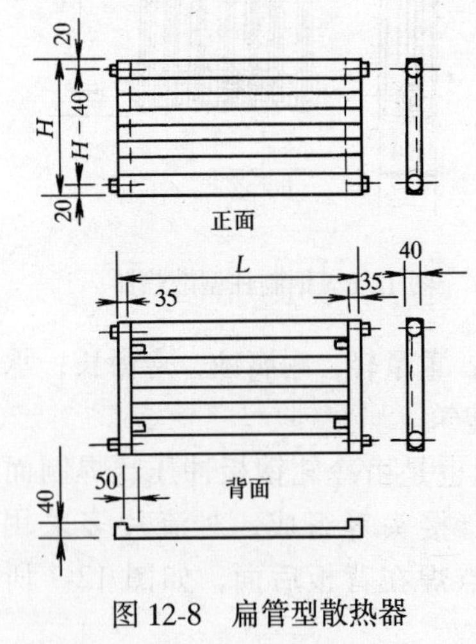

图 12-8　扁管型散热器

(4) 闭式钢串片型散热器　该散热器由钢管、带折边的钢片和联箱等组成，如图 12-9 所示。这种散热器的串片间形成许多竖直空气通道，产生了烟囱效应，增强了对流放热能力。

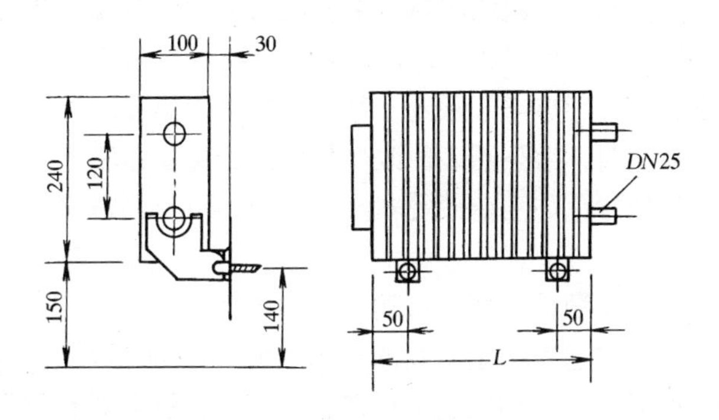

图 12-9　闭式钢串片型散热器

3. 铝制散热器

铝制散热器是由铝合金翼型管材加工成排管状，如图 12-10 所示。天津生产的 LP 系列，山东生产的 YGL 系列散热器均是这种散热器。

铝制散热器外形美观，质量轻，耐腐蚀，承压高，传热性能好。但材质软，运输、施工易碰损且价格昂贵。

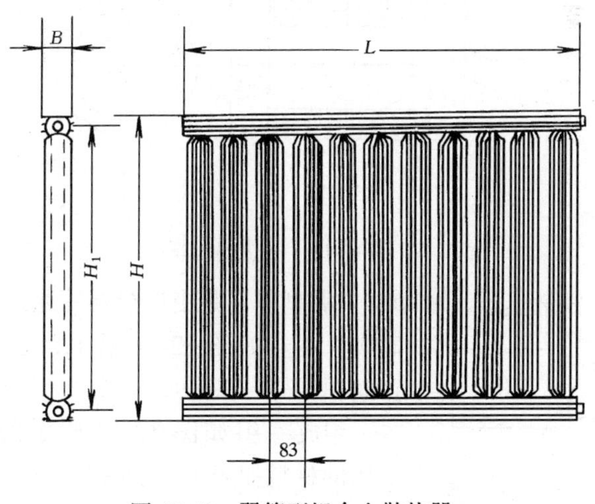

图 12-10　翼管型铝合金散热器

散热器一般采用明装，对房间装修和卫生要求较高时可以暗装，但会影响散热器的放热效果，从而不利于节能。如确需暖气罩来美化居室，可以将活动的百叶窗框罩倒置过来，使百叶翅片朝外斜向，有利热空气顺畅上升，提高室内温度。此外，最近的实验结果证明，散热器表面改变传统的表面涂银粉漆的做法，采用其他各种颜色如浅蓝漆等非金属涂料，可提高散热器的辐射换热比例。

为节约能源，一些新型建筑采用地面采暖。它是在地板内埋入热水管路，通以一定温度的热水（如 40～60℃），均匀加热地板，使地板成为一种低温辐射热源。室内温度分布较均匀，地面温度较高，给人以舒适的感受，符合人的生理习性，因而成为当今世界较为理想的室内采暖方式。

（二）散热器的组对及安装

1. 散热器的组对

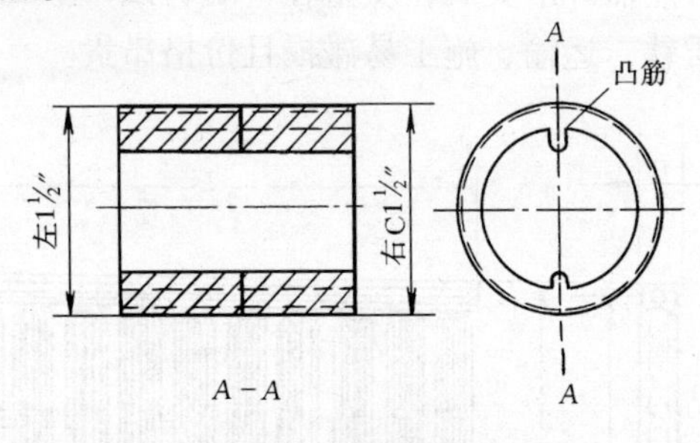

图 12-11　散热器对丝

铸铁散热器（柱型、长翼型等）是由散热器片通过对丝组合而成。对丝如图 12-11 所示，它的一头为正丝扣，另一头是反丝扣。

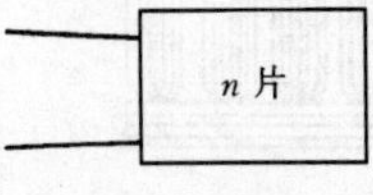

n片

图 12-12　散热器

组成一组如图 12-12 所示的散热器，所用的材料如表 12-1 所示。

散热器组对材料　　**表 12-1**

材料名称	规格	单位	数量
散热器	按设计图纸	片	n
散热器对丝	DN32	个	2（$n-1$）
散热器内外丝	DN32×{15, 20, 25}	个	2
散热器丝堵	DN32	个	2
散热器垫圈	DN32	个	2（$n+1$）

散热器组对前应检查其有无裂纹、蜂窝、砂眼，连接内螺纹是否良好，内部是否干净。然后除锈，清刷对口。将检查合格的散热器片刷一道防锈漆。按正扣一面朝上排列堆放备用。

组对时，摆好第一片，将正扣向上，先将对丝拧入 1～2 扣，放上垫圈，用第二片的反扣对于第一片，用对丝钥匙插入丝孔内，将钥匙卡住，先逆时针慢慢退出对丝，再顺时针拧对丝，待上下两个对丝全入扣时，上下同时并进，缓慢用力拧紧对丝口，直至衬垫挤出油。如此一片连一片操作到设计所需的一组散热器片数。

四柱散热器组两端必须配有带柱足的散热器片，超过 15 片时，中间再加一足片。

片式散热器组对数量一般不宜超过下列数值：

细柱型	25 片
M-132 型	20 片
长翼型（大 60）	6 片
其他每组长度	1.6m

散热器组对后，必须逐组进行水压试验，合格后才能安装。散热器的水压试验连接如图 12-13 所示。试验压力应符合表 12-2 的规定，试验时间应为 2～3 分钟，以不渗不漏为合格。将试验合格的散热器喷刷防锈漆一道，运至现场待安装。

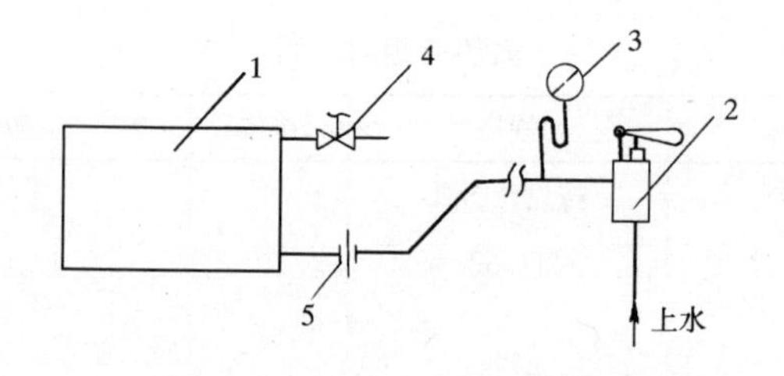

图 12-13　散热器水压试验装置示意图

1—散热器；2—手压泵；3—压力表；4—排气阀；5—活接头

散热器的试验压力（MPa）　　表 12-2

散热器型号	铸铁型		扁管型		板式	串片式	
工作压力	≤0.25	>0.25	≤0.25	>0.25	—	≤0.25	>0.25
试验压力	0.4	0.6	0.6	0.8	0.75	0.4	1.4

2. 散热器的安装

按设计图纸所标明的规格片数，将各房间散热器的托钩、托

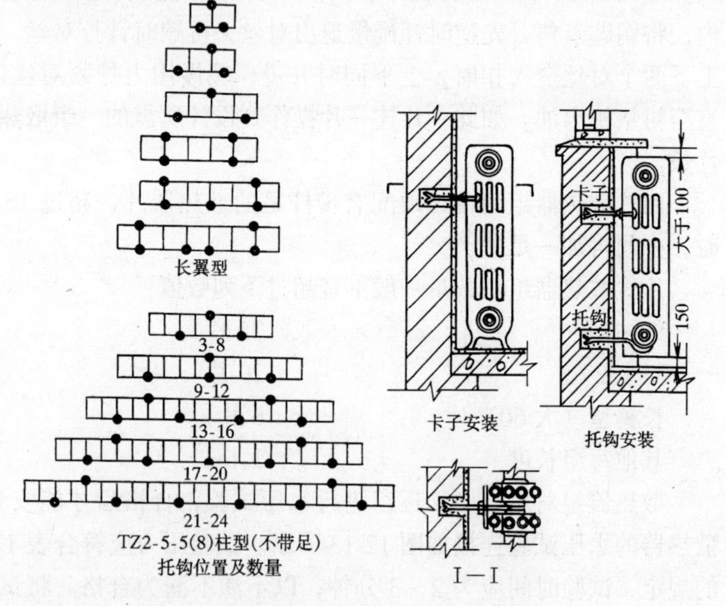

图 12-14　铸铁片散热器卡子、托钩位置

架及卡子找准位置，安装牢固。

散热器一般安装在外窗台下。散热器安装应在墙灰抹好并栽好散热器托钩和卡件以后进行，铸铁片散热器卡子和托钩位置可参见图 12-14 所示。

下面介绍一种新式托钩和一种自制的托架：

为减少栽托钩的工程量，可以选用一种带扣的托钩。图 12-15是一种带扣膨胀式托钩，膨胀螺栓的规格为 M12×75。墙体钻孔使用冲击式电锤，钻头直径应与膨胀螺栓大小配套，采用 ϕ16 或 ϕ16.5mm 的钻头。

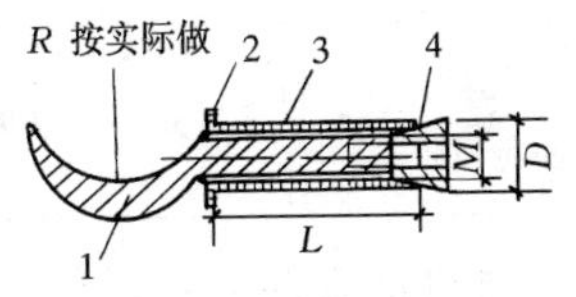

图 12-15　暖气片托钩
1—托钩；2—挡圈；3—开口套管；4—螺母

如果要在阳台、厨房间安装散热器，与散热器连接的水平支管的固定就比较困难，因为阳台和厨房的窗下墙一般是用厚度为 60mm 的预制钢筋混凝土栏板焊接成的，托钩或托卡不易锚固好。此时，可用图 12-16 所示的托架来支托水平支管，达到固定的目的。

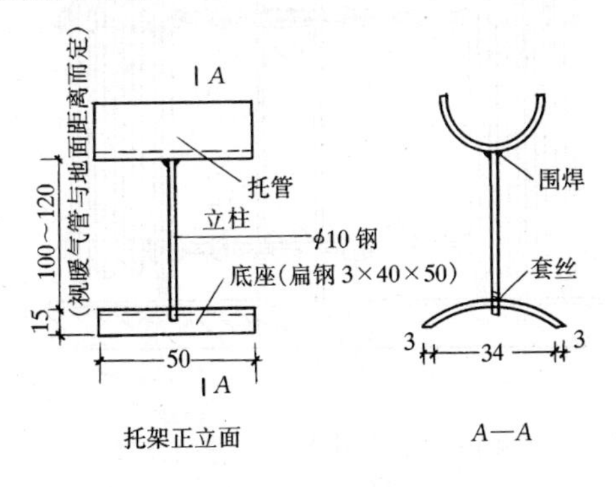

图 12-16　暖气管托架

散热器安装应正面水平，侧面垂直，安装时的允许偏差应符合表 12-3 的规定；中心与墙表面间距离应符合表 12-4 规定。

散热器安装允许偏差（mm） 表 12-3

项目		允许偏差
散热器	背面与墙内表面距离	3
	与窗口中心线	20
	垂直度	3

散热器离墙的距离（mm） 表 12-4

散热器型号	60	M-132 150	四柱	圆翼	扁管、板式（外沿）	串片	
						平放	竖直
中心距墙表面距离	115	115	130	115	30	内表面距墙表面 30mm 左右	

散热器安装时正丝扣方向应置于进水方向。散热器安装完以后，再安装连接散热器的支管，使散热器与管道形成一个整体，如图 12-17 所示，为热水采暖同侧连接的两组散热器。支管连接时，应注意有 1%的坡度坡向水流方向。

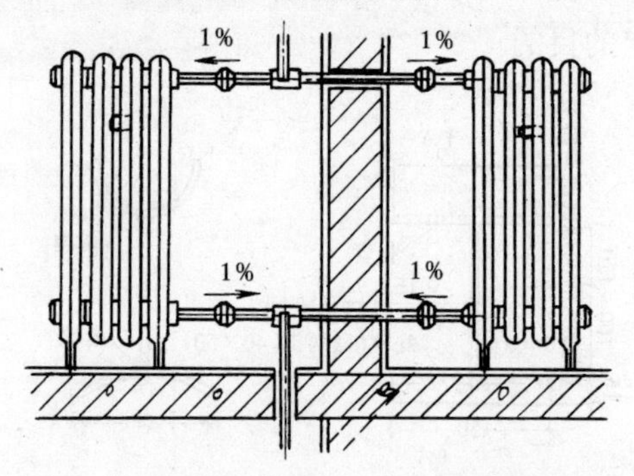

图 12-17 散热器与支管的连接

复 习 题

1. 何谓散热器？可以分哪几种？各自有什么特点？

2. 片式散热器组对所用的材料有哪些？

3. 如何组对散热器?

4. 试述散热器水压试验装置及方法?

5. 如何安装散热器? 有什么质量要求?

十三、减压阀、安全阀、疏水器

在某些给水、消防、采暖管道中，为了各自不同的目的和用途，需要装置减压阀、安全阀或疏水器。它们的共同特征就是由人们在安装完毕作一次性调试后，阀门便可以自行地按要求进行工作，而无需经常地开启或关闭。下面分别介绍减压阀、安全阀和疏水器的构造和安装要求。

（一）减压阀及安装

减压阀主要是靠膜片、弹簧、活塞等敏感元件改变阀瓣与阀座的间隙，把进口的介质压力减至需要的出口介质压力，并依靠介质本身的能量，使出口压力自动保持恒定。常用的减压阀有活塞式、波纹管式、薄膜式及弹簧薄膜式等。各种减压阀如图13-1所示。

薄膜式及弹簧薄膜式减压阀宜用于压力不大且温度较低的水和空气介质管道；温度、压力较高的蒸汽管道需用活塞式减压阀；波纹管式减压阀宜用于介质参数不高的蒸汽和空气等清洁介质的管道上，不能用于液体的减压，更不能含有固体颗粒，因此，宜在减压阀前加装过滤器。

安装减压阀应选择好位置，设置在震动小，周围有空间的地方，便于日后管理和维修。安装时，阀体应垂直安装在水平管路上，要注意阀体的箭头方向，不能颠倒。减压阀前后均应安装法兰截止阀。一般减压后的管径应与减压前的公称直径相同，也可扩大口径；减压后的管径可以比减压阀的公称直径大 1～2 级。阀组的前后都应安装压力表，以便调节压力。减压后的低压管上

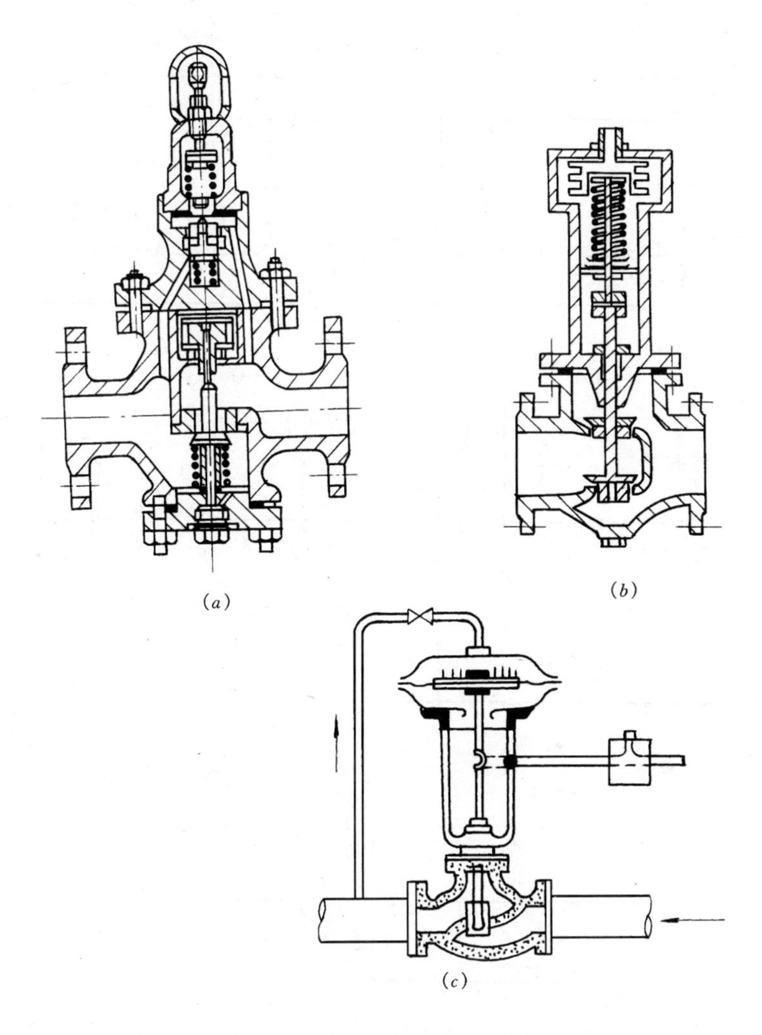

图 13-1　减压阀

(a) 活塞式；(b) 波纹管式；(c) 薄膜式

应安装安全阀，当超压时，能起到泄压报警作用，保证压力稳定，安全阀的排气管应接至室外。对安装在不能间断供应介质管道上的减压阀应装设旁通管，以便维修时不中断供应介质。

减压阀的安装形式如图 13-2 所示。

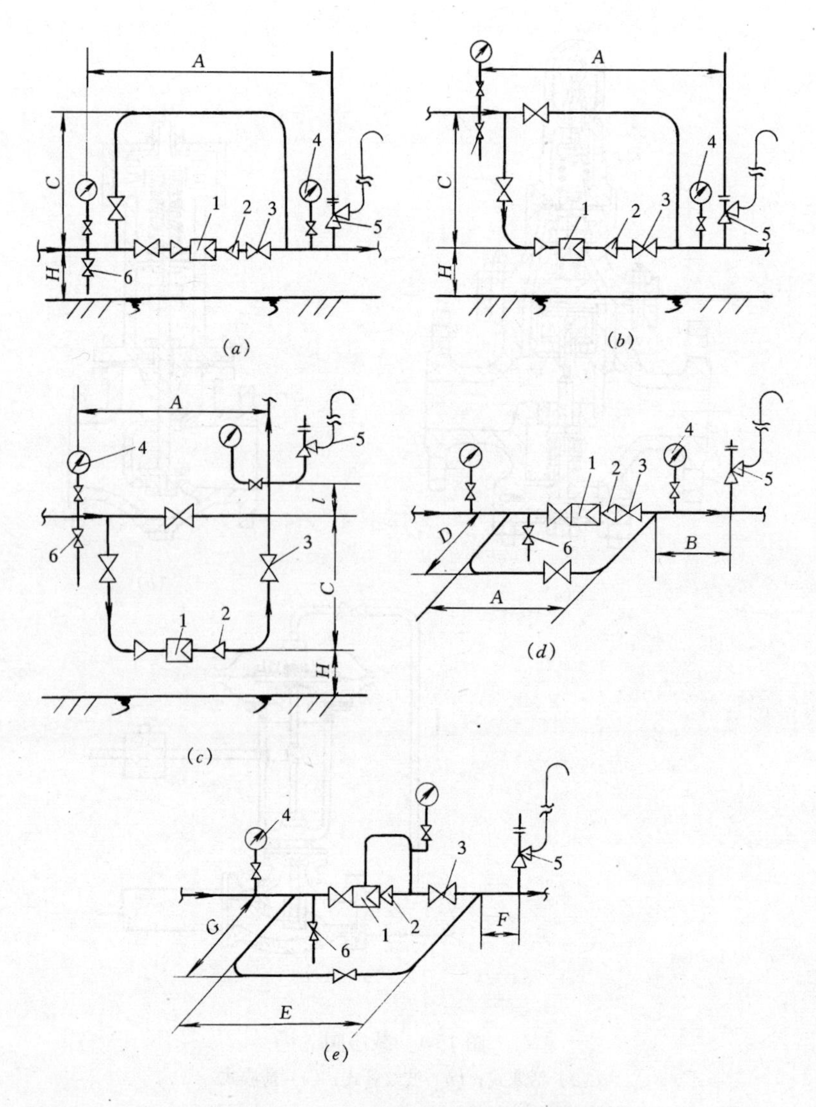

图 13-2　减压阀阀组安装形式示意图

(a)、(b)、(c) 垂直安装；(d)、(e) 水平安装

1—减压阀；2—大小头；3—截止阀；4—压力表；5—安全阀；6—泄水管

阀组的安装高度有两种：一种是沿墙设置在离地面适当高度

处，以便于操作、维修；另一种是安装在架空管道上，但必须设置永久性操作台。

用汽量较小的小型采暖系统，可以采用由两个截止阀组组成的减压装置，如图 13-3 所示。这种装置中的两个截止阀，一个作减压用，一个作关闭用。

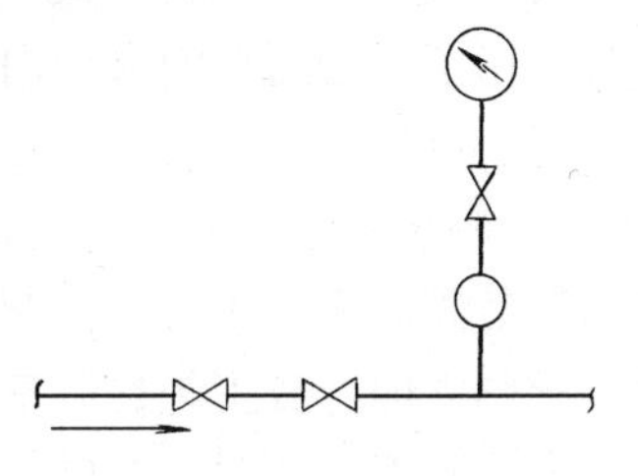

图 13-3　用两个截止阀减压示意图

膜片活塞式减压阀的调整。减压阀前后各安装一个截止阀，除为了在检修时截断管道外，还可用在开启减压阀以前进行调整时截断介质。进行调整时，应先关闭前后的两只截止阀，完全旋紧上手轮，旋松下手轮，缓缓地旋紧下手轮，以压紧弹簧，使阀盘上升，同时注意压力表读数，并调节安全阀，使之在稳定的安全压力上。用锁紧螺母锁紧下手轮（有时也可拆除下手轮），再开启减压阀后的截止阀，即投入正常运行。

减压阀的选用有严格的要求，除设计图纸上有明确规定外，还可根据工艺确定的流量、阀前阀后的压力以及阀前流体温度条件来进行计算选择阀孔面积，进而选择减压阀的规格尺寸。

下面介绍几种由北京某研究所研制、河北沧州某机电设备厂生产的“普惠”牌减压阀：

1. 比例式减压阀　该阀利用阀内浮动活塞两端不同截面积造成的压力差改变阀后压力，即在管路中有压力的情况下，活塞两端的面积差构成了阀前与阀后的压力差。它减压比例稳定，现生产的标准压比有 2∶1，3∶1，3∶2，4∶1 等。

2. 减压稳压阀　该阀采用了阀后压力反馈机构，既可水平安装，也可垂直安装。在高层建筑给水系统中可以替代分区供水中的分压水箱，在气压罐和变速泵供水系统中，是解决高层底部供水压力过大，延长管路及卫生器具使用寿命的理想产品。

3. 室内减压稳压消火栓　解决了高层建筑中普通消火栓因

超压而带来的计算和调试问题，很好地满足了《高层民用建筑设计防火规范》中对压力、流量的要求。减压弹簧用不锈钢制作。同时保持了原普通型消火栓内部结构、接口标准及操作方法，使用方便、可靠。

4. 消防专用减压阀　该阀由主阀和导阀组成。减压阀通过导阀调节阀后所需压力，控制主阀流量。当阀后压力低于设定值时，导阀立即释放主阀控制室压力，使阀瓣做适度的开启。当阀后压力达到设定值时，主阀控制室压力增加，使阀瓣开度变小直到关闭。这种阀门可根据现场需要设定阀后压力，同时阀后压力不会因为阀前压力变化而变化，也不会因为阀后流量变化而改变阀后压力，起到减压稳压的作用。

（二）安全阀及安装

安全阀是一种常用于锅炉、压力容器等有压设备和管道上的自动泄压装置，可以对管道、设备起安全保护作用。当设备和管道中的介质压力超过规定数值时，安全阀会自动开启（发出响声）以降低过高的介质压力，使设备和管道不致因超压而遭受破坏或造成爆炸等恶性事故；而当压力恢复到规定数值时则自动关闭，以保证设备和管道正常运行。安全阀按不同构造可分为杠杆式安全阀、弹簧式安全阀和脉冲式安全阀。如图 13-4 所示。

1. 杠杆式安全阀　主要用于水、蒸汽等工作介质。铸铁制杠杆式安全阀适用于公称压力 $PN \leqslant 1.6$MPa，介质温度 $t \leqslant 200$℃的工作条件。碳钢制杠杆式安全阀适用于公称压力 $PN \leqslant 4.0$MPa、介质温度 $t \leqslant 450$℃的工作条件。其工作压力调整是靠移动重锤位置或改变重锤质量来实现的。定压时，首先拧松重锤上的定位螺钉，然后缓慢地移动重锤，直移到安全阀出口自动排放介质为止，即作为初步定压。定压之后需当即试验其准确性，可用大拇指轻轻地抬一下杠杆端，如立即有大量介质冒出来时，即认为定压合格。定压后的安全阀，应将重锤上的定位螺钉拧

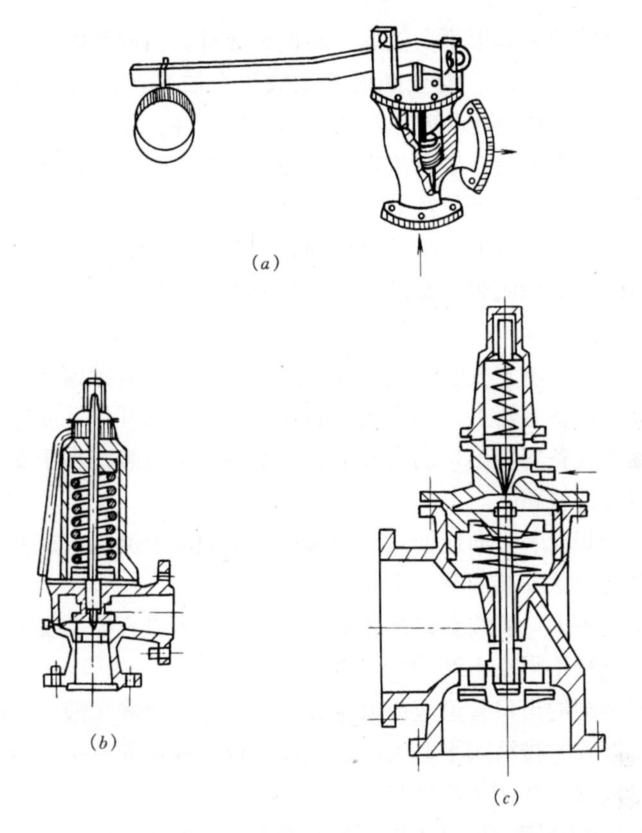

图 13-4　安全阀

(a) 杠杆式安全阀；(b) 弹簧式安全阀；(c) 脉冲式安全阀

紧，防止重锤在杠杆上移动。

2. 弹簧式安全阀　构造简单，操作方便，应用较广泛。它有封闭式和不封闭式两种。封闭式一般适用于易燃、易爆或有毒介质；不封闭式可用于蒸汽或惰性气体。弹簧式安全阀中还分为带扳手和不带扳手两种，扳手的作用主要是检查阀盘的灵活程度，有时也可用于手动紧急泄压。弹簧式安全阀是依靠调节弹簧的压缩量来调整压力。调节时，可用调整螺母来改变弹簧对阀盘的压力，使阀盘在指定的工作压力下能自动开启。定压时，首先拆下安全阀顶盖和扳手，然后拧转调整螺母。当调整螺母被拧到规定的开启压力时，安全阀便自动放出介质来，再稍微地拧紧些，即初步完成定压。定压后要试验其准确性，即稍微拉一下扳手，如立即有大量介质冒出来时，即认定定压合格。定压后的安全阀要打上铅封，严禁乱动。

3. 脉冲式安全阀　该阀由主阀和辅助阀组成。当压力超过允许值时，辅助阀先行起动，然后促使主阀动作。脉冲式安全阀主要用于高压和大口径的管道和设备。

安全阀应垂直安装在设备或管道上，布置时应考虑便于检查和维修。设备容器上的安全阀应装在设备容器的开口上或尽可能装在接近设备容器出口的管段上，但要注意不得装在小于安全阀进口通径的管路上。

安全阀安装方向应使介质由阀瓣的下面向上流动。重要的设备和管道应该安装两只安全阀。

安全阀入口管线直径最小应等于其阀的入口直径，安全阀出口管线直径不得小于阀的出口直径。

安全阀的出口管道应向放空方向倾斜，以排除余液，否则应设置排液管。排液阀平时关闭，定期排放。在可能发生冻结的场合，排液管道要用蒸汽伴热。

安装安全阀时也可以根据生产需要，按安全阀的进口公称直径设置一个旁路阀，作为手动放空用。

在设备或管道投入运行前，对安全阀要及时进行调整校正，开启和回座压力应符合设计要求，如设计无规定时，其开启压力为工作压力的1.05～1.15倍，回座压力应大于工作压力的0.9倍。调压时，压力要稳定，每个安全阀启闭试验不应少于3次。安全阀经调整后，在工作压力下不得有泄漏，否则将失去保险作用。

（三）疏水器及安装

疏水器又叫阻汽排水阀或回水盒，是一种自动调节阀门。主要用来自动排放蒸汽管道中的凝结水并阻止蒸汽泄漏，以保证系统正常运行和达到节约能源的目的。疏水器种类很多，常用的有浮桶式疏水器、热动力式疏水器和恒温式疏水器。

1. 浮桶式疏水器　浮桶式疏水器可分为正向浮桶式和倒吊桶式两种，它们都是利用浮桶在水中的物理性能来控制阀孔的启闭，以实现自动排水和阻汽作用的。如图 13-5 所示。

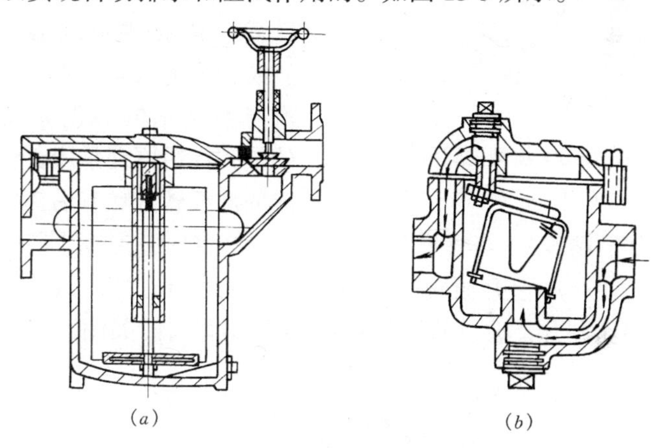

图 13-5　浮桶式疏水器

（a）正向浮桶式疏水器；（b）倒吊桶式疏水器

当管路或设备中的凝结水和少量蒸汽流入疏水器内，疏水器体内的凝结水液面升到一定的高度，就会溢入浮桶，当浮桶内的凝结水积存到一定数量后，因质量重力超过浮力则浮桶下沉，浮桶下沉连带排水阀杆下降，使排水阀开启，这时浮桶内的凝结水便由套管经排水阀排出疏水器。当浮桶质量重力小于浮力时，浮桶又被浮起，并带动排水阀杆上升，使排水阀关闭，停止排水。疏水器就按照这样的过程重复进行工作。

常用正向浮桶式疏水器最高介质温度为200℃，内螺纹倒吊桶式疏水器最高工作压力为1.6MPa，最高工作温度为170℃。

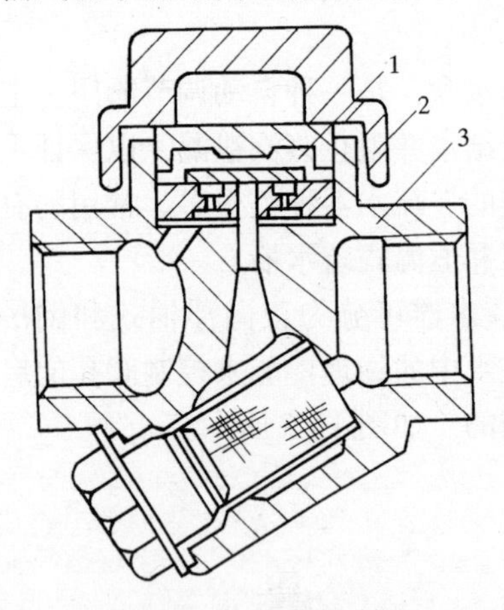

图13-6 热动力式疏水器
1—阀片；2—阀盖；3—阀体

2. 热动力式疏水器 这种疏水器的工作原理是当蒸汽和凝结水进入疏水器时，由于压力变化促使阀片上升或下降，使疏水器起阻汽排水作用。热动力疏水器体积小，排水量大，是一种新型疏水器，如图13-6所示。

3. 恒温式疏水器，又称波纹管式疏水器 它是根据蒸汽与凝结水的温度差而设计的。其作用原理是用黄铜片制成的波纹管内贮有易挥发的液体（如酒精等），当管道和阀体积存凝结水时，温度下降，波纹管收缩使阀芯上升而阀门开启，凝结水排出。当蒸汽进入阀体时，温度剧升，波纹管膨胀使阀芯下降而阀门关闭。如图13-7所示。

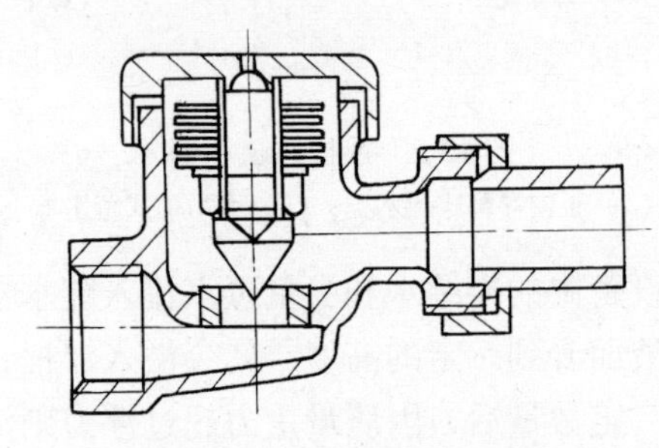
图13-7 波纹管式疏水器

波纹管式疏水器常用于低压蒸汽管道。

疏水器应安装在便于检修的地方，并尽可能靠近用热设备或管道及凝结水排出器之下。阀体的垂直中心线与水平应互相垂直，不可倾斜，以利阻汽排水，并使介质的流动方向与阀体上的箭头方向保持一致。疏水器阀组组装时，应注意安排好旁通管、冲洗管、检查管、止回阀和过滤器等的位置，并装设必要的法兰或活接头，以便于检修时拆卸。如图 13-8 所示。

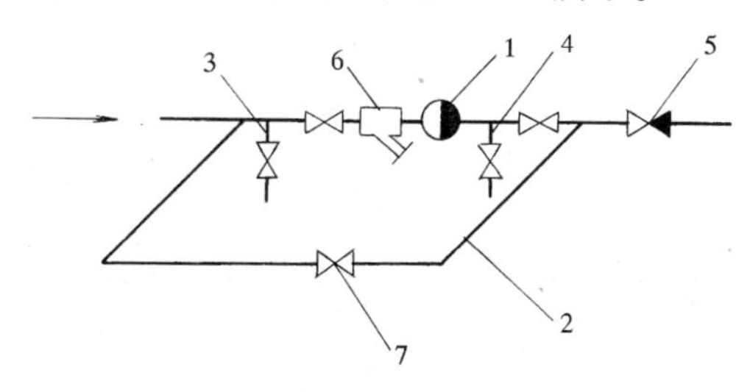

图 13-8　疏水器安装示意图

1—疏水器；2—旁通管；3—冲洗管；

4—检查管；5—止回阀；6—过滤器；7—截止阀

旁通管的作用主要是在管道开始运行时用来排放系统内的凝结水。运行中和检修疏水器时，用旁通管排放凝结水是不适宜的，因为这样会使蒸汽窜入回水系统（凝结水排至下水沟的除外），影响其他用热设备和管网回水压力的平衡。如果不论疏水器的大小，不分系统和用途，在安装疏水器时，一律设置旁通管，实践证明，利少弊多。所以一般在中、小型采暖、用热设备及蒸汽管道疏水中，可以不装旁通管。而对于必须连续生产及对加热温度有严格要求的生产用热设备，可以安装旁通管。

冲洗管的作用是用来冲洗管路。如疏水器本身已经有了疏水管，则不必再安装冲洗管。冲洗管也可朝上安装。

检查管的作用是检查疏水器的工作情况。如排出管直接接至明沟，并且排出口到疏水器的距离又很短，可以直接看到排出口的排水情况，可以不装检查管。冲洗管和检查管排出的水都应排至排水沟。

止回阀的作用是防止回水管网窜入蒸汽后压力升高，甚至超

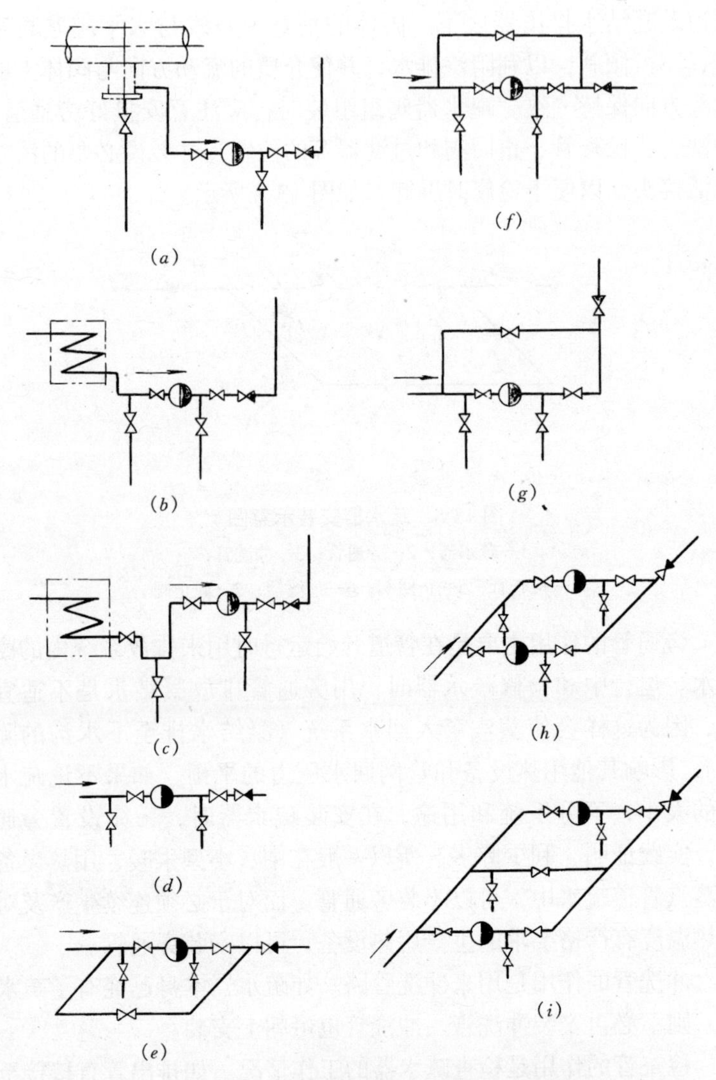

图 13-9　疏水器的几种安装形式示意图

(a) 与集水管连接；(b) 安装在设备之下；(c) 安装在设备之上；
(d) 不带旁通水平安装；(e) 带旁通水平安装；(f) 带旁通垂直安装；
(g) 带旁通垂直安装；(h) 并联安装；(i) 并联安装

过供热系统的使用压力，至使汽、液倒流。如疏水器本身不带止回阀时，除凝结水直接排至排水沟或单独流至无反压集水箱的之外，在余压回水和提升回水系统中，都应在检查管后安装止回阀。

疏水器阀组既可安装在集水管上，也可安装在低于或高于设备的管道上。在这三种形式的组装过程中，又可分为带旁通或不带旁通，水平安装或垂直安装，还可以把疏水器并联起来安装，以增加疏水量，但是切不可以把疏水器串联起来安装。疏水器的安装形式如图 13-9 所示。

复 习 题

1. 常用的减压阀有哪几种？各自适用的工作场合？
2. 如何安装和调整减压阀？小型采暖系统要不要安装减压阀？
3. 常用的安全阀分哪几种？适用工作范围如何？
4. 安全阀如何安装和调整？
5. 疏水器有哪几种？
6. 疏水器如何安装？在阀组中是否一定要有旁通管？

十四、管道系统的试压与清洗

《建筑给水排水及采暖工程施工质量验收规范》(GB 50242—2002)中规定：阀门安装前，应作强度和严密性试验；各种承压管道系统和设备应做水压试验，非承压管道系统和设备应做灌水试验。

（一）管 道 试 压

1. 室内给水系统水压试验

（1）适应范围

室内生活用水、消防用水以及生活（生产）与消防合用给水系统。

（2）水压试验准备

1）材料：钢管、高压橡胶管、阀门、止回阀、麻丝、水源等。

2）机具：电动水泵、手压泵、压力表、管钳、钢锯、活动扳手等。

3）作业条件：系统安装完毕，支吊架已固定；用水设备支管末端已安装阀门，若集中排气的系统应在顶部临时安装设有排气阀的排气管；各环路中间控气阀门，全部开启，并有专人巡视检查；环境温度不宜低于5℃，当低于5℃时，水压试验应采取防冻措施；加压装置及仪表应动作灵活，工作可靠，并符合精度要求，压力表量程为试验压力值的1.5～2倍。

（3）操作工艺

水压试验可按系统或区段进行，操作步骤如下：

1）向系统内注水：宜用生活用水，不得使用海水或有腐蚀性化学物质的水。注水时应由下而上，并将最高处阀门打开，待管内空气全部排净见水后，关闭阀门。若注水压力不足时，可采用增压措施。

2）升压：先将系统压力逐渐升至工作压力，停泵观察，各部位无破裂、无渗漏时，再升压至试验压力。

3）检验方法：金属及复合管给水管道系统在试验压力下观测 10min，压力降不应大于 0.02MPa，然后降到工作压力进行检查，应不渗不漏为合格，再降到压力为零，试压完毕。若材料为塑料管，应在试验压力下稳压 1h，压力降不得超过 0.05MPa，然后在工作压力的 1.5 倍下稳压 2h，压力降不得超过 0.03MPa，同时检查各连接处不渗不漏为合格。

4）泄水：试压合格后，应及时泄空系统内水，防止积水冻结而损坏管道。

5）试压记录：试压记录应如实填写，严禁编造弄虚作假。

（4）试验压力及标准

室内给水管道的水压试验必须符合设计要求。当设计未注明时，各种材质的给水管道系统试验压力均为工作压力的 1.5 倍，但不得小于 0.6MPa。

（5）安全注意事项

1）试压时，在管道末端严禁对面站人，以防跑水时伤人。

2）在试验压力下不允许紧固螺栓或锁紧螺母。

3）不可在试验压力下超过规定时间去检查管道，严防管道本身受损而留下人为隐患。

2. 其他管道系统、设备和附件的试压

各类水暖管道系统、设备、附件的试压，主要区别在于试压压力和检验方法不同，分述如下：

（1）阀门的强度和严密性试验：阀门安装前，应在每批同牌号、型号、规格数量中抽查 10%，且不少于一个。对于安装主干管上起切断作用的闭路阀门，应逐个作强度和严密性试验，并符合下列规定：强度试验压力为 1.5 倍公称压力；严密性试验压力为公称压力 1.1 倍。检验方法：试验持续时间应不少于表 14-1 的规定，且在持续时间内试验压力应保持不变，且壳体填料及阀瓣密封面无渗漏。

阀门持续试验时间 **表 14-1**

公称直径 DN (mm)	最短试验持续时间（s）		
	严密性试验		强度试验
	金属密封	非金属密封	
≤50	15	15	15
65～200	30	15	60
250～450	60	30	180

（2）室内热水供应系统试压：管道保温之前试压，试验压力应符合设计要求，当设计未注明时，试验压力应为系统顶点工作压力加 0.1MPa，且顶点试验压力不小于 0.3MPa。

检验方法：钢管或复合管在试验压力下稳压 10min，压力降不大于 0.02MPa，再降至工作压力检查，压力不降，且不渗不漏为合格；塑料管在试验压力下稳压 1h，压力降不超过 0.05MPa，降至 1.15 倍工作压力下稳压 2h，压力降不超过 0.03MPa，连接处不渗不漏为合格。

安装太阳能集热器玻璃前，应对集热排管和上下集管作水压试验，试验压力为工作压力的 1.5 倍。并在试验压力下稳压 10min，压力不降且不渗漏为合格。

热交换器水压试验压力为 1.5 倍工作压力，蒸汽部分应不低于供汽压力加 0.3MPa，热水部分应不低于 0.4MPa。稳压 10min 内压力不降，且不渗漏为合格。

（3）采暖系统水压试验：系统安装完毕，管道保温之前应进行试压，试验压力应符合设计要求，若设计未注明时，应符合表 14-2 规定。检验方法：钢管及复合塑料管在试验压力下稳压

10min，压力降不大于0.02MPa，降至工作压力检查，不渗漏为合格；塑料管稳压1h，压力降不大于0.05MPa，降至工作压力的1.15倍，稳压2h，压力降不大于0.03MPa，且各连接处不渗漏为合格。

采暖系统水压试验压力表 **表14-2**

系统分类	系统顶点工作压力 *P*（MPa）	试验压力（MPa）
蒸汽热水采暖	*P*	*P*+0.1MPa，顶点试验压力不小于0.3MPa
高温热水采暖	*P*	*P*+0.4
塑料管、复合管热水采暖	*P*	*P*+0.2，顶点试验压力不小于0.4MPa

对于散热器、金属辐射板、低温热水地板辐射采暖水压试验，应满足表14-3要求。

散热器辐射板水压试验表 **表14-3**

名称	工作压力 *P*（MPa）	试验压力（MPa）	检验方法
散热器组对后		1.5*P*，但不小于0.6MPa	试验时间为2～3min，压力不降且不渗漏为合格
辐射板安装前		1.5*P*，但不小于0.6MPa	同散热器
低温热水地板辐射采暖盘管隐蔽前		1.5*P*，但不小于0.6MPa	稳压1h，压力降不大于0.05MPa，且不渗漏为合格

（4）室外给水、供热管网试压：试验压力及检验方法应满足表14-4规定。

室外给水、消火栓、水泵接合器、供热外网试验压力　　表 14-4

名称	工作压力 P（MPa）	试验压力（MPa）	检验方法
室外给水		1.5P，但不小于 0.6MPa	钢管、铸铁管，试验压力下稳压 10min，压力降不大于 0.05MPa，降至工作压力，不渗漏为合格 塑料管稳压 1h，压力降不大于 0.05MPa，降至工作压力不渗漏为合格
室外供热管、室外消火栓、水泵接合器		同上	在实验压力下，稳压 10min 压力降不大于 0.05MPa，降至工作压力检查，不渗漏为合格

（5）锅炉汽水系统水压试验：试验压力应满足表 14-5 规定。

锅炉水压试验压力表　　表 14-5

名称	工作压力 P（MPa）	试验压力（MPa）	检验方法
锅炉本体	$P<0.59$	1.5P，但不小于 0.2MPa	在试验压力下稳压 10min，压力降不大于 0.02MPa，降至工作压力检查，压力不降，不渗漏为合格；且不得有残余变形，受压元件金属壁和焊缝上不得有水珠和水雾
	$0.59\leqslant P\leqslant 1.18$	$P+0.3$	
	$P>1.18$	$1.25P$	
可分式省煤器	P	$1.25P+0.5$	
非承压锅炉	大气压力	0.2	
分汽缸、集水器分水器	P	$1.5P$ $\geqslant 0.6$MPa	试验压力下 10min 无压降、无渗漏为合格
密闭箱和罐	P	$1.5P$ $\geqslant 0.4$MPa	同集水器
与锅炉及辅助设备相接管道	P	$1.5P$	试验压力下 10min 压力降不大于 0.05MPa，降至工作压力检查，不渗漏为合格

续表

名称	工作压力 P（MPa）	试验压力（MPa）	检 验 方 法
热交换器	P	$1.5P\geqslant$蒸汽压力+0.3 热水：$1.5P\geqslant0.4$	同集水器

（6）自动喷水灭火系统试压：包括水压试验和气压试验，其试验压力应满足表14-6规定。

试压压力规定表 **表14-6**

工作压力 P（MPa）	水压试验压力（MPa）	气压试验压力	检 查 方 法
$P\leqslant1.0$	$1.5P\geqslant1.4$	0.28MPa	水压试验应在试验压力下稳压30min，压力降不大于0.05MPa，且无泄漏和变形为合格 气压试验稳压24h，压力降不大于0.01MPa；严密性试验可在工作压力下，用水稳压24h，无渗漏为合格
$P>1.0$	$P+0.4$		

3. 灌水试验

隐蔽或埋地的排水管道在隐蔽前应做灌水试验，其灌水高度应不低于底层卫生器具的上边缘或底层地面高度。满水15min水面下降后，再灌满观察5min，液面不降，管道及接口无渗漏为合格。

安装在室内的雨水管应做灌水试验，灌水高度必须到每根立管上部雨水斗。以满水1h不渗漏为合格。

敞开式水箱、水罐等应做满水试验，满水后静置24h不渗漏为合格。

（二）管 道 清 洗

室内给水管道系统、热水管道系统、供暖管道系统及室外给水管和供热管，在施工完毕后与交付使用之前，还需进行清洗（消毒、通热）。

以室内给水管道为例，阐述具体要求和操作。

1. 施工准备

（1）材料：

钢管、高压橡胶管、阀门、冲洗用水等。

（2）机具：

加压泵、压力表、管钳、钢锯、活动扳手等。

（3）作业条件

1）水压试验已完成。

2）各环路控制阀门关闭灵活可靠。

3）临时供水装置正常。

4）冲洗水排放条件具备。

5）水表未安装或已拆卸。

2. 清洗工艺

（1）冲洗顺序按先底部干管后各环路支管。水自入户管阀前接临时供水入口向系统充水，关闭支管上阀门，只开启干管末端支管（一根或几根）底层阀门，将冲洗水排至排水系统，观察出水口水质变化。底层干管清洗完后，依次清洗各支管环路，直至全系统吹洗完毕。

（2）清洗要求：

1）水压应大于供水工作压力。

2）出水口管应比被冲洗管管径小1号。

3）出水口排水流速不大于1.5m/s。

4）清洗加压泵流量与接管流速可参考表14-7选用。

3. 检查标准

观察各冲洗环路出水口处水质，以无杂质、无沉积物、与进口处水质相比无异样为合格。

增压水泵流量与接管流速表 **表 14-7**

小时流量 m^3/h	秒流量 m^3/s	DN 管径流速（m/s）							
		32	40	50	70	80	100	125	150
5	0.0014	1.67	1.08	0.72					
10	0.0027		2.09	1.38	0.72				
15	0.0042			2.14	1.12	0.78			
20	0.0056			2.86	1.50	1.08	0.71		
25	0.0069			3.52	1.84	1.33	0.88		
30	0.0083				2.22	1.60	1.06	0.67	
40	0.011				2.97	2.12	1.40	0.89	
50	0.014				3.78	2.69	1.78	1.14	0.79
60	0.0167					3.22	2.13	1.36	0.94

4. 注意事项

（1）当环境温度低于0℃时，不得进行水清洗作业。

（2）当冲洗水排出缓慢，送水压力急剧升高时，应立即停泵检查，查清是否有堵塞物或有的阀门尚未全开。

（3）清洗后应将管中水及时排净，避免冻结而破坏管道。

（4）应按规定如实填写清洗试验记录表。

（5）不可以水压试验后的泄水替代清洗试验。

对于自动喷水系统，冲洗水流速不宜小于3m/s，其流量不宜小于表14-8规定。

冲洗水流量 **表 14-8**

管道公称直径（mm）	300	250	200	150	125	100	80	65	50	40
冲洗流量（l/s）	220	154	98	58	38	25	15	10	6	4

生活饮用水管道，在冲洗后还要进行消毒，满足饮用水卫生要求。

此外，还有空气吹扫和蒸汽吹扫两种清洗管道方式，前者适用介质为气体，后者适用蒸汽管或非蒸汽管如用空气吹扫不能满足清洁要求。

复 习 题

1. 简述室内给水系统试压的操作要点？
2. 简述水暖工程中，各类有压管道、阀门、设备试压的标准要求？
3. 简述给水管道清洗过程的操作步骤？
4. 简述排水管道灌水试验的要求？

十五、管道的防腐与保温

管道防腐与保温、保冷、防结露是管道安装施工过程中的一道重要工序。防腐是防止金属管道及设备锈蚀,延长使用寿命;保温的目的在于减少热媒在输送过程中的热量损失以及防止冻结、结露;保冷的目的是减少冷媒在输送过程中的冷量损失和结露。

(一) 管 道 防 腐

1. 操作工艺顺序

管道及设备安装就位→表面除锈垢→材料、机具准备→喷刷油漆→成品保护→质量检查。

2. 材料、机具的准备

(1) 材料

管道的防腐材料主要是油漆,对于埋地管道常用沥青防腐。油漆防腐涂料见表15-1。沥青材料主要有建筑石油沥青30、10号和普通石油沥青75、65、55号。

油漆调配时还要有溶剂和稀释剂,即汽油、松节油、苯、甲苯、二甲苯、丙酮、乙醇、丁醇、醋酸乙酯、醋酸丁酯等;在埋地金属管道防腐中,还应有汽油、煤油或柴油;填料类材料如:橡胶粉、高岭土、5~6级石棉、滑石粉、石灰石粉;内包扎层材料、外保护层材料:玻璃丝布、石棉油毡、麻袋布、矿棉纸、牛皮纸、塑料布;燃料类如煤等。

(2) 机具

对于管道与设备防腐应具备:油刷、小油桶、搅拌工具、抹布、人字梯、空气压缩机、喷枪、钢丝刷、手套、口罩、眼镜、泡沫灭火器、干砂、防火铁锹等。

对于埋地管防腐还应增加抹布、钢针、刮板、沥青锅、油毡、温度计等。

常用油漆防腐材料表　　表 15-1

油漆名称	特性和用途
红丹防锈漆	防锈性能好，易涂刷，但干燥慢，且有毒。易沉淀结块，不便喷涂，只能手工涂刷，只适用于涂刷黑色金属，不能涂刷铝、锌、合金表面，耐温＜150℃。适于底漆
铁红防锈漆	性能仅次于红丹，防锈及耐气候性能较好，但防潮性差。用于室内外要求不高的黑色金属表面防锈打底。耐温＜200℃
灰色防锈漆	耐气候性强，用于室内外钢铁结构的防锈打底
锌黄防锈漆	对海洋性气候防锈性能好，有良好保护性。用于铝及其他轻金属构件表面涂刷，防锈打底
铝粉铁红防锈漆	防锈性好，干燥快，并能受高温烘烧不产生有毒气体。但耐溶剂性较差，不耐酸碱。用于防锈打底和金属结构防锈
磷化底漆	附着力强，能延长有机涂层寿命，用于有色和黑色金属打底
油性调和漆	耐气候性较好，但干燥时间较长，漆膜较软，不易粉化、龟裂。用于室内外一般金属构配件的涂刷作保护和装饰作用。耐温＜60℃
铅油	漆膜较软，干燥慢，在炎热潮湿的天气有发粘现象，用清油稀释后，用于室内钢铁，木材表面打底或盖面。耐温＜60℃
醇酸磁漆	光泽好，耐常温干燥耐候性比调和漆及酚醛漆好，用于室外使用，耐水性较差，适于涂刷金属表面。耐温＜60℃
酚醛调和漆	附着力强，光泽好，耐水，漆膜坚硬，耐气候性稍差。用于室内外一般防护面漆。耐温＜60℃
银粉漆	对钢铁和铝表面具有较强的附着力，漆膜受热后不易起泡，用于采暖管道及散热器等面漆。耐温＜150℃
沥青耐酸漆	有一定的耐酸腐蚀性能，适于防硫酸气体浸蚀的金属、木材表面
黑色烟囱漆	用于钢铁烟囱及锅炉等外部表面防锈、防腐，耐温＜300℃
生漆	漆膜坚硬，耐酸力好，但有毒。适于钢铁、木材的防潮、防腐

3. 表面除锈垢

在金属表面总是附有许多杂物：灰尘、锈迹等。这些杂物会影响油漆与金属的结合，降低防腐能力，必须除去。

除锈垢方法有人工除锈垢和喷砂除锈垢。

(1) 人工除锈：一般用钢丝刷、砂布、废砂轮片等，摩擦管道外表而除锈。对钢管内表面除锈，可用圆形钢丝刷绑绳后拉擦，除锈应彻底，以露出金属光泽为合格，再用干净废棉纱或抹布擦净或用压缩空气吹洗。

(2) 喷砂除锈：采用0.4～0.6MPa压缩空气，将粒度为0.5～2.0mm的砂子喷射到金属表面除锈。此法除锈率高，广泛应用。

此外，还有机械除锈，将管子装在带有轨道的机架上，用外圆除锈机和软轴内圆除锈机除掉管内外壁的锈垢。或用手提式除锈机进行除锈。

4. 刷油漆

首先应调配好油漆，即在原装油漆中加入适当稀释剂，并搅拌均匀，以可刷不流淌、不出刷纹为度。

油漆喷刷方法有两种：手工涂刷和压缩空气喷涂。

手工涂刷用油刷、小桶进行。油刷沾油要适量，以免弄到桶外。应自上而下，从左至右，先里后外，先斜后直，先难后易，纵横交错进行。要求厚薄一致均匀，无漏刷，多遍涂刷时，应在上一遍涂膜干燥后，才可刷第二遍。

采用压缩空气喷涂时，喷枪油罐装满油后，起动空气压缩机，扣动板机，以适当速度移动喷嘴，调节与被涂物件的距离。喷枪所用空气压力一般为0.2～0.4MPa。空气喷涂的漆膜较薄，多遍喷涂要掌握厚度，须在上一遍漆膜干燥后再喷下一遍。

5. 埋地钢管防腐施工

(1) 埋地钢管防腐层结构，可分为三种类别：普通防腐层、加强防腐层和特加强防腐层，其结构见表15-2。

埋地管道防腐层结构表 **表 15-2**

防腐层层次（从金属表面起算）	普通防腐层	加强防腐层	特加强防腐层
1	沥青底漆	沥青底漆	沥青底漆
2	沥青涂层	沥青涂层	沥青涂层
3	外包保护层	加强包扎层	加强包扎层
4		沥青涂层	沥青涂层
5		外包保护层	加强包扎层
6			沥青涂层
7			外包保护层
防腐层厚度不小于（mm）	3	6	9
厚度允许偏差（mm）	－0.3	－0.5	－0.5

普通防腐层适用于含水量、含盐量较小、腐蚀性轻微的土壤；加强防腐层用于腐蚀性较强土壤；特加强防腐层用于腐蚀性极强土壤。

（2）沥青底漆配制：沥青底漆和沥青涂层是用同一种沥青，它与汽油等溶剂按 1:2.5～3 的体积比配制而成，或质量比为 1:2～2.5。制备时，应先将沥青在锅内加热熔化并升温至 160～180℃脱水，再冷到 70～80℃后，将沥青按比例倒入盛有汽油的容器中，并搅拌均匀，严禁将汽油倒入沥青中。

（3）防腐做法，首先是在除锈的管道上手刷 1～2 遍沥青底漆，厚约 1～1.5mm，不得有麻点和漏涂，待干燥后进行下道工序：涂刷沥青涂料，每层厚为 1.5～2mm；再按设计要求包扎中间层，中间层可用玻璃丝布、石棉油毡、麻袋布等材料，施工时最好选用宽度为 300～500mm 卷装材料，绕螺旋状包缠，圈与圈之间的接头搭接长度为 30～50mm，并用沥青粘合。任何部位不得形成气泡和折皱。最后做保护层，常用塑料布或玻璃丝布包缠而成，方法同中间层，圈与圈之间搭接长度为 10～20mm，并粘牢。

质量要求：表面光滑，厚度均匀，无漏涂、过薄、过厚现象；防腐厚度为：普通防腐层厚不小于 3mm，允许偏差 －0.3mm；加强防腐层厚不小于 6mm，允许偏差 －0.5mm；特加强防腐层厚不小于 9mm，允许偏差 －0.5mm，采用钢针刺入检查。

(二) 管 道 保 温

1. 常用保温材料

用于高温管道的保温材料有石棉、矿渣棉、玻璃棉、膨胀珍珠岩、泡沫混凝土、石棉硅藻土、蛭石等；用于低温管道的有软木、泡沫塑料等。常用保温材料及性能如表 15-3。

保温材料性能表 **表 15-3**

材料名称	容重 kg/m^3	导热系数方程式 kcal/m，h,℃	使用温度范围 ℃
岩棉制品	80～100	0.04	-268～700
超细玻璃棉制品	40～60	$0.026+0.0002t_p$	≤400
玻璃纤维制品	130～160	$0.035+0.00015t_p$	≤350
矿渣棉制品	150～200	$0.043+0.00017t_p$	≤350
硬聚氨酯泡沫塑料	<45	≤0.04	-150～120
聚苯乙烯泡沫塑料	24	$0.029+0.00012t_p$	-60～70
软木制件	200～250	0.06	-40～60
水泥珍珠岩制件	350	$0.05+0.00022t_p$	≤650
水泥蛭石制件	≤500	$0.08+0.00021t_p$	≤800
泡沫混凝土制件	≤500	$0.109+0.00026t_p$	≤300
硅藻土制件	≤450	$0.09+0.00018t_p$	≤800
石棉硅藻土胶泥	≤660	$0.13+0.00012t_p$	≤800

2. 胶泥结构保温

胶泥材料保温做法采用涂抹法，将石棉粉、硅藻土等散状材料按一定比例用水调成胶泥状，再涂抹到已刷过油漆的管道或设备上。其结构如图 15-1。

管径≤40mm 时，保温厚度较薄，可一次抹好，管径≥50mm 时，可分几次抹，第一层用较稀胶泥散敷，厚为 2～

5mm，干后抹第二层，厚为 10～15mm。以后每层厚均为 15～25mm。注意在前一层干燥后再抹下一层。

要求施工环境温度不得低于 0℃，为加速干燥，可在管内通入热介质，但温度应控制在 80～150℃。

涂抹法适用于热水管或热力设备保温。

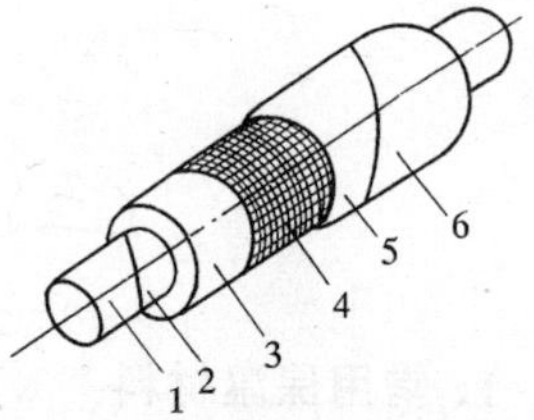

图 15-1　管道胶泥保温结构
1—管道；2—防锈漆；3—保温层；4—铁丝网；5—保护层；6—防腐体

3. 绑扎结构保温

也称缠包保温法，是将软质矿渣棉或玻璃棉毡等材料裁成适当条块（200～300mm），以螺旋状缠包在管道上，其结构如图 15-2 所示。

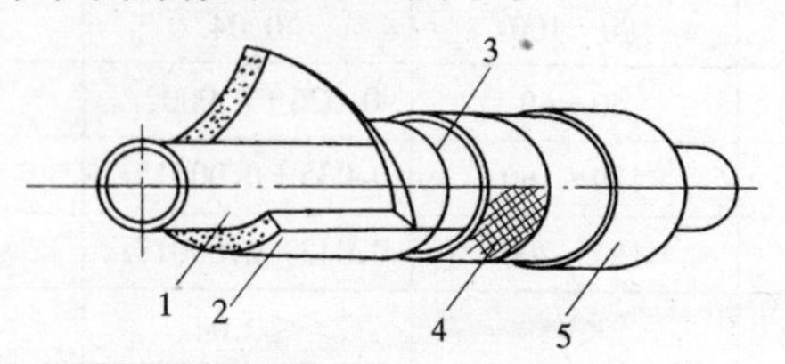

图 15-2　棉毡绑扎保温结构
1—管道；2—保温毡或布；3—镀锌铁丝；4—镀锌铁丝网；5—保护层

施工操作时，应将棉毡压紧，即边缠、边压、边抽紧。若一层厚度达不到设计要求时，可两层或三层缠包。多层缠包，应注意两层接缝应错开，接缝应紧密，两层应仔细压紧，表面处理应平整，封严。

保温层外径不大于 500mm 时，保温层外面用直径为 1.0～1.2mm 镀锌铁丝扎紧，间距为 150～200mm；当保温层外径大于 500mm 时，应用镀锌铁丝网缠包，再用镀锌铁丝绑扎牢固。

4. 套管式保温

套管式保温就是将保温材料加工成保温管壳直接套在管子

上，如图 15-3 所示。

施工时，将保温管沿轴向切开，套在管道上，在保温管的轴向和横向接缝处，用带胶铝箔粘合即可。

套管式保温施工简单，工效高，材料浪费少。

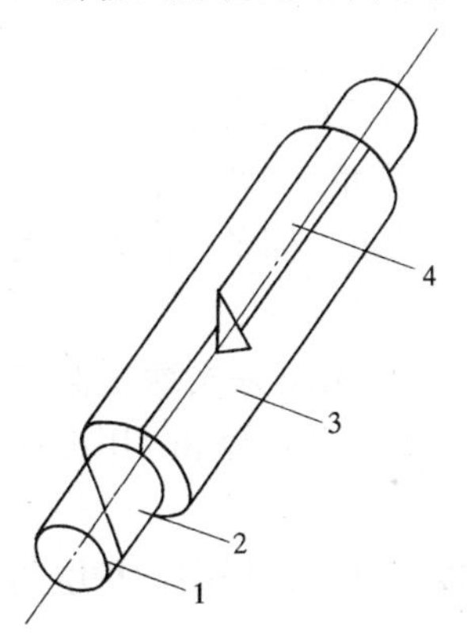

图 15-3 套管式保温
1—管道；2—防锈漆；3—保温管壳；4—胶带

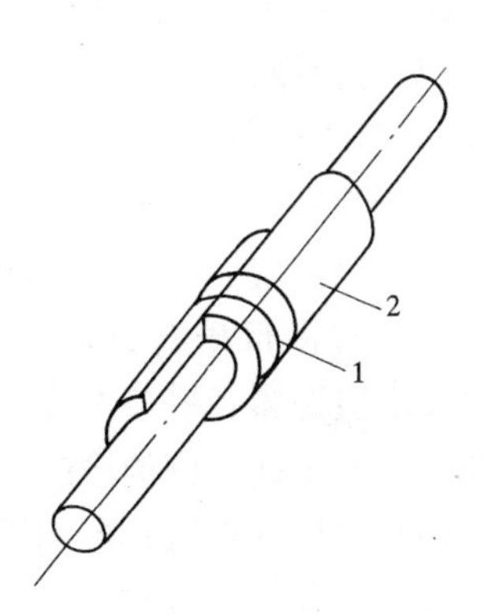

图 15-4 预制瓦块保温
1—瓦块；2—镀锌铁丝

5. 预制瓦块式保温

预制瓦块式保温是将保温材料制成瓦块状，如泡沫混凝土瓦、石棉硅藻土瓦等。其结构如图 15-4 所示。

施工时，首先在瓦内表面上涂抹填料，常用填料有：硅藻土胶泥、石棉硅藻土胶泥、熔化的 3 号沥青等。然后将两半圆形瓦块保温材料扣在管道上，用镀锌铁丝绑牢。瓦块之间缝隙用胶泥或沥青填实。

6. 保护层

在保温层外表面应做保护层，常用的保护层有石棉水泥、沥青胶泥、缠裹材料、金属材料。

(1) 石棉水泥保护层：石棉水泥按下列重量比在现场制作。

500 号水泥 36%；

五级石棉绒 12%；

膨胀珍珠岩粉 34%；

碳酸钙 18%；

加水后调制成容重为 700kg/m^3。

涂抹时必须有部分透过铁丝网与内层接触，表面抹光，无铁丝网露头，涂抹厚度约 15mm。

（2）沥青胶泥：常用于冷水管道保温结构。是按 30 号建筑石油沥青和七级石棉绒，按 1:1～1:1.5 重量比配制。

（3）缠裹材料：室内管常采用玻璃丝布、棉布、麻布等缠裹材料作为保护层。

施工时将布裁成 200～300mm 宽，按螺旋方式缠在保温层上，要求应缠紧，搭接宽度为 50mm 以上，并每隔 3m 用镀锌铁丝扎紧，外表面应刷油漆或沥青。

（4）金属保护层：可用铁皮或铝皮，主要是提高保护层的机械强度和美观性，且防火。

施工时，应注意压边、箍紧，不能脱壳或不平，制作与通风管类似，其环缝、纵缝应咬口，缝口应朝下，若金属间用自攻螺钉紧固时，不得刺破防潮层。常用于高级饭店、会议中心等建筑物内。

复 习 题

1. 管道防腐操作工序是怎样的？
2. 管道防腐材料主要有哪些？各适用于何处？
3. 对于室内管道防腐，应准备哪些机具？
4. 如何对管道进行表面除锈？
5. 手工刷油漆应注意哪些操作要领？
6. 如何配制沥青底漆？
7. 室外管道采用沥青防腐，应怎样判断其质量？
8. 常见的保温材料有哪些？
9. 简述绑扎式保温的做法？
10. 简述涂胶式保温的做法？
11. 常用的保护层有哪几种？各有何应用特点和制作要求？

十六、施工验收及质量评定

水暖工程施工完毕后，应按《建筑工程质量验收统一标准》（GB50300—2001，以下简称“标准”）以及《建筑给水排水及采暖工程施工质量验收规范》（GB50242—2002）（以下简称“规范”）的规定进行验收、检验与评定。当工程质量检验评定全部完成后，再组织全面验收，只有验收合格，办理工程移交手续后，才能使用。

（一）水暖工程的质量检验与评定

建筑安装工程的质量检验评定应按分项工程、分部工程、单位工程分别进行。依据“标准”与“规范”，对建筑给水排水及采暖工程分部、分项工程进行了划分，见表16-1。

建筑给水排水及采暖工程分部、分项工程划分表　　表16-1

分部工程	序号	子分部工程	分　项　工　程
建筑给水排水及采暖工程	1	室内给水系统	给水管道及配件安装、室内消火栓系统安装、给水设备安装、管道防腐、绝热
	2	室内排水系统	排水管道及配件安装、雨水管道及配件安装
	3	室内热水供应系统	管道及配件安装、辅助设备安装、防腐、绝热
	4	卫生器具安装	卫生器具安装、卫生器具给水配件安装、卫生器具排水管安装
	5	室内采暖系统	管道及配件安装、辅助设备及散热器安装、金属辐射板安装、低温热水地板辐射采暖系统安装，系统水压试验及调试、防腐、绝热
	6	室外给水管网	给水管道安装、消防水泵接合器及室外消火栓安装、管沟及井室
	7	室外排水管网	排水管道安装、排水管沟与井池

续表

分部工程	序号	子分部工程	分　项　工　程
建筑给水排水及采暖工程	8	室外供热管网	管道及配件安装、系统水压试验及调试、防腐、绝热
	9	建筑中水系统及游泳池系统	建筑中水系统管道及辅助设备安装、游泳池水系统安装
	10	供热锅炉及辅助设备安装	锅炉安装、辅助设备及管道安装、安全附件安装、烘炉、煮炉和试运行、换热站安装、防腐、绝热

水暖工程的分项、分部、单位工程质量均分为“合格”与“优良”两个等级。不合格者，不得进行交工验收。

1. 质量评定的程序和组织

分项工程在班组自检的基础上，由项目经理组织有关人员进行评定，由专职质量检查员核定。

班组在施工过程中，应按“规范”和操作工艺要求，边操作边检查，将误差控制在规定的限值内。当分项工程施工到一个阶段或全部完成时，班组应按“标准”和“规范”要求自检。对不符合规范及标准要求的，及时返工使其达到合格标准。分项工程完成后，单位工程负责人组织工长、班组长、班组质量员、专职质量检查员，对分项工程检验评定，专职质量检查员核定。分部工程质量的检验评定，是由相当于施工队一级的技术负责人组织评定，专职质量检查员核定。对于检验批和分项工程质量检验评定中，还应由监理单位和业主单位进行验收，并签署中间验收结论。在检验评定中，应严格执行“标准”和“规范”，特别是“规范”中的强制性条文，不得违反。

一个单位工程完成后，由企业的技术负责人组织企业的技术、质量、生产等有关部门和人员到现场进行检验评定。评定结束后，送交当地工程质量监督部门核定质量等级。在有总分包的工程中，总包单位对工程质量全面负责，分包单位应对其分包的分项、分部工程质量负责，并将质量检验评定和核定的结果报送总包单位。

2. 分项工程质量评定内容

分项工程质量评定是通过主控项目、一般项目和允许偏差综合评定的。

（1）主控项目

主控项目是必须达到的要求，是保证工程安全或主要使用功能的重要检验项目，是评定合格或优良都必须达到的质量指标，因为这个项目是确定分项工程主要性能的，如果提高要求就提高了性能指标，会增加造价，造成浪费；如果降低要求，就相当于降低基本性能指标，会严重影响工程安全和使用功能，造成更大浪费。从而合格、优良均应同样遵守。且“标准”中规定：对应于合格质量水平的 α（生产方风险或错判概率）和 β（使用方风险或漏判概率）均不宜超过 5%。

（2）一般项目

一般项目是保证工程安全或使用性能的基本要求。其指标分成“合格”及“优良”两个等级。与主控项目相比，虽不像主控项目那样重要，但对安全、使用功能、美观都有较大影响。因此一般项目是评定分项工程优良或合格质量等级的条件之一。且“标准”中规定：对应于合格质量水平的 α 不宜超过 5%，β 不宜超过 10%。

（3）允许偏差

允许偏差是分项工程检验项目中，规定有允许偏差范围的项目。允许差值是结合对性能、功能、观感质量等的影响程度，按一般操作水平给出一定的允许偏差范围。其差值按“规范”中的规定及检验方法执行。

3. 分项工程质量等级标准

合格：

（1）主控项目必须符合“标准”的规定。

（2）一般项目抽检的处（件）应符合相应“标准”的合格规定。

（3）允许偏差抽检的点数中，有 80% 及其以上的实测值应在相应“规范”的允许偏差范围内。

优良：

（1）主控项目必须符合“标准”、“规范”规定。

（2）一般项目每抽检的处（件）应符合“标准”、“规范”的合格规定；其中有50%及其以上的处（件）符合优良规定，该项即为优良；优良项数应占检验项数50%及其以上。

（3）允许偏差检验的点数中，有90%及其以上的实测应在相应“标准”、“规范”中的允许偏差范围内。

4. 分项工程达不到合格标准，返工处理后质量等级确定

通常按下列几种情况确定：

（1）返工重做的分项工程，可重新评定质量等级。无论全部或局部返工，质量等级按“标准”规定可以是合格或是优良。

（2）经加固补强或经法定检测单位鉴定能够达到设计要求的，其分项工程质量只能评为合格，不能评为优良。

（3）经法定检测单位鉴定达不到原设计要求，但经设计单位鉴定认可，能满足结构安全及使用功能要求，可不加固补强的，或经加固补强改变了外形尺寸或造成永久性缺陷的，其分项工程质量可定为合格，但所在分部工程质量不能评为优良。

5. 分部工程质量等级

分部工程质量的质量等级分为合格和优良。是在分项工程质量等级评定基础上确定：分项工程质量全部合格，则分部工程评定为合格；若所含分项工程质量全部合格，其中有50%及其以上为优良，且无加固补强者，所指定的主要分项工程为优良，则该分部工程评为优良。

6. 单位工程质量评定等级

单位工程质量等级，是由分部工程质量等级统计汇总、质量保证资料核查和观感质量评分三部分综合评定。

质量保证资料是反映单位工程结构性能质量和使用性能质量的技术资料。如水暖工程中的材料、设备出厂合格证；管网的强度和严密性试验记录；排水管网的灌水、通水、通球试验记录等。这类资料能加强工程质量控制，便于同设计要求、“规范”对照检查。

观感质量是工程全部完工后，对单位工程的外观及使用功能质量进行全面评价。有利于施工过程的管理和质量控制、成品保护，提高社会效益和环境效益。

合格标准：

（1）所含分部工程质量应全部合格。

（2）质量保证资料应基本齐全。

（3）观感质量的评定得分率达到70%及其以上。

优良标准：

（1）所含分部工程质量应全部合格，其中有50%及其以上为优良，建筑工程必须含主体和装饰分部工程；以建筑设备安装工程为主的单位工程，其指定的分部工程必须优良。

（2）质量保证资料应齐全、准确、真实。

（3）观感质量的评定得分率达到85%及其以上。

由此可见，质量的检验与评定是逐级进行并贯穿于施工全过程。从操作工人到企业领导都应重视质量的过程控制，即应重视操作班组的自检、互检和接交验收，及时发现问题及时纠正，将质量问题解决在施工过程中。

（二）水暖工程验收及依据规范

建筑水暖工程可按分部（子分部）工程进行质量验收，也可与建筑工程一起按一个单位工程进行验收。对于居住小区或厂区室外水暖工程，也可按单位工程单独验收。

水暖工程可分为中间验收和全部竣工验收两种情况进行验收，一般应按检验批、分项工程、分部（子分部）工程、单位（子单位）工程的程序进行验收，且均应在施工单位自检合格基础上进行，并应有建设单位、施工单位、监理单位、设计单位共同参加，并做好记录，参加单位签字盖章。对于分部工程质量验收，应对质量是否符合设计和规范要求及总体质量作出评价。

1. 检验批、分项工程的质量验收应全部合格。检验批质量验收见表16-2。分项工程质量验收见表16-3。

检验批质量验收表 **表16-2**

工程名称			专业工长/证号	—
分部工程名称			施工班、组长	
分项工程施工单位			验收部位	
施工依据	标准名称		材料/数量	—
	编号		设备/台数	—
	存放处		连接形式	
主控项目	《规范》章、节、条、款号	质量规定	施工单位检查评定结果	监理（建设）单位验收
一般项目				
施工单位检查评定结果	项目专业质量检查员： 项目专业质量（技术）负责人： 年　月　日			
监理（建设）单位验收结论	监理工程师： （建设单位项目专业技术负责人） 年　月　日			

______分项工程质量验收表　　表 16-3

<table>
<tr><td colspan="2">工程名称</td><td></td><td>项目技术负责人/证号</td><td>—</td></tr>
<tr><td colspan="2">子分部工程名称</td><td></td><td>项目质检员/证号</td><td>—</td></tr>
<tr><td colspan="2">分项工程名称</td><td></td><td>专业工长/证号</td><td>—</td></tr>
<tr><td colspan="2">分项工程施工单位</td><td></td><td>检验批数量</td><td></td></tr>
<tr><td>序号</td><td>检验批部位</td><td>施工单位检查评定结果</td><td colspan="2">监理单位（建设）验收结论</td></tr>
<tr><td>1</td><td></td><td></td><td colspan="2"></td></tr>
<tr><td>2</td><td></td><td></td><td colspan="2"></td></tr>
<tr><td>3</td><td></td><td></td><td colspan="2"></td></tr>
<tr><td>4</td><td></td><td></td><td colspan="2"></td></tr>
<tr><td>5</td><td></td><td></td><td colspan="2"></td></tr>
<tr><td>6</td><td></td><td></td><td colspan="2"></td></tr>
<tr><td>7</td><td></td><td></td><td colspan="2"></td></tr>
<tr><td>8</td><td></td><td></td><td colspan="2"></td></tr>
<tr><td>9</td><td></td><td></td><td colspan="2"></td></tr>
<tr><td>10</td><td></td><td></td><td colspan="2"></td></tr>
<tr><td>检查结论</td><td colspan="2">项目专业质量（技术）负责人：
年　月　日</td><td>验收结论</td><td>监理工程师：
（建设单位项目专业技术负责人）
年　月　日</td></tr>
</table>

2. 分部（子分部）工程的验收，必须在分项工程验收通过的基础上，对涉及安全、卫生和使用功能的重要部位进行抽样检验和检测。子分部工程质量验收见表16-4。建筑给水、排水及采暖（分部）工程质量验收见表16-5。

______子分部工程质量验收表　　　　表16-4

工程名称			项目技术负责人/证号	—
子分部工程名称			项目质检员/证号	—
子分部工程施工单位			专业工长/证号	—
序号	分项工程名称	检验批数量	施工单位检查结果	监理（建设）单位验收结论
1				
2				
3				
4				
5				
6				
质量管理				
使用功能				
观感质量				
验收意见	专业施工单位	项目专业负责人：		年　月　日
	施工单位	项目负责人：		年　月　日
	设计单位	项目负责人：		年　月　日
	监理（建设）单位	监理工程师： （建设单位项目负责人）		年　月　日

建筑给水排水及采暖（分部）工程质量验收表　　表 16-5

<table>
<tr><td colspan="2">工程名称</td><td colspan="3"></td><td>层数/建筑面积</td><td>—</td></tr>
<tr><td colspan="2">施工单位</td><td colspan="3"></td><td>开/竣工日期</td><td>—</td></tr>
<tr><td colspan="2">项目经理/证号</td><td>—</td><td>专业技术负责人/证号</td><td>—</td><td>项目专业技术负责人/证号</td><td>—</td></tr>
<tr><td>序号</td><td colspan="2">项　目</td><td colspan="3">验收内容</td><td>验收结论</td></tr>
<tr><td>1</td><td colspan="2">子分部工程质量验收</td><td colspan="3">共____子分部，经查____子分部；符合规范及设计要求____子分部</td><td></td></tr>
<tr><td>2</td><td colspan="2">质量管理资料核查</td><td colspan="3">共____项，经审查符合要求____项；经核定符合规范要求____项</td><td></td></tr>
<tr><td>3</td><td colspan="2">安全、卫生和主要使用功能核查抽查结果</td><td colspan="3">共抽查____项，符合要求____项；经返工处理符合要求____项</td><td></td></tr>
<tr><td>4</td><td colspan="2">观感质量验收</td><td colspan="3">共抽查____项，符合要求____项；不符合要求____项</td><td></td></tr>
<tr><td>5</td><td colspan="2">综合验收结论</td><td colspan="3"></td><td></td></tr>
<tr><td rowspan="2">参加验收单位</td><td colspan="2">施工单位</td><td colspan="2">设计单位</td><td>监理单位</td><td>建设单位</td></tr>
<tr><td colspan="2">（公章）
单位（项目）负责人：
年　月　日</td><td colspan="2">（公章）
单位（项目）负责人：
年　月　日</td><td>（公章）
总监理工程师：
年　月　日</td><td>（公章）
单位（项目）负责人：
年　月　日</td></tr>
</table>

此外，水暖工程的检验和检测，还包括下列主要内容：

（1）承压管道系统和设备及阀门水压试验。

（2）排水管道灌水、通球及通水试验。

（3）雨水管道灌水、通水试验。

（4）给水管道通水试验及冲洗、消毒检测。

（5）卫生器具通水试验，具有溢流功能的器具满水试验。

（6）地漏及地面清扫口排水试验。

（7）消火栓系统测试。

（8）采暖系统冲洗及测试。

（9）安全阀及报警联动系统动作测试。

（10）锅炉48小时负荷试运行。

竣工验收时，施工单位还应提供有关技术资料，主要包括下列主要内容：

（1）开工报告。

（2）图纸会审记录、设计变更及洽商记录。

（3）施工组织设计或施工方案。

（4）主要材料、成品、半成品、配件、器具和设备出厂合格证及进场验收单。

（5）隐蔽工程验收及中间试验记录。

（6）设备试运转记录。

（7）安全、卫生和使用功能检验和检测记录。

（8）检验批、分项、子分部工程质量验收记录。

（9）竣工图。

上述资料存档以便备查，并为今后的运行和维修提供依据。

总之，应按照“验评分离、强化验收、完善手段、过程控制”的方针进行质量验收，严格执行《建筑工程施工质量验收统一标准》（GB50300—2001）的规定，严格执行《建筑给水排水及采暖工程施工质量验收规范》（GB50242—2002）的要求，特别是强制条文，必须严格执行。

（三）全面质量管理

1. 质量管理、质量体系、质量保证的概念

(1) 质量管理

质量管理是指“确定质量方针、目标和职责并在质量体系中通过诸如质量策划、质量控制、质量保证和质量改进使其实施的全部管理职能的所有活动。”

质量管理是一个组织全部管理职能的一个组成部分，其职能是质量方针、质量目标和质量职责的制定与实施。质量管理是有计划、有系统的活动，为实施质量管理需要建立质量体系，而质量体系又通过质量策划、质量控制、质量保证和质量改进等活动发挥其职能，可以说，这四项活动是质量管理工作的四大支柱。

质量管理的目标是组织总目标的重要内容，质量目标和责任应按级分解落实，各级管理者对目标的实现负有责任。

质量管理是各级管理者职责，由最高管理者领导，必须全员参与并承担相应的义务和责任。

(2) 质量体系

质量体系是指“为实施质量管理所需的组织结构、程序、过程、资源。”

组织结构是一个组织为行使其职能，按某种方式建立的组织机构、职责、权限及相互关系，是质量体系的组织和人事保障，程序是为进行某项活动所规定的途径，分为管理性的和技术性的，常要求形成文件；过程是将输入转化为输出的一组彼此相关的资源和活动，质量体系的所有活动都是通过过程来完成的；资源可以包括人才资源和专业技能、设计和研制设备、制造设备、检验和试验设备、仪器仪表和计算机软件等。

质量体系的各组成部分相互关联，质量体系内容以满足质量目标需要为准，质量体系是实施质量方针和目标的管理体系，是组织经营管理体系的核心部分，因此，质量目标和方针是建立和

运行质量体系的依据。一个组织只有一个质量体系，对内实施质量管理，对外实施质量保证。

质量体系运行法规性依据是质量体系文件，即通过对各类活动、方法作出规定，使与质量有关的活动都能做到有章可循，有法可依。质量体系文件常包括质量手册、质量体系程序、其他质量文件（表格、报告、作业指导书等详细作业文件）。

(3) 质量保证

质量保证是“为了提供足够的信任表明实体能够满足质量要求，而在质量体系中实施并根据需要进行证实的全部有计划和有系统的活动。”

质量保证是通过提供证据表明实体满足质量要求，从而使人们对这种能力产生信任。按目的不同分为内部质量保证和外部质量保证。质量保证是一种有目的、有计划和有系统的活动，而某些质量控制和质量保证的活动是相互关联的。

2. 过程控制的措施

过程是将输入转化为输出的一组彼此相关资源和活动。所有工作都是通过过程来完成的，要保证产品质量则必须对生产过程进行控制，将影响产品质量的人、机、料、法、环等因素处于受控状态。为此，应对生产过程的质量控制作出系统安排，明确关键过程，找出薄弱环节，实施重点控制。

我国《建筑工程施工质量验收统一标准》（GB50300—2001）中规定：建筑工程采用的主要材料、半成品、成品、建筑构配件、器具和设备应进行现场验收。凡涉及安全、功能的有关产品，应按各专业工程质量验收规范规定进行复验，并应经监理工程师（建设单位技术负责人）检查认可；各工序应按施工技术标准进行质量控制，每道工序完成后，应进行检查；相关各专业工种之间，应进行交接检验，并形成记录，未经监理工程师（建设单位技术负责人）检查认可，不得进行下道工序。

由此可见，无论是施工企业、施工班组、操作工人，还是参与工程建设和管理的有关各方人员，都必须重视和加强过程控制，并采取切实可行的措施，才能保证工程质量。

3.ISO9000系列标准与TQC（全面质量管理）

对国际标准化组织发布的ISO9000族标准，我国将其等同转化为国家标准：GB/T19000系列标准。

全面质量管理对提高产品质量，增强质量意识，提高管理水平都有积极意义，但也存在着较为严重的形式主义现象。ISO9000作为国际性的质量管理和质量保证系列标准，是世界许多经济发达国家多年实践的总结，有通用性和指导性，企业按ISO9000系列标准去建立、健全质量体系，可使质量管理工作规范化、制度化，使全面质量管理工作更踏实地向纵深发展。

GB/T19000与TQC的指导思想：是完全一致的。

（1）强调“质量第一”。要求企业的经营活动以质量管理为核心，制定“以质量求生存，以品种求发展”的方针目标，并予以落实；而标准要求企业必须建立并实施一套行之有效的质量体系，长期稳定地提供合格产品，并不断改进质量，以满足用户需要。

（2）“用户第一”的思想，是TQC的出发点、立足点和归宿点，要求企业内部做到“下道工序就是用户”、“科室为第一线服务”；同样，标准强调“质量要能全面地反映顾客明确和隐含的需求”，不仅对设计、制造等环节的质量提出了要求，而且对搬运、贮存、标志、包装、安装、交付和售后服务等质量均提出了要求，并成文后有效地实施，确保用户需求。

（3）强调“预防为主”。TQC要求事先分析影响质量的各种因素，找出主要因素，采取措施重点控制，将问题在质量形成过程中消灭，即将“事后检查”变为“事前控制”；而标准要求所建立的质量体系，使与质量有关的各项活动都处于受控状态，且其重点应放在避免发生质量问题的预防措施上。

（4）强调“用事实与数据说话”。要求以事实为依据，用数理统计的方法分析解决问题，并拿出数据；而标准中要求每要素必须以质量文件、质量记录为凭证，证实所建立质量体系的适用性和运行的有效性。

(5) 强调"群众路线"。要求企业从领导到职工，人人关心质量问题，人人参加质量管理工作，有领导、有计划地开展群众性质量管理活动，如 QC 小组活动、提合理化建议、劳动竞赛等。而标准中也明确规定"质量管理的实施涉及到组织中的所有成员"，可见，没有全体人员参加就无从谈质量管理。

再次 GB/T19000 系列与全面质量管理的基本要求是一致的。

(1) 要求"三全一综合"，即全过程的管理、全部质量的管理、全员参加管理和综合运用经营管理、专业技术、数理统计的方法。

(2) 成功的关键在于领导重视，要求领导亲自组织、带头参加、大力支持、以身作则，特别是最高管理者的质量意识和水平。

(3) 重视教育培训，要求教育培训规范化、制度化，并强调质量管理始于教育，终于教育，把教育培训贯穿于全面质量管理的全过程。

全面质量管理是质量管理的更高境界。

质量管理并不等同于全面质量管理，它只是一个组织所有管理职能之一；而全面质量管理则是强调一个组织以质量为中心，将组织的所有管理职能纳入质量管理的范畴，是企业达到长期成功的管理途径。

建立并实施质量体系是实施全面质量管理的基础。

ISO9000 系列标准是经济发达国家多年质量管理实践经验的总结，认真贯彻这些标准可使质量管理工作规范化、标准化，使企业的质量管理向国际水平看齐，有利于质量管理与国际接轨。贯彻标准，建立并实施有效的质量体系，为进一步开展全面质量管理工作打下坚实基础。

4. 质量环

质量环是指"从识别需要到评定这些需要是否得到满足的各阶段中，影响质量的相互作用活动的概念模式"。是质量体系的高度概括，它包含了质量体系的全部基本过程和辅助过程要素。如图 16-1 所示，为某施工企业的质量环。质量环始于并终于市场调研，是一种连续不断、周而复始的过程，通过不断地循环，并在全过程的各阶段中，不断地进行质量评价活动，以保证产品质量的实现和持续的质量改进。

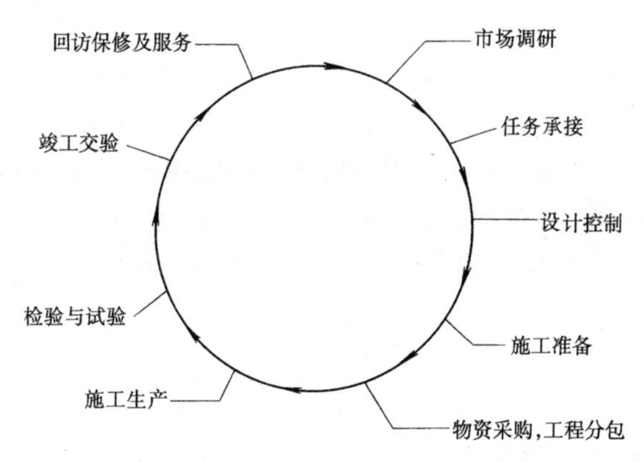

图 16-1　某施工企业质量环

复　习　题

1. 建筑给排水及采暖工程分部、分项工程是如何进行划分的？

2. 工程质量的评定程序包括哪几个环节？

3. 什么是主控项目、一般项目和允许偏差？

4. 如何评定分项工程的质量等级？

5. 对返工重做分项工程如何确定其质量等级？

6. 分部工程、单位工程质量等级如何评定？

7. 水暖工程验收程序是怎样的？其依据规范有哪些？

8. 水暖工程检验、检测的主要内容有哪些？要求施工单位提供哪些技术资料？

9. 什么叫质量管理、质量体系、质量保证？

10. 全面质量管理的指导思想是什么？

11. 全面质量管理的基本要求是什么？

十七、工具与机具

在水暖管材的加工制作和水暖系统的安装时，都离不开工具和机具的使用。这对保证工程质量，提高工作效率和减轻劳动强度都是十分必要的。下面对水暖工程中常用的工具与机具作一介绍。对其中已在前面作过介绍的，仅作汇总和归纳，不再重复。此外，对在工程中新近使用的工具也作一些介绍。

（一）常用手工安装工具

1. 管钳、链条管钳

管钳又称管子扳手，用于安装与拆卸管子及管件。管钳分张开式和链条式两种，见图 17-1。张开式管钳是由钳柄和活动钳口组成，活动钳口与钳把用套夹相连，用螺母调节钳口大小，钳口上有轮齿以便咬牢管子转动。链条管钳，用于较大外径管子的安装或拆卸。其中链条也是用来固牢管子的。

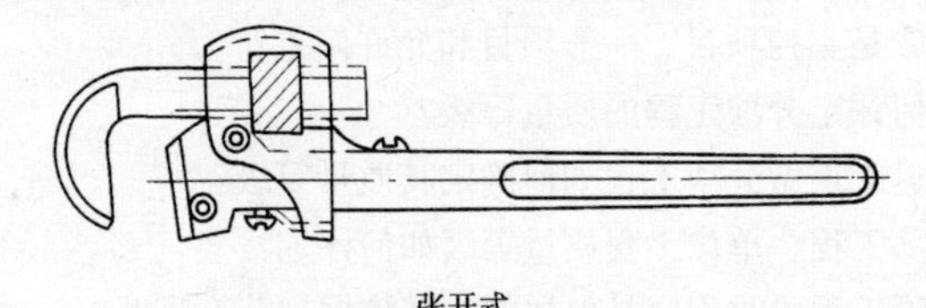

张开式

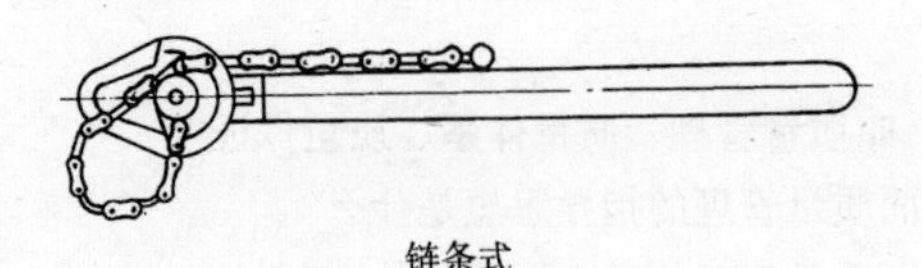

链条式

图 21-1　管钳

管钳、链条管钳的规格及使用范围，如表 17-1 所示。

张开式、链条式管钳的规格及使用范围　　　表 17-1

名　称	规　格 (in)①	使用范围（公称直径）	
		(mm)	(in)
张开式管钳	10	15～20	1/2～3/4
	14	20～25	3/4～1
	18	30～40	1¼～1½
	24	40～50	1½～2
	36	70～80	2½～3
	48	80～100	3～4
链条式管钳	36	80～125	3～5
	48	80～200	3～8

注：①1in＝2.54cm

2. 套螺纹板

套螺纹板亦称管子铰板，又叫代丝。用于手工套割管子外螺纹。

3. 钢锯、锯管器

钢锯可分为固定式和可调式锯弓两种。它和锯管器、又称管子割刀，都可用来锯（割）断管子或钢件（圆钢、角钢等）。

4. 管子台虎钳

管子台虎钳又称龙门台虎钳，龙门轧头（龙门压力）如图 17-2 所示。它是以把手回转丝扣，使上牙板上下移动，与下牙板一起把管子卡紧，以便进行套螺纹或锯（割）管子等。管子台虎钳的规格，见表 17-2。分为 6 种规格(号)，适用公称管径在 15～250mm 范围内。

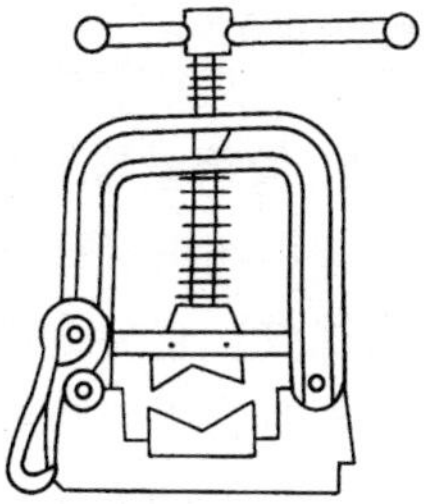

5. 台虎钳

台虎钳又称老虎钳，虎钳子。同样可以用来夹稳管子。它有两种型式：固定式不能转动；转盘式可按工作需要转动，使工人在工作时具有更大的方便，如图 17-3

图 17-2　龙门轧头

所示。钳口的宽度，固定式有 2″、3″、4″、5″、6″、7″、8″、12″八种；转盘式有 3½″、4″、5″、6″、8″五种。

管子台虎钳规格表　　表 17-2

规格/号	1	2	3	4	5	6
夹持管子外径/mm	10～73	10～89	15～114	15～165	30～220	30～300

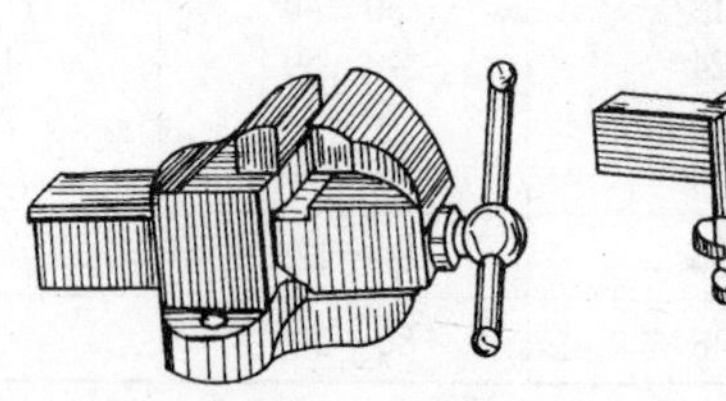
固定式

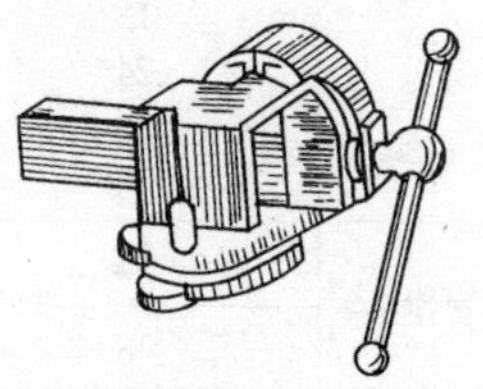
转盘式

图 17-3　台虎钳

6. 活扳手、呆扳手、梅花扳手、套筒扳手

扳手的作用是用于安装拆卸四方头和六方头螺栓及螺母、活接头、阀门、根母等零件和管件。活扳手的开口大小是可以调整的，呆扳手、梅花扳手、套筒扳手的开口不能进行调节，其中梅花扳手和套筒扳手是成套工具，其结构如图 17-4 所示。

扳手的规格，可从有关手册书中查得。如活扳手的规格，可见表 17-3。

活扳手的规格（mm）　　表 17-3

全　长	100	150	200	250	300	370	450	600
最大开口宽度	14	19	24	30	36	46	55	65

7. 管用丝锥和丝锥铰手

管用丝锥又称管子螺丝攻，可用于铰制金属管子和机械零件的内螺纹。它分为圆柱形和圆锥形两种，如图 17-5 所示。

丝锥铰手又称螺丝攻铰手、螺丝攻扳手。旋转两端把手，可装夹丝锥上的方头，从而攻制小直径的金属管子和机械零件的内部螺纹。如图 17-6 所示。

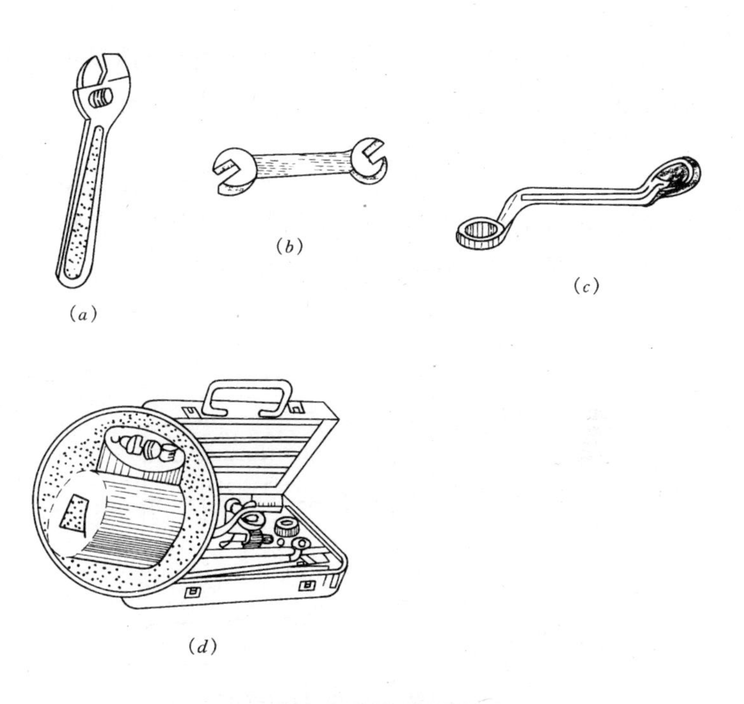

图 17-4 扳手结构

a）活扳手；b）固定扳手；c）梅花扳手；d）套筒扳手

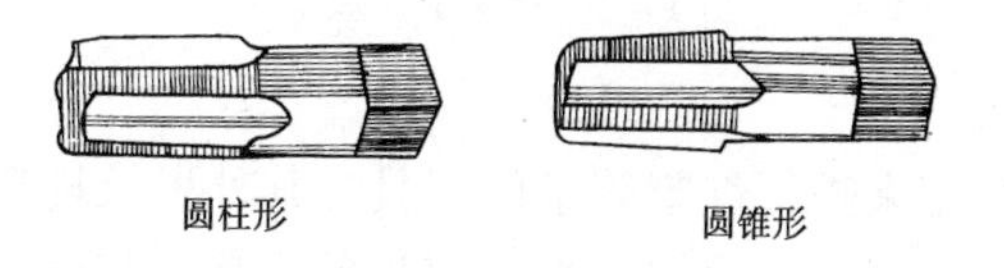

图 17-5 管用丝锥

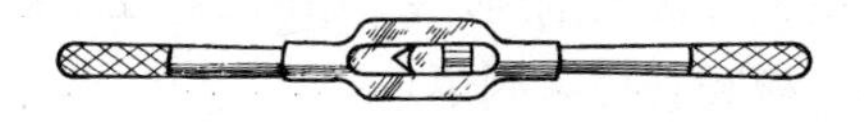

图 17-6 丝锥铰手

8. 铸管捻口工具

(1) 锤子（手锤）

打石棉水泥接口时，工人左手握麻錾子（凿子）或灰錾子，右手握锤子用来打麻錾、灰錾子。锤子的规格，分别为0.22kg、0.33kg、0.44kg、0.66kg、0.88kg、1.1kg、1.32kg。

(2) 麻錾子、灰錾子

用来给承插口间隙填塞填料。其规格一般根据管径大小，选定螺纹钢或圆钢现场锻制。贴里、贴外打口使用的麻錾子或灰錾子，其尺寸见图17-7，括号内的数字为灰錾子数值。

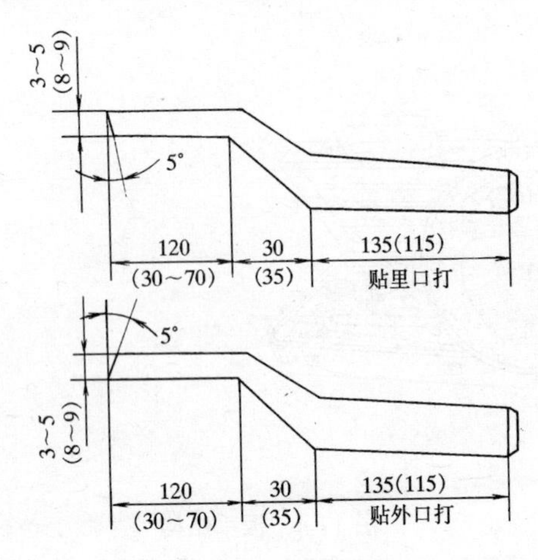

图17-7　麻錾子、灰錾子

9. 割炬

割炬是用来进行气割管子的工具，其外形及构造见图17-8。气割是利用氧气和乙炔混合燃烧产生的火焰，将管子加热熔化，再用高压氧气吹射而把管子切开。氧气由氧气瓶供给，经氧气表降压后，通过橡胶管接入割炬。乙炔由乙炔发生器或乙炔瓶经降压后供给，通过橡胶管接入割炬。

使用割炬切割时，应按下列程序进行操作：

(1) 先检查气割设备和工具，证明安全设施和仪表能正常工作时，将仪表指针调至所需压力；

(2) 先稍开割炬的氧气调节阀，再开乙炔阀后点燃；

(3) 调整火焰，使焰心整齐，长度适宜；试开高压调节阀，

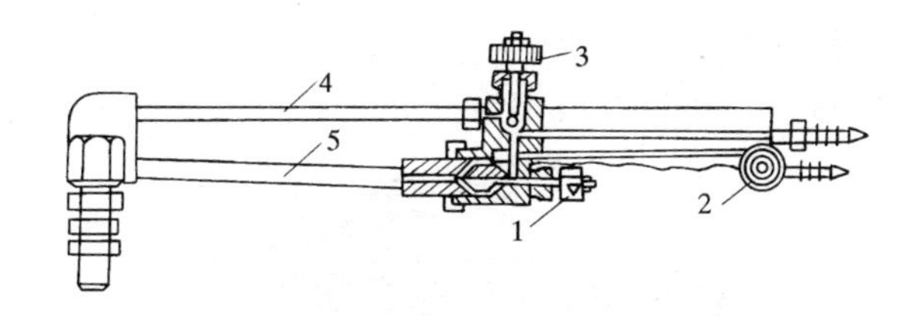

图 17-8　射吸式割炬

1—氧气调节阀；2—乙炔阀；3—高压氧气阀；
4—氧气管；5—混合气管

无突然熄火或“打炮”等异常现象时再关闭；

（4）将火焰对准管子上所划线迹进行加热，待到红热状态时，开高压氧气阀进行切割；

（5）停割时，关高压氧气阀，熄火时先关乙炔后关氧气。

气割管子时要注意安全：

（1）操作现场应保持通风良好，远离易燃、易爆物品；乙炔发生器、氧气瓶和气割地点，相互之间也应保持一定距离；

（2）乙炔发生器周围严禁火种，且不准置于高压电线下；

（3）氧气瓶严禁暴晒、沾染油脂和剧烈震动，安装氧气表时人应站在瓶口侧面；

（4）割炬须经过检查才能使用。检查方法是先拔掉乙炔管，打开乙炔阀，开氧气调节阀将手指贴在乙炔入口上，如有吸力，表明割炬射吸情况正常；没有吸力表明射吸情况不良则不能使用。有毛病的割炬，不应勉强使用，须经修复后认真检查方可使用。

除了割炬外，在焊接时还有焊枪和熔割两用器。焊枪的主要用途是可以混合乙炔和氧气、调节两种气体的比例，控制火焰的大小，是气焊工艺中的主要工具。熔割两用器是利用氧气及乙炔作为热源，可以进行焊接或切割各种管子和钢材之用。

在广泛使用的塑料管材中，也可以采用焊接来连接。上海某公司生产的多功能塑料焊枪可以推荐使用。

10. 电焊钳

如图 17-9 所示，又称电焊手钳，焊条夹，胶木电焊钳。它

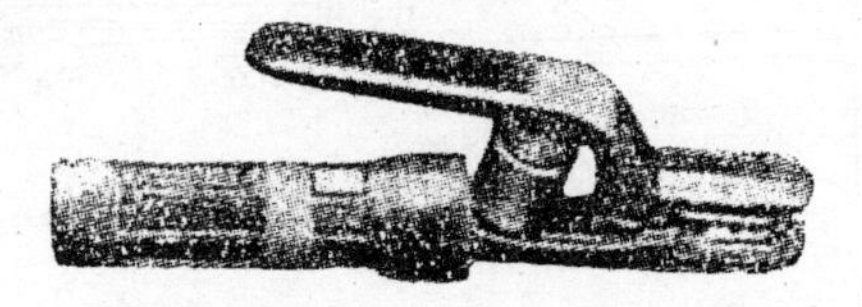

图 17-9 电焊钳

是用来夹持电焊条，通过电焊机接通电流后进行焊接工作。工人进行电焊时，要注意自身的劳动保护。带好电焊面罩，保护头部和眼睛，不受电弧的紫光线及熔珠飞溅而灼伤；带好电焊手套，穿好电焊脚套，保护手部和脚部，防止和避免熔珠对皮肤的灼伤。

11. 手摇砂轮架

手摇砂轮架携带方便，特别适合于手工工场、流动工地及一时难以接通电源的地方。它可以用来磨削管子和小型工件的表面、磨锐刀具或对小口径管子进行坡口等，如图 17-10 所示。

12. 组对散热器用的钥匙

散热器的组对，一般在特制的组装架上进行。架高为 600mm。组对用的工具，称为钥匙，是用 ϕ25mm 圆钢锻制而成的，如图 17-11 所示。组对长翼型散热器的钥匙，长约 350～400mm；柱形散热器的钥匙，长约 250mm。为了拆卸成组散热器的中间片，还需配有较长的钥匙，其长度根据需要而定。

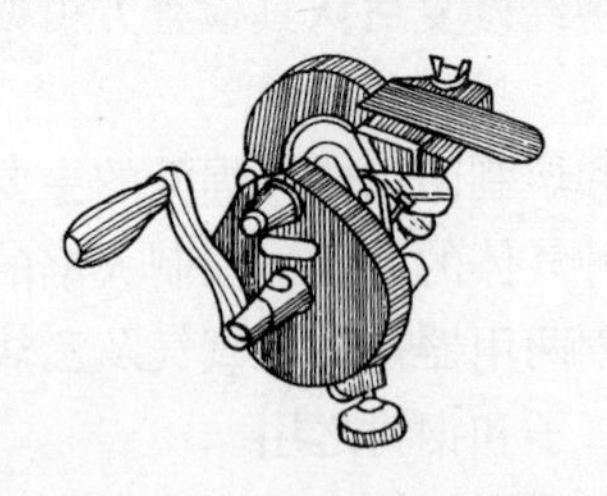

图 17-10 手摇砂轮架

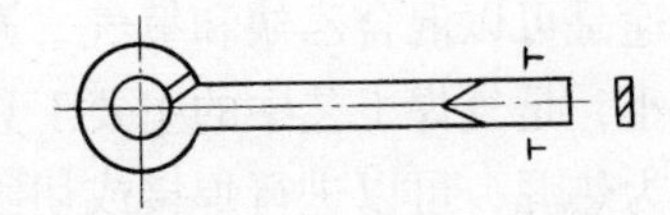

图 17-11 组对散热器用的钥匙

(二) 测 量 工 具

1. 钢直尺

钢直尺，又称钢板尺。它是用来测量钢管的下料尺寸。其规格按测量上限有 150mm、300mm、500mm、1000mm 等四种。

2. 钢卷尺、皮卷尺

钢卷尺和皮卷尺主要用于测量管线长度。钢卷尺的规格按测量上限分：小钢卷尺有 1m、2m、3m 等三种；大钢卷尺有 5m、10m、15m、20m、30m 等五种。皮卷尺有 10m、15m、20m、30m、50m、100m 等六种。

有时对长距离管线会使用测绳测量，测绳的长度为 50～100m，每米有一标记。

3. 游标卡尺

游标卡尺又称游标测径，卡尺，钢卡尺。它主要用来测量管件的内径或外径尺寸，如图 17-12 所示。上部一对卡足用来测量内径，下部一对卡足用来测量外径。卡尺的规格见表 17-4。

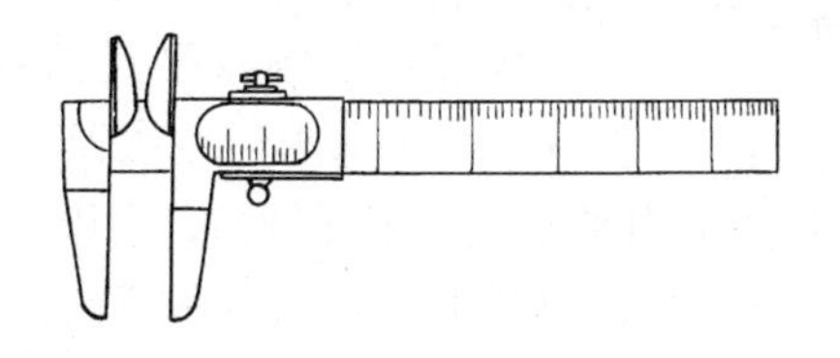

图 17-12　游标卡尺

游标卡尺规格（mm）　　**表 17-4**

型　号	测量范围	游标分度值
Ⅰ型三用游标卡尺	0～125	0.02，0.05
Ⅱ型两用游标卡尺	0～200，0～300	
Ⅲ型双面游标卡尺		
Ⅳ型单面游标卡尺	0～500，300～1000	0.02，0.05，0.10

4.90°角尺（直角尺）

直角尺又称角尺、铁角尺，如图 17-13 所示。它用于设备安装或加工部件时直角校验或划线。其规格见表 17-5。

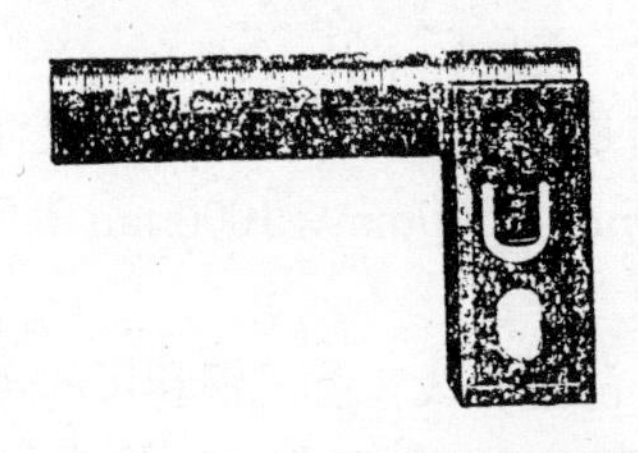

图 17-13　直角尺

5. 水平尺

直角尺规格表（mm）　　**表 17-5**

长度	40	63	100	125	160	200	250	315	400	500	600
高度	63	100	160	200	250	315	400	500	630	800	1000

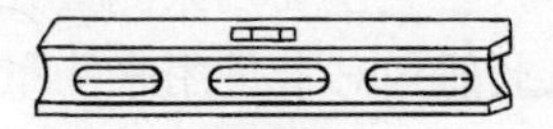

图 17-14　水平尺

水平尺又称铁水准尺。主要用来检查管子和设备的水平和垂直位置是否正确，也可用来测视所量平面的凹凸状况。铁制水平尺由铁壳和水泡玻璃管组成，在平面中央装有一个横向水泡玻璃管，做检查平面水平用，另一个垂直水泡玻璃管，检查垂直度用，如图 17-14 所示。玻璃管上有刻度线，内装水并有气泡在玻璃管内浮动，当气泡在玻璃管刻线的中央位置再不移动时，表明所处位置水平或垂直。水平尺的规格见表 17-6。

水平尺规格　　**表 17-6**

长度/mm	150	200，250，300，350，400，450，500，550，600
主水准刻度值/（mm/m）	0.5	2

6. 方形水平尺

方形水平尺又称框式水平仪、方形水平器。在安装水暖设备时，如需要纵横向找平时，可应用它来找平。它的测量精度较

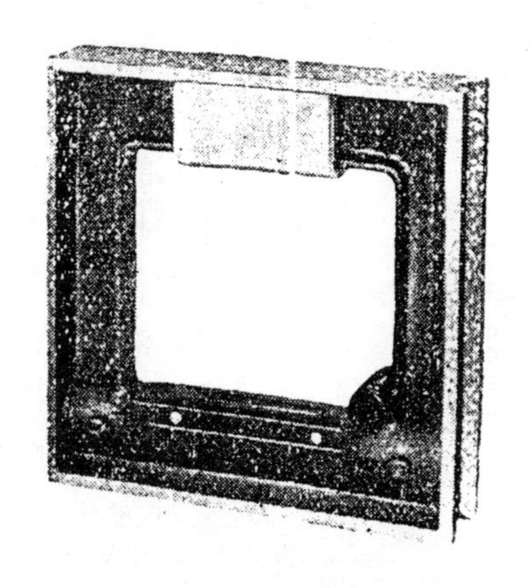

图 17-15　方形水平尺

高，如图 17-15 所示。其规格见表 17-7。

方形水平尺规格　　　　**表 17-7**

框架边长/mm	150×150	200×200	250×250	300×300
主水准刻度值/（mm/m）	0.02	0.025，0.03	0.04	0.05

7. 线锤

线锤可用于现场安装时测量管子的垂直度。其规格见表 17-8。

线 锤 规 格　　　　**表 17-8**

材料	铜，铁
重量/kg	0.05，0.1，0.2，0.25，0.3，0.4，0.5

（三）常用手动机具

1. 千斤顶

千斤顶，又称举重器、顶重机、压机、顶镐等。千斤顶是一种只需用很小的力就能把很重的物件支撑、起升和下降的简单而方便的起重设备。千斤顶只适宜垂直使用，不能倾斜或倒置使用，也不能用在酸、碱及有腐蚀性气体的场所。常用千斤顶有液压千斤顶和螺旋千斤顶两种。

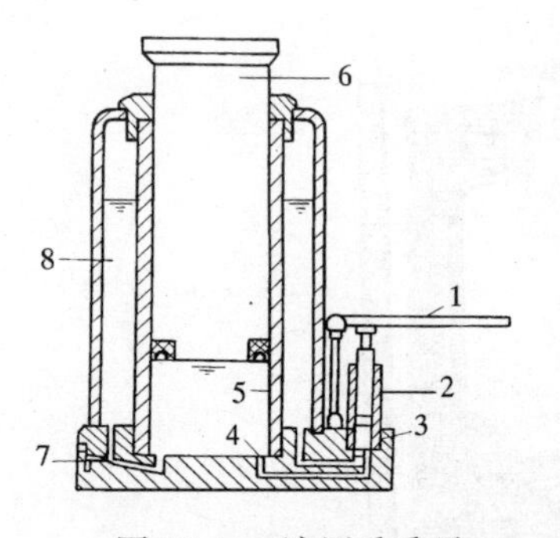

图 17-16 液压千斤顶

1—手柄；2—液泵；3—进液阀；4—出液阀；5—活塞缸；6—活塞；7—回液阀；8—贮液室

(1) 液压千斤顶

液压千斤顶的构造，如图 17-16 所示。它的承载能力较大，其起重量为 3～320t，最大可达 500t；工作平稳、操作省力；有自锁能力、使用安全。但起升高度较低。

使用液压千斤顶时，应经常保持贮液器和液压剂（多为粘性较小的锭子油或变压器油）的清洁，以保证活塞和活塞缸的正常工作；工作前应对高压管路进行检查，如千斤顶装有压力表,还应对压力表进行检查与校验；在活塞伸高或降低（收回）过程中，应随时用液压剂对活塞四周侧表面进行擦洗或润滑。

(2) 螺旋千斤顶

螺旋千斤顶又称丝杆式千斤顶。它的起重能力一般为 3～50t，但起升高度较大，起升速度较快。图 17-17 为一种固定式螺旋千斤顶。这种千斤顶顶升物件后，在未卸重前，不能做任何的平面位移。如果工作场地不允许手柄做大幅度回转时，可采用带棘轮的扳手，来旋升螺杆。另外还有一种移动式螺旋千斤顶，它除能顶升物件外，在负荷下还能做水平移动。

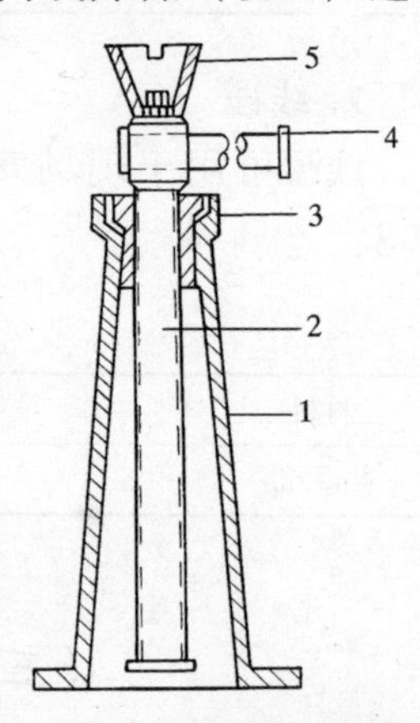

图 17-17 固定式螺旋千斤顶

1—外壳；2—螺杆；3—螺母；4—手柄；5—顶头

螺旋千斤顶在使用时应该注意：不

允许超负荷使用，以免发生事故；使用前应详细检查零部件与制动装置，以确保安全；千斤顶的位置在使用时应放正，使之与被顶物体保持垂直；转动手柄时用力要均匀，起升要平稳，降落要缓慢，降落时应有可靠的支垫；各部件应经常保持清洁，并定期清洗、涂油保养。千斤顶不用时应放在干燥、无尘的地方，下用木板等垫起，上用油毡等盖好。

2. 手动葫芦

手动葫芦又称倒链，用于安装设备或敷设大口径管道时进行起吊。根据其结构和操作方法，可分为手拉葫芦和手扳葫芦两种，又可分为链条式和钢丝绳式两种。现将常用的行星式手拉葫芦、钢丝绳式手扳葫芦和链条式手扳葫芦介绍如下：

（1）行星式手拉葫芦

行星式手拉葫芦采用了新颖的行星摆线针式齿轮传动机构，可使摩擦阻力减小，并能获得较大的减速比。其外形如图 17-18 所示。

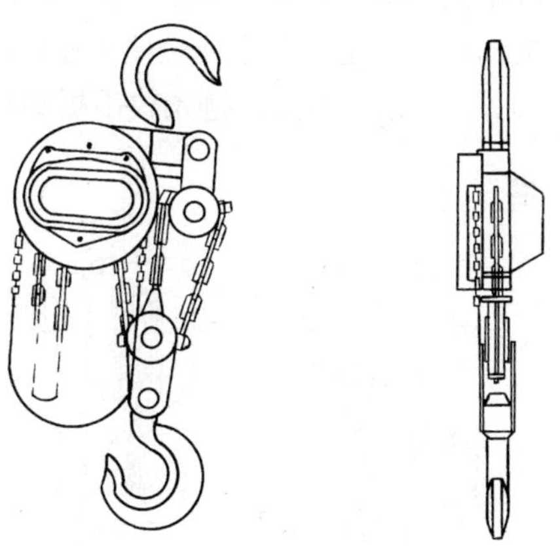

图 17-18　行星式手拉葫芦

这种手拉葫芦结构紧凑，起重速度快。起重量一般在 0.5～20t，起重高度为 2.5～5m。在施工现场中被广泛用于起吊轻小构件、拉紧缆风绳等。

（2）钢丝绳式手扳葫芦

钢丝绳式手扳葫芦,又称手摇卷扬机,简称为手扳葫芦,如图17-19所示。它是一种比手拉葫芦更为轻巧方便的手动牵引机具。

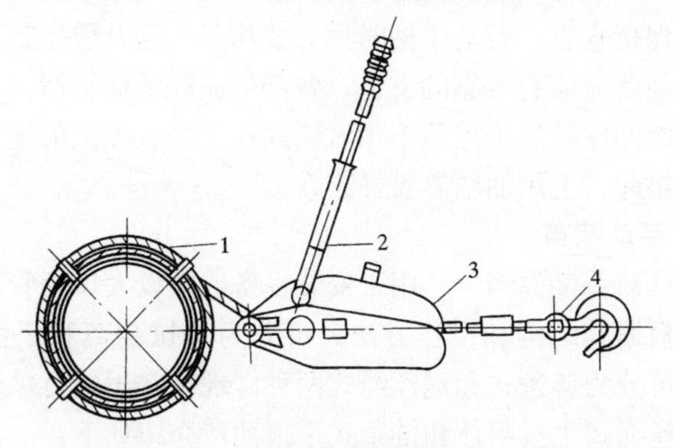

图 17-19　钢丝绳式手扳葫芦

1—钢丝绳；2—手柄；3—主机；4—挂钩

(3) 链条式手扳葫芦

链条式手扳葫芦，也是一种小巧轻便用途广泛的小型手动起重机具。其结构如图 17-20 所示。链条式手扳葫芦的传动结构与

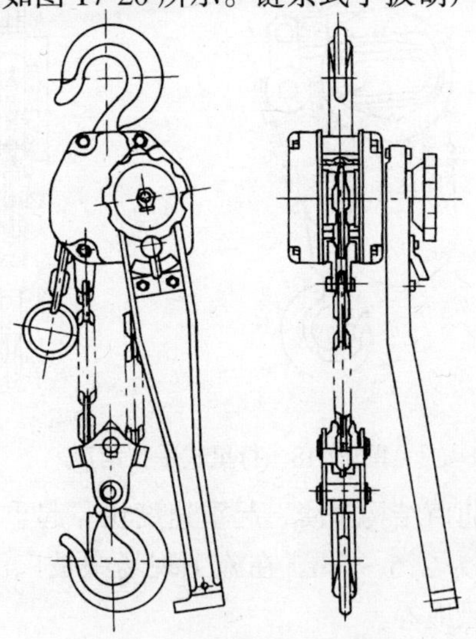

图 17-20　链条式手扳葫芦

原理和齿轮式手拉葫芦相同。

使用手动葫芦时应注意的有关事项：

1）使用前应详细检查各部件是否良好，传动部分是否灵活，并仔细观察其铭牌注明的起重性能；

2）不得超载使用，起吊的重量应小于葫芦的起重能力；

3）操作时，必须将葫芦挂牢，起吊重物应慢慢升起，待链条拉紧重物离地后，停止起吊，检查葫芦各部位有无变化，吊装是否妥当，确定无误安全可靠后方可继续操作（起吊）；

4）在非垂直方向使用时，拉链与链轮的方向应保持一致；

5）拉链的操作人数应根据葫芦的起重能力来决定，在起吊过程中不应随意增加拉链的操作人数。一般 2t 以下为 1 人操作，3～15t 为 2 人操作；

6）葫芦不宜长时间作用在荷载之下，以免发生坠落事故，摔坏重物或伤害人身；

7）使用中传动部分应经常加油润滑，不用时应妥善保管。

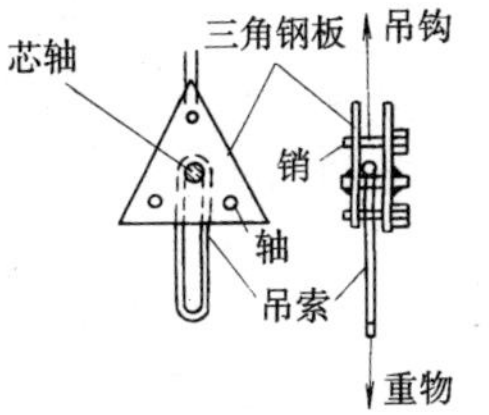

图 17-21　换钩板示意图

在大口径管吊装作业时，高空换钩是既费时、麻烦又有危险的工序，在安装时应该尽量减少和避免。如能采用图 17-21 所示的三角形回转换钩板，则可简化高空换钩的操作工序，保证工人的劳动安全。

3. 手动液压弯管机

手动液压弯管机是用于管道安装修理时煨弯用。其规格性能见表 17-9。

手动液压弯管机※的规格性能　　**表 17-9**

指　　标	Ⅰ型	Ⅱ型	Ⅲ型
弯管直径/mm	15,20,25	25,32,40,50	78,89,114,127
最大弯曲角度/(°)	90	90	90
活塞杆最大行程/mm	300	310	550

续表

指　　标	Ⅰ型	Ⅱ型	Ⅲ型
最大压力/MPa	250	300	300
液压传动方式	手动液压泵	手动液压泵	电动活塞泵
手动液压泵的手柄最大推力/N	200	230	—
电动机功率/kW	—	—	2.8
外形尺寸/mm	—	700×700×220	1500×1400×700
重量/kg	17.5	46	632

※弯管机构造见图 5-12。

4. 多功能手动金属剪板机

近年山西某厂研制成功一种可替代大型电动剪板机的手动机具——多功能手动金属剪板机。它采用高强度材料和优质合金钢为原材料，经过热处理工艺制成，具有强度高、韧性好、使用时间长等特点。多功能手动金属剪板机操作方便，不需电源，可剪切各种金属和非金属材料如圆钢、角钢、铜板、钢板、皮革、橡胶、塑料等，剪切省力，无毛边。

（四）常用电动机具

1. 电动液压弯管机

电动液压弯管机也是用于管道安装修理时煨弯用。它比手动液压弯管机，可以减轻劳动强度，提高生产效率。电动液压弯管机的规格性能，见表 17-10。其结构如图 17-22 所示。

电动弯管机的规格性能　　　**表 17-10**

型号与名称	弯管直径/mm	弯管速度/(r/min)	最大弯曲半径/mm	最小弯曲半径/mm	最大弯曲角度/(°)	电动机功率/kW
WA27Y-60 液压弯管机	25～60	1～2	300	75	190	5.5
WC27-108 机械弯管机	38～108	0.52	500	150	190	7.5
WA27A-114 液压弯管机	114	0.5	600	150	195	11

续表

型号与名称	弯管直径/mm	弯管速度/(r/min)	最大弯曲半径/mm	最小弯曲半径/mm	最大弯曲角度/(°)	电动机功率/kW
WA27Y-159 液压管弯机	76～159	0.43	800	200	190	18.5
WK27Y-60 数控弯管机	25～60	1～2	300	75	—	5.5

2. 套螺纹切管机

套螺纹切管机有多功能的作用，它可以切断管子和内倒角，也可以对管子和圆钢套螺纹。如图 17-23 所示。套螺纹切管机的规格性能，见表 17-11。

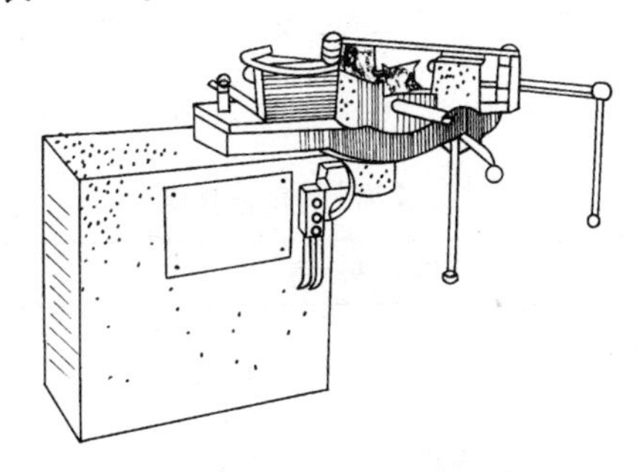

图 17-22　电动弯管机

套螺纹切管机的规格性能　　**表 17-11**

型　号	适用范围/mm	额定电流/A	额定电压/V	额定功率/kW	额定转速/(r/min)	外形尺寸 长×宽×高/mm	重量/kg
回 Z1T-50	13～50	3.18	220	0.45	11	460×270×330	12
回 Z1T-50	13～50	5	220	1	25	400×250×420	35
回 Z3T-75	13～75	1.85	380	0.75	—	950×550×435	100
回 Z3T-100	13～100	2.1	380	0.75	—	1000×550×600	165

3. 电动砂轮锯

电动砂轮锯用于切割各种金属型材、管材。其规格性能，见

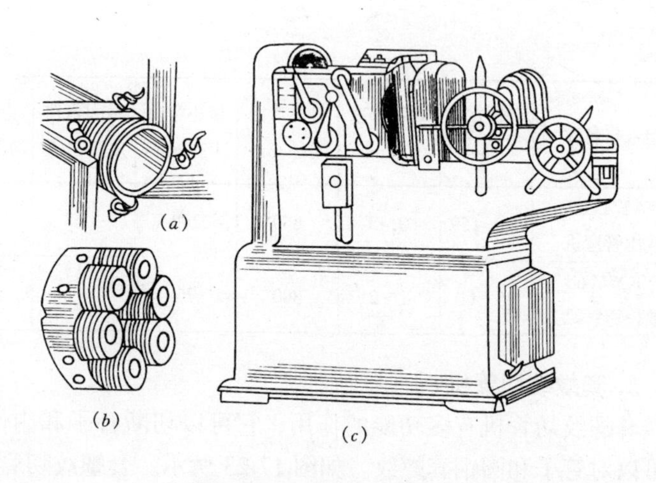

图 17-23 套螺丝切管机

(a) 切线板牙；(b) 搓螺纹夹；(c) 套螺纹切管机全貌

表 17-12。

砂轮锯※的规格性能 **表 17-12**

型　号	J3GS-300 型	J3G-400A 型
额定电压/V	380	380
额定功率/kW	1.4	2.2
砂轮片/mm	外径(300)×孔(32)×厚(3)	外径(400)×孔(32)×厚(3)
切割线速度/(m/s)	砂轮片 68	砂轮片 60
切割范围/mm		
角钢	80×80×10	100×100×10
圆钢	ϕ25	ϕ50
钢管	ϕ90×5	ϕ130×8
槽钢		12 号

注：※砂轮锯的构造，见图 5-3。

使用砂轮锯切割管子，一定要细心。防止砂轮片飞出、皮带脱落、管子出现裂纹等事故的发生。

(1) 严禁使用低于额定切割速度的砂轮片，以免砂轮爆裂，也不能用大于额定直径的砂轮片，以免电机过载。工作时，注意砂轮片的转向，切不可反向旋转切割。

(2) 开启电动机前，应观察机械周围有无障碍物、转动部分是否有润滑油、皮带的松紧程度是否合适、砂轮片是否紧固等，确认设备状况良好方可启动。

(3) 工作时，管子就位于台钳的钳口内，应将其切割线中心对准砂轮片中心，不得有偏斜、别劲、错位等现象，然后予以夹紧。启动机械后，操作人员头部应偏向砂轮侧面，以免砂粒飞入眼内。压下手柄时要用力均匀、平稳、轻力向下压，应避免用力过猛，以防砂轮片破碎或电机过载。

(4) 皮带使用一段时间后，有拉长现象，应及时更换。皮带型号应与说明书所要求的相吻合。

(5) 加强机械的维护保养，砂轮片磨损变小后要及时更换。严禁不用台钳而用手扶管子的违章操作。

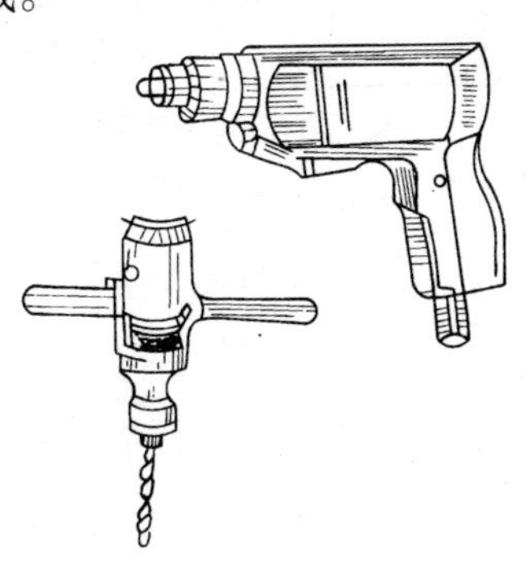

图 17-24　手电钻

4. 手电钻

手电钻是用来对金属、塑料或其他类似材料或工件进行钻孔的电动工具。如图 17-24 所示。手电钻的规格性能，见表 17-13。

手电钻的规格性能　　**表 17-13**

型　　号	钻孔直径/mm	额定电压/V	额定电流/A	额定功率/kW	额定转速/(r/min)	重量/kg
回 J1Z-CD3-6A	6	220	1.2	0.25	1200	1.2
回 J1Z-CD-10A	10	220	1.8	0.40	780	1.55
回 J1Z-CD3-13A	13	220	2.45	0.50	570	2.1
回 J1Z-CD2-10B	10	220	2.1	0.43	700	2.5
回 J1Z-CD2-13A	13	220	2.1	0.43	500	2.5

5. 电动冲击钻

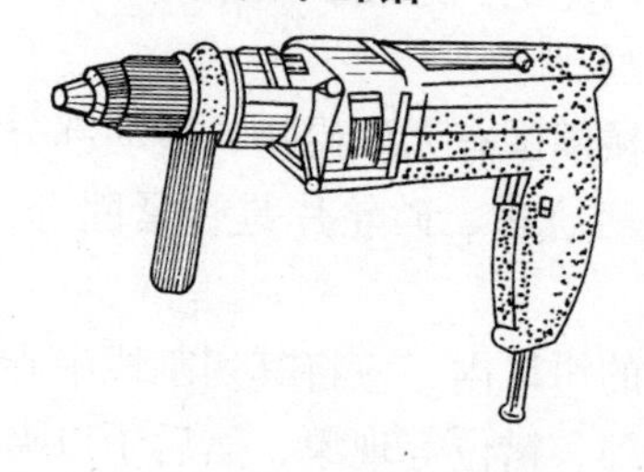

图 17-25 电动冲击钻

电动冲击钻是可调节式旋转带冲击的特种电钻，当把旋钮调到旋转位置，装上钻头，就像普通电钻一样。如把旋钮调到冲击位置，装上镶硬质合金冲击钻头，就可以对混凝土，砖墙进行钻孔。这种两用电钻在土建、水电安装工程中得到广泛的应用。如图 17-25 所示。其规格性能，见表 17-14。

电动冲击钻的规格性能 **表 17-14**

型 号	钻孔直径/mm		额定电压/V	额定电流/A	额定功率/kW	额定转速/（r/min）	冲击次数/min^{-1}
	钢	混凝土					
回 Z1J-10		10	220	1.1	0.24	1200	
回 Z1J-10	6	10	220	1.44	0.29	880	17600
回 Z1J-10	6	10	220	1.8	0.40	1200	24000
回 Z1J-12	8	12	220	1.6～2.20	0.33～0.42	700～1200	11700～18700
回 Z1J-12		12	220	1.1	0.24	1200	
回 Z1J-16	10	16	220	1.8～2.70	0.38～0.47	700～850	11000～16000
回 Z1J-16	10	16	220	2.1	0.45	1450	21750
回 Z1J-20	12	20	220	2.1～3.10	0.43～0.68	480～700	9600～14000
回 Z1J-20	12	20	220	3.1	0.68	890	16000

6. 电锤

电锤如同电动冲击钻，也兼有冲击和旋转两种功能，可用来在混凝土地面打孔，以膨胀螺栓代替普通地脚螺栓，安装各种设备。如图 17-26 所示。

7. 使用电动机具要注意安全

小型电动工具已被广泛应用到建筑、安装工程施工中，因此对使用小型电动工具应做好安全管理工作。

（1）严格采购管理，把好购置关

由于小型电动工具市场需求量不断增多，许多不法生产商和经销商唯利是图，导致假冒伪劣产品不断流入市场。施工企业或因采购制度不健全，或因采购人员业务素质较差，在购置过程中，忽视产品质量，使得带有安全隐患的小型电动工具进入施工现场，导致安全事故发生。如某工地的手电钻手柄和机壳绝缘电阻值与铭牌标注不符，远远低于国家规定的电阻值，导致操作人员在钻孔作业时，被电击伤。因此，首先企业要健全小型电动工具采购制度、入库检验制度，严格控制采购质量；其次应加强采购人员业务素质和安全意识教育，采购人员必须熟悉掌握各类小型电动工具安全技术标准，坚持安全第一思想，正确辨别产品质量，防止不合格的产品进入施工现场。

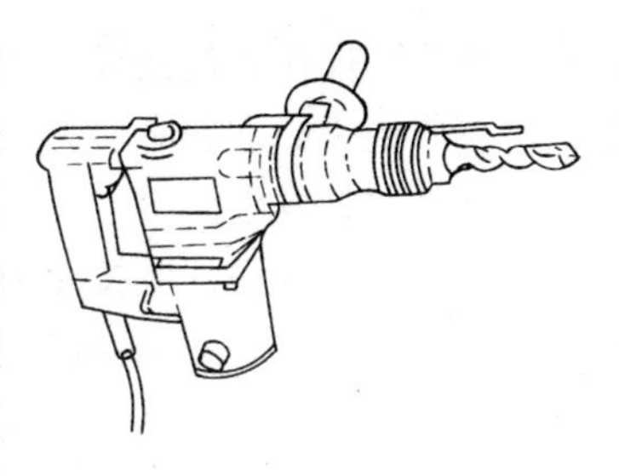

图 17-26　电锤

（2）加强安全意识教育，把好操作关

小型电动工具虽然普遍具有容易操作的特点，但操作前的安全教育工作不容忽视。操作人员不熟悉小型电动工具的主要机械性能和操作基本方法，随意操作，是发生安全事故的主要原因。如某工地工人在操作砂轮锯切割钢管时，用力过快、过重，导致砂轮锯片破碎，击伤左眼致残，造成严重的安全事故。因此，首先要认真坚持上岗前安全技术交底制度，加强工人的安全意识教育，使其能够严格自觉地遵守国家标准《手持式电动工具的管理、使用、检查和维修安全技术规程》；其次要坚持专机专人操作制度，严格遵守手持电动工具的保管、出入库及检修等制度，多查勤检，规范操作规程，正确操作，以杜绝安全事故的发生。

（3）严格防护管理，把好防护关

小型电动工具设防护装置和操作人员佩戴防护用品是避免发生安全事故的重要措施。小型电动工具安全防护应当包括基本防护和附加防护两部分。基本防护是指工具本身所具有的安全防护性能和构造。附加防护是指弥补或加强基本防护缺陷所要求设置的防护装置和操作人员按规定佩戴的防护用品。施工企业的管理人员要克服侥幸心理和麻痹思想，防止触电伤亡，飞溅物击伤致残等安全事故的发生。

在用电安全方面，要按照施工环境的不同，合理选择不同类别的手持电动工具。必须明确各类电动机具的适用范围：Ⅰ类仅适合干燥场所使用；Ⅱ类适合一般场所使用；Ⅲ类适合潮湿场所使用。在露天、潮湿场所或在金属构架上严禁使用Ⅰ类手持电动机具，在狭窄场所（如锅炉、地沟、管道内管）应选用带隔离变压器的Ⅲ类手持电动机具，若选用Ⅱ类手持电动机具时应选用防溅式漏电保护器，工作时应有专人监护。

操作人员应掌握正确的操作方法。手持小型电动工具时，应穿绝缘鞋、戴绝缘手套等劳动保护用品。每次使用前必须对机具的机壳、手柄、负荷线、开关等是否完好进行检查。最好用500V兆欧表摇测绝缘电阻：Ⅰ类不小于2MΩ；Ⅱ类不小于7MΩ；Ⅲ类不小于10MΩ。未发现问题后，通电做空转试验，运转正常才能投入使用。手持电动工具在施工过程中应由2人操作。主手持机具，副手牵动电缆线（电缆线不能拉得过紧，应有3～4m的余量）和控制电闸，监护主手的安全。

电动工具所配开关、电器以及导线连接应符合要求，保护功能齐全。电动工具在施工过程中经常移动，负荷线是发生触电事故的主要危险因素之一，因此连接手持电动工具的负荷线必须选用耐气候型的橡皮护套铜芯软电缆，不得使用塑料护套线，考虑到电缆线应有必要的拉伸强度，中间不得有接头。使用手持电动工具应坚持“一机一闸一保护”的原则，即一台电动工具，配一个电力开关、一件保护装置。严禁图方便、不顾工人安全，用同一开关控制两台以上的手持电动工具。选用开关、插头等电器时，应根据手持电动工具功率的大小通过计算合理选型。其中漏电保护器的选择十分重要，在一般场所选用额定动作电流小于30mA、动作时间0.15s的漏电保护器。安装漏电保护器前，应检查其外壳、铭牌、进出线、相零线、接线端子、试验按钮和合格证等，并操作试验按钮，检查动作情况正常后方可投入使用。

（五）自制简易工具

近年来，有许多富有实践经验的技术人员和操作人员，为解决工程技术中的某些问题，开动脑筋，勇于探索，创新了一些简易工具。下面介绍几种：

1. 简易冷弯管架

在采暖系统的管路中，立管与干管、散热器与立管的连接经常需要来回弯（俗称鸭颈弯）。这种作业一般是用焊炬加热煨制，每一个弯加热一次。这种方法生产成本高、工序多、效率低、质量要求难以达到。如用图 17-27 所示的简易冷弯管架来加工来回弯，则可以降低成本，提高工效，保证质量。其制作方法如下：

（1）取 1 块长 250mm、宽 150mm、厚 12mm 的钢板作管架底板。在距钢板中心线 20mm 处开 1 个 100mm×20mm 的长方形调节孔，用以调节横杠的上下前后距离。再在四角钻 4 个 ϕ14 的孔作固定用，见 3。

（2）用 ϕ80 的圆钢加工一个槽形模具，槽深 15mm、宽 26.7mm，中间钻 ϕ18 的孔，见 4。

（3）割 2 个 ϕ60、厚 12mm 的圆盘，中间钻 - ϕ14 的孔，它是在换模具时调节夹板的宽度用的，见 5。

（4）用割炬割 2 块长 120mm、宽 30mm、厚 12mm 的钢板，来作固定模具的夹板，并在一端钻 ϕ18 的孔，见 6。

（5）用 ϕ20 的圆钢作一管架横杠，一端煨成 90°的弯，一端套上螺纹，用来调节距离，见 7。

以上 5 个部件组合在一起就成了一个自制的简易冷煨来回弯的管架，见 1、2。

2. 简易冷弯抱弯管架

采暖双立管工程安装中，会有不少的抱弯安装和制作。弯制抱弯通常采用手工灌砂热煨弯法，它的缺点是工人劳动强度大、

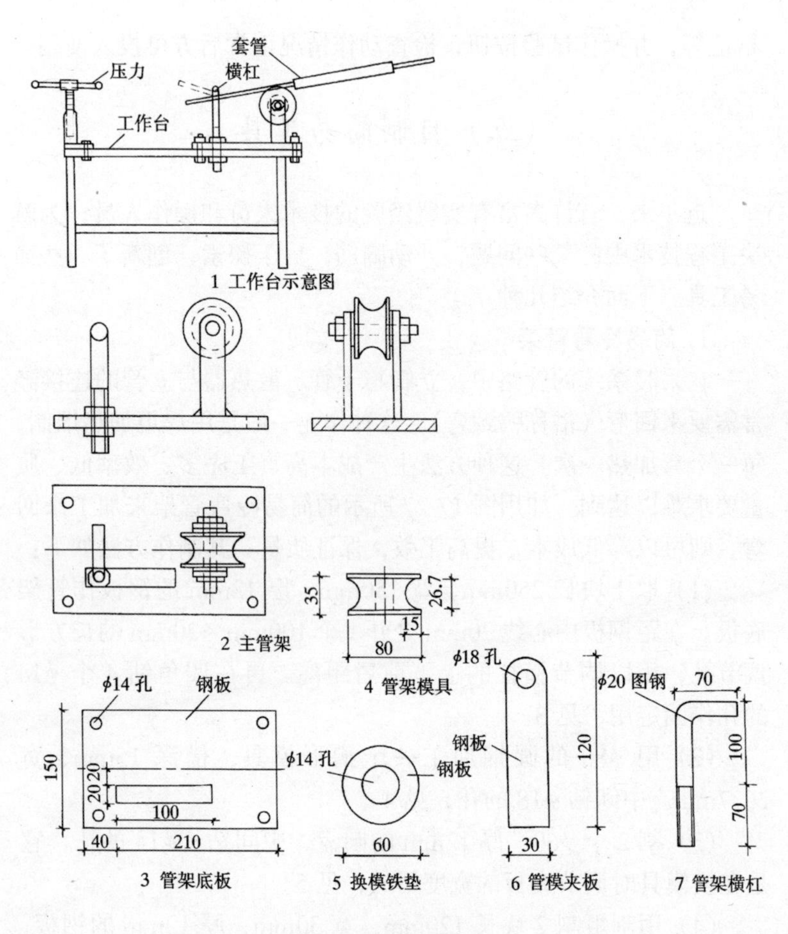

图 17-27　冷弯管架

生产成本高、工序多、效率低和质量差，难以满足工程的要求。如果采用图 17-28 所示的简易冷弯抱弯管架来弯制抱弯，既可节省材料，提高工效，统一尺寸（见表 17-15），又可减轻工人的劳动强度，保证弯管质量。

（1）抱弯管架构造

简易冷弯抱弯管架的构造简单，主要由图 17-28 中的 1～8 所示的部件组成。

管子抱弯计算表 **表 17-15**

简　　图	尺寸计算
	$H_1=0.5858R$ $H_2=0.4142R$ $L=2.828R$ 展开长度$=3.1416R$

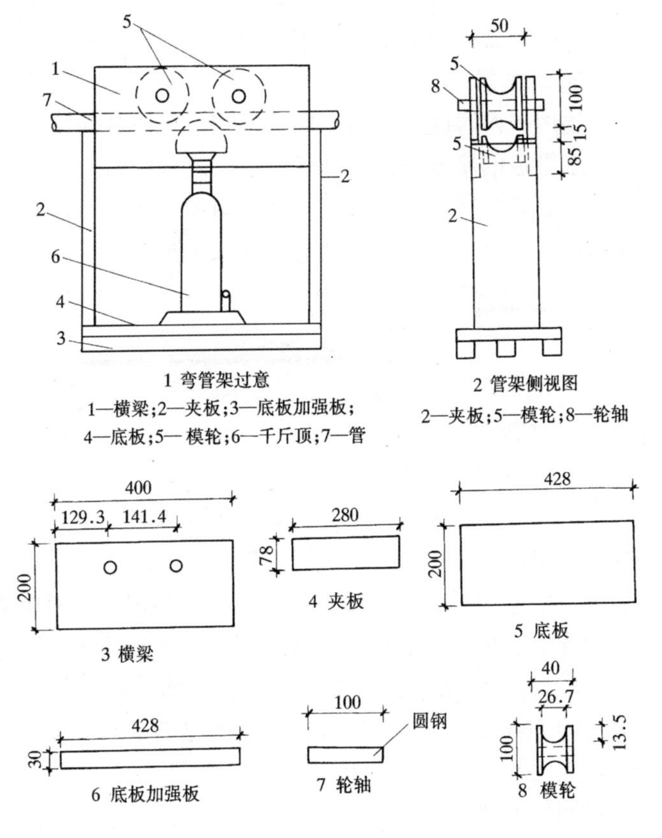

图 17-28　抱弯管架

(2) 使用方法

使用时先将需要弯曲的立管直接放入三轮之间，压动千斤顶，管子被压弯，3个模轮相碰后，管子就达到了弯曲角度。弯制后放松千斤顶，打下轮轴，取出模轮和弯管。

（3）弯管架制作

图中示意图设计了DN20一种规格管子的弯制模轮和横梁上的孔洞、距离，如弯制其他规格的管子，按照抱弯计算表计算模轮大小和横梁孔距就可以了。

这种弯管架的缺点是每一个模轮只能弯曲一种管径的管子，施工中如有多种管径则需要准备多套模轮。

3．管道疏通器

房屋使用一段时间后，由于用户使用不当或其他原因，很容易发生排水管道的堵塞现象。如请物业管理人员疏通，一要等候而费时，二要花钱增加家庭开支。如能自制一种管道疏通器，则可解决用户的后顾之忧。其构造见图17-29所示。

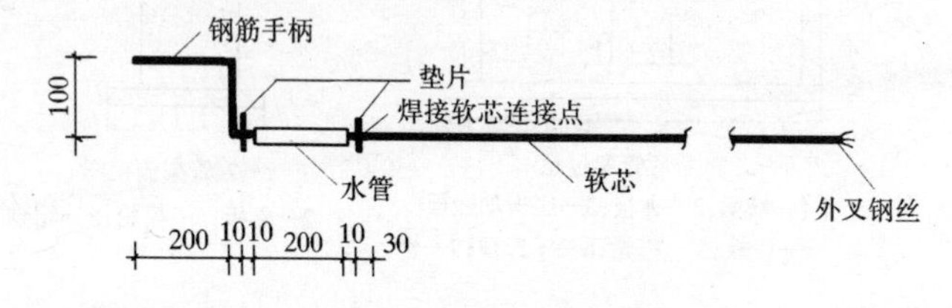

图17-29　管道疏通器构造示意

（1）所用材料

采用一根振动棒头，一段镀锌钢管，一根钢筋和两块垫片即可。振动棒头系指报废的插入式（混凝土）振动棒头；镀锌钢管是指长200mm、直径1/2″的镀锌水管；钢筋是指直径10mm的钢筋，长约560mm；两块垫片是指中间钻有10mm孔的垫片，垫片直径应大于待疏通的排水管管径。

（2）制作方法

首先将报废的振动棒头和外表皮拆除，使振动棒头只剩一根软芯，并将最前端的钢丝拆开呈外叉形；其次将直径10mm钢筋弯成Z形手柄；再次把直径1/2″的镀锌钢管套在钢筋手柄上，并将垫片同时焊在管段两头的钢筋上，起固定管段的作用。垫片和管段之间留有一定的距离，使其能旋转自如；最后把制作好的手柄焊接在软芯的另一端，焊接一定要牢靠，以免使用时旋转软芯疏通管道时而脱落。

（3）操作方法

左手持直径 1/2″的镀锌钢管，右手持钢筋手柄，将软芯插入堵塞的排水管道内，不停地转动手柄，使软芯将管内堵塞物清除。

复 习 题

1. 常用的手工工具有哪些？
2. 如何使用管钳？
3. 如何使用割炬？应注意哪些安全事项？
4. 常用的测量工具有哪些？
5. 常用的机电工具有哪些？
6. 使用千斤顶时应注意哪些事项？
7. 使用手动葫芦时应注意什么？
8. 使用电动砂轮锯应注意哪些事项？
9. 如何加强电动机具的安全管理？
10. 试制冷弯管架、抱弯管架或管道疏通器。

主要参考文献

1. 田会杰编 . 水暖工 . 北京：中国环境科学出版社，1997 年 10 月

2. 陕西省建筑安装技工学校等编 . 水暖管道基础 . 北京：中国建筑工业出版社，1993 年 11 月

3. 尹桦主编 . 管工基本技术（修订版）. 北京：金盾出版社，2001 年 6 月

4. 李公藩编著 . 塑料管道施工 . 北京：中国建材出版社，2001 年 11 月

5. 胡忆沩等编 . 实用管工手册 . 北京：化学工业出版社，2000 年 1 月

6. 段成君等编 . 简明给排水工手册 . 北京：机械工业出版社，2000 年 11 月

7. 蒋永琨主编 . 中国消防工程手册 . 北京：中国建筑工业出版社，1998 年 12 月

8. 张闻民等主编 . 暖卫与通风工程施工技术 . 北京：中国建筑工业出版社，1995 年 6 月

9. 赵基兴 . 建筑给排水实用新技术 . 上海：同济大学出版社 2000 年 5 月

10.《建筑工人》编辑部 . 建筑工人 .1999 年至 2001 年

11. 给水排水制图标准（GB/T50106—2001）北京：中国计划出版社，2002 年 2 月

12. 暖通空调制图标准（GB/T50114—2001）北京：中国计划出版社，2002 年 2 月

13. 建筑给水排水及采暖工程施工质量验收规范（GB50242—2002）北京：中国建筑工业出版社，2002 年 3 月